"十二五"普通高等教育本科国家级规划教材

U0241361

# 服装材料学·基础篇
## （第2版）

吴微微　主编

中国纺织出版社

# 内 容 提 要

本书分基础篇和应用篇两册，其特点是在介绍服装材料的类别、性能、风格及其结构方式和后整理等理论知识的基础上，将材料知识与服装造型风格、成衣生产工艺、市场和品质管理等应用知识相结合，这在同类教材中尚属首次。本书是一本较为完整、系统的理论与应用相结合，工艺和艺术与市场相结合的服装材料教材。它能帮助读者了解和认识服装材料，掌握服装材料再设计的能力。本书采用文字、表格、插图相结合的方法编写，力求简洁、明了、形象。各章章末附有专业术语、学习重点和思考题，帮助读者学习和思考问题。

本书既可作为高等院校服装专业基础教材，也可作为服装业设计、技术、管理及科研人员的参考书。

## 图书在版编目（CIP）数据

服装材料学. 基础篇/吴微微主编. --2版. --北京：中国纺织出版社，2016.1（2022.6重印）

"十二五"普通高等教育本科国家级规划教材

ISBN 978 - 7 - 5180 - 2108 - 6

Ⅰ. ①服… Ⅱ. ①吴… Ⅲ. ①服装工业—原料—高等学校—教材 Ⅳ. ①TS941.15

中国版本图书馆 CIP 数据核字（2015）第 260757 号

---

策划编辑：张 程 责任编辑：陈静杰 责任校对：王花妮
责任设计：何 建 责任印制：王艳丽

中国纺织出版社出版发行
地址：北京市朝阳区百子湾东里 A407 号楼 邮政编码：100124
销售电话：010—67004422 传真：010—87155801
http：//www.c-textilep.com
E-mail：faxing @ c-textilep.com
中国纺织出版社天猫旗舰店
官方微博 http：//weibo.com/2119887771
北京通天印刷有限责任公司印刷 各地新华书店经销
2009 年 6 月第 1 版 2016 年 1 月第 2 版 2022 年 6 月第 9 次印刷
开本：787×1092 1/16 印张：13.5
字数：266 千字 定价：48.00 元

---

凡购本书，如有缺页、倒页、脱页，由本社图书营销中心调换

# 出版者的话

全面推进素质教育，着力培养基础扎实、知识面宽、能力强、素质高的人才，已成为当今教育的主题。教材建设作为教学的重要组成部分，如何适应新形势下我国教学改革要求，与时俱进，编写出高质量的教材，在人才培养中发挥作用，成为院校和出版人共同努力的目标。2011年4月，教育部颁发了教高〔2011〕5号文件《教育部关于"十二五"普通高等教育本科教材建设的若干意见》（以下简称《意见》），明确指出"十二五"普通高等教育本科教材建设，要以服务人才培养为目标，以提高教材质量为核心，以创新教材建设的体制机制为突破口，以实施教材精品战略、加强教材分类指导、完善教材评价选用制度为着力点，坚持育人为本，充分发挥教材在提高人才培养质量中的基础性作用。《意见》同时指明了"十二五"普通高等教育本科教材建设的四项基本原则，即要以国家、省（区、市）、高等学校三级教材建设为基础，全面推进，提升教材整体质量，同时重点建设主干基础课程教材、专业核心课程教材，加强实验实践类教材建设，推进数字化教材建设；要实行教材编写主编负责制，出版发行单位出版社负责制，主编和其他编者所在单位及出版社上级主管部门承担监督检查责任，确保教材质量；要鼓励编写及时反映人才培养模式和教学改革最新趋势的教材，注重教材内容在传授知识的同时，传授获取知识和创造知识的方法；要根据各类普通高等学校需要，注重满足多样化人才培养需求，教材特色鲜明、品种丰富。避免相同品种且特色不突出的教材重复建设。

随着《意见》出台，教育部于2012年11月21日正式下发了《教育部关于印发第一批"十二五"普通高等教育本科国家级规划教材书目的通知》，确定了1102种规划教材书目。我社共有16种教材被纳入首批"十二五"普通高等教育本科国家级教材规划，其中包括了纺织工程教材7种、轻化工程教材2种、服装设计与工程教材7种。为在"十二五"期间切实做好教材出版工作，我社主动进行了教材创新型模式的深入策划，力求使教材出版与教学改革和课程建设发展相适应，充分体现教材的适用性、科学性、系统性和新颖性，使教材内容具有以下几个特点：

（1）坚持一个目标——服务人才培养。"十二五"普通高等教育本科教材建设，要坚持育人为本，充分发挥教材在提高人才培养质量中的基础性作用，充分体现我国改革开放30多年来经济、政治、文化、社会、科技等方面取得的成就，适应不同类型高等学校需要和不同教学对象需要，编写推介一大批符合教育规律和人才成长规律的具有科学性、先进性、适用性的优秀教材，进一步完善具有中国特色的普通高等教育本科教材体系。

（2）围绕一个核心——提高教材质量。根据教育规律和课程设置特点，从提高学生分析问题、解决问题的能力入手，教材附有课程设置指导，并于章首介绍本章知识点、重点、难点及专业技能，增加相关学科的最新研究理论、研究热点或历史背景，章后附形式多样的习题等，提高教材的可读性，增加学生学习兴趣和自学能力，提升学生科技素养和人文素养。

（3）突出一个环节——内容实践环节。教材出版突出应用性学科的特点，注重理论与生产实践的结合，有针对性地设置教材内容，增加实践、实验内容。

（4）实现一个立体——多元化教材建设。鼓励编写、出版适应不同类型高等学校教学需要的不同风格和特色教材；积极推进高等学校与行业合作编写实践教材；鼓励编写、出版不同载体和不同形式的教材，包括纸质教材和数字化教材，授课型教材和辅助型教材；鼓励开发中外文双语教材、汉语与少数民族语言双语教材；探索与国外或境外合作编写或改编优秀教材。

教材出版是教育发展中的重要组成部分，为出版高质量的教材，出版社严格甄选作者，组织专家评审，并对出版全过程进行过程跟踪，及时了解教材编写进度、编写质量，力求做到作者权威，编辑专业，审读严格，精品出版。我们愿与院校一起，共同探讨、完善教材出版，不断推出精品教材，以适应我国高等教育的发展要求。

中国纺织出版社
教材出版中心

# 前言

　　材料是服装的根本，服装材料学是服装教学中必不可少的基础课程。随着我国服装工业和服装教育的迅速发展，对服装工作者的专业素质提出了更高、更全面的要求。服装专业人员不仅要掌握材料学理论知识，而且要认知材料、了解材料市场和材料的品质管理，了解如何在服装艺术设计、服装生产及管理和日常的穿着中更好地应用材料。

　　本书分基础篇和应用篇两册，其特点是在介绍服装材料的类别、性能、风格及其结构方式和后整理等理论知识的基础上，将材料知识与服装造型风格、成衣生产工艺、市场和品质管理等应用知识相结合，这在同类教材中尚属首次。本书是一本较为完整、系统的理论与应用相结合、工艺和艺术与市场相结合的服装材料教材。它能帮助读者了解材料、认识材料，掌握应用材料和材料再设计的能力。本书采用文字、表格、插图相结合的编写方法，力求简洁、明了和形象教学，各章章末附有专业术语、学习重点和思考题，帮助读者学习和思考问题，可作为服装专业基础教材，也可作为服装业设计、技术、管理及科研人员的参考书。

　　本书由吴微微教授主编，第 1 版是在浙江省重点教材《服装材料及其应用》的基础上进行修订和完善而成。其中，基础篇中的绪论、第一章、第二章、第四章由吴微微和张扬执笔修订，第三章由吴微微、尹艳梅和张扬执笔修订，第五章由吴微微执笔修订，第六章由陈东生、吴微微和张扬执笔修订，第七章由吴微微、陈东生和张扬执笔修订，董洁参与了第二章插图的修订工作，胡锦霞参与了第三章插图的修订工作。基础篇所附网络教学资源由吴微微主编，张扬、董洁、胡锦霞参与制作，陈东生提供了第六章中的部分图片。朱燕、严晶晶、童玲洁、孔姗姗等研究生参与资料收集工作。第 2 版在第 1 版基础上进行修订和完善。其中基础篇中的第三章第二节由郭勤华修订，第四章由陈卫平修订，罗中艳参与了第三章插图的修订工作。基础篇所附网络教学资源由吴微微主编，张扬参与修订制作，解新艳提供了第七章中的部分图片。全书由吴微微和张扬统稿。

　　由于编者水平有限，如有错误之处，敬请读者批评指正。

编者

2015 年 1 月

## 教学内容及课时安排

| 章/课时 | 课程性质/课时 | 节 | 课程内容 |
|---|---|---|---|
| 绪论<br>（2课时） | 基础理论<br>（2课时） |  | ·绪论 |
|  |  | 一 | 人与服装 |
|  |  | 二 | 服装与服装材料 |
|  |  | 三 | 服装材料的变迁 |
| 第一章<br>（6课时） | 专业理论与分析实验<br>（10课时） |  | ·服用纤维 |
|  |  | 一 | 服用纤维的基本概念及分类 |
|  |  | 二 | 天然纤维 |
|  |  | 三 | 化学纤维 |
|  |  | 四 | 服用纤维鉴别及基本性能比较 |
| 第二章<br>（4课时） |  |  | ·服用纱线 |
|  |  | 一 | 纱线及其构造 |
|  |  | 二 | 纱线的类别及特点 |
|  |  | 三 | 纱线设计与织物风格 |
| 第三章<br>（4课时） | 专业理论与分析认知<br>（16课时） |  | ·服用织物构造 |
|  |  | 一 | 机织物构造 |
|  |  | 二 | 针织物构造 |
|  |  | 三 | 非织造布构造 |
|  |  | 四 | 其他织物构造 |
| 第四章<br>（2课时） |  |  | ·服用织物染整 |
|  |  | 一 | 预处理 |
|  |  | 二 | 染色 |
|  |  | 三 | 印花 |
|  |  | 四 | 整理 |
|  |  | 五 | 各类织物的染整工艺流程 |
| 第五章<br>（6课时） |  |  | ·服用织物类别及特征 |
|  |  | 一 | 服用织物分类 |
|  |  | 二 | 服用织物原料构成类别及特征 |
|  |  | 三 | 服用织物风格类别及特征 |
|  |  | 四 | 服用织物其他类别及特征 |
|  |  | 五 | 服用织物识别 |
| 第六章<br>（2课时） |  |  | ·服用裘皮与皮革 |
|  |  | 一 | 裘皮和仿裘皮 |
|  |  | 二 | 皮革和仿皮革 |
| 第七章<br>（2课时） |  |  | ·服用辅料 |
|  |  | 一 | 衬料和垫料 |
|  |  | 二 | 里料和填料 |
|  |  | 三 | 线类材料和紧扣材料 |
|  |  | 四 | 装饰材料和标识材料 |

注　各院校可根据自身的教学特色和教学计划对课程时数进行调整。

# 目录

# 基础理论——

## 绪论

课程名称：绪论

课程内容：人与服装

服装与服装材料

服装材料的变迁

课程时间：2 课时

教学目的：从人与服装的关系入手，引导学生理清服装与服装材料两者的关系，掌握服装材料的类别、基本性能要求和服装面料的构成要素，了解服装材料的变迁简史。

教学方式：实物、图片、多媒体讲授和课堂讨论。

教学要求：1. 了解服装的物质性和精神性。

2. 了解服装与服装材料之间的关系。

3. 掌握服装材料的构成类别及基本性能要求。

4. 掌握服用面料的构成要素。

5. 了解服装材料的变迁简史及其每一过程的代表性特征。

# 绪论

## 一、人与服装

服装是人类生存和发展过程中必不可少的基本物质之一。人从呱呱坠地开始，就被母亲用精心选择的衣物包裹起来，以弥补婴儿体温与外界气温的差异、防止柔嫩的皮肤受到伤害，并给予天使般的装扮。这就是人与服装的最初关系。从此，衣着生活陪伴人的一生。春装、夏装、秋装、冬装，童装、成人装、老年装，校服、工作服、家居服，职业服、休闲服等服装类别也随着时代的发展相继诞生、完善和发展。

### （一）服装的物质性和实用性

人在大自然中生存。人类的进化使其去除了类同动物身上的毛被，使人体缺少了一种保暖、防护的自然装备。所以，为了适应自然环境，衣服便成为人们赖以生存的一种基本物质，是必不可少的生活实用品。这就决定了服装最基本的条件是包覆性能和防护性能，最主要的功能是御寒和保护人体皮肤不受伤害，从而满足人们生理上的需要，以体现服装最基本的物质性和实用性。同时，随着生活质量的提高，人们对服装的舒适性能和卫生性能的需求也逐步提高。

### （二）服装的精神性和社会性

首先，爱美是人的本能，是一种追求美的心理状态。人们往往有意识地设法装扮自己，以达到心理和精神上的愉悦。而着装则是一种非常有效的方式，服装的色彩、材质及造型给人乃至环境提供了很大的装饰空间。其次，人是在社会中生存，人类穿衣与人类其他社会行为一样，受社会因素、心理因素、经济因素等的影响，使其或多或少地迎合他所生存的时代及社会环境的需求，如社交、礼仪、流行等，要与之相协调，从而体现其社会地位、职业、文化修养、个性等。再者，服装可作为一个民族的象征，反映一个国家的政治、经济和科学文化水平，体现社会的宗教信仰、物质文明和精神风貌。于是，人们的着装在装饰个体和美化环境的同时，展示着民族的形象，体现了社会的时代感。这就形成了服装的精神性和社会性。

## 二、服装与服装材料

服装由面料和辅料构成，辅料包括衬料、里料、垫料、填料、线类材料、紧扣材料等。因此，作为服装材料的面料、辅料及其所构成的原材料与服装之间有着密不可分的关系。服装工作者不仅需要理清这一关系，更重要的是在了解服装材料的类别、性能和风格的基础上，如何根据服装的定位（如功能、风格、市场等因素）和使用需求合理地运用材料。

### （一）服装的基本功能

就物质性和精神性而言，服装应具有以下基本功能：

**1. 包覆功能**

服装应柔软、舒适地包覆人体，适应人体曲线，方便人体活动。

**2. 防护功能**

服装应对人体起保护作用。防止外部环境（如寒冷、炎热、太阳光、风雨、虫害）及其他物质对人体的伤害，且与皮肤有良好的接触感，给人体以舒适感。

**3. 装饰功能**

服装的色彩、图案、材质肌理、造型艺术等应具有美的视觉效果。

**4. 品质稳定功能**

服装应有良好的品质稳定性，如强度、耐磨、保形性、色牢度、耐洗性、耐光性、耐腐蚀性、易保管等。

### （二）服装材料的类别及性能要求

用于服装的材料通常分为纤维材料和非纤维材料两大类，见下表。

**服装材料分类表**

| | | |
|---|---|---|
| 服用材料 | 纤维加工材料 | 纤维集合品（絮料、非织造布） |
| | | 纱线（纺织纱线、编织纱线、刺绣纱线、缝纫纱线） |
| | | 带（机织带、针织带、编织带） |
| | | 织物（机织物、针织物、编织物） |
| | 非纤维加工材料 | 动物皮革、动物毛皮、羽毛 |
| | | 人造皮革（合成革、人造革、再生革） |
| | | 合成树脂产品（塑料、塑胶） |
| | | 其他（泡沫塑料、橡胶、木质、金属、贝壳、玻璃） |

服装材料是制作服装的基础，其性能和风格对服装的性能和风格影响甚大。因此，无论何种原材料构成的服装材料，都应具备一定的基本条件，以适应服装设计、工艺、市场、使用、保管等各环节所需的要求。

**1. 美学性能**

服装材料所具有的材质肌理、图案、色彩等艺术风格可以为面料和服装的装饰性能提供良好的素材。

**2. 造型性**

服装材料应具有诸如柔软、硬挺、悬垂、抗皱等性能，以适应服装造型设计的要求。

**3. 可加工性能**

服装材料应具有良好的强伸度、耐化学品性、耐热性等，以适应染色、印花、整理以及服装缝制加工技术、作业效率的要求。

**4. 服用性能**

服装材料应具有一定的保暖性、吸湿透气性、弹性等，以满足人体防寒、新陈代谢及舒适、卫生、安全等使用性能的要求。

**5. 耐久性**

服装材料应具有一定的色牢度、强伸度和耐疲劳、耐洗涤、耐光、耐磨、防污、防蛀、防霉等性能，以满足服装使用性、品质稳定性、造型保持性以及易保管性等性能。

**6. 成本适应性**

服装是商品，需要经历市场销售等环节，因此，服装材料的价格定位需要与其消费体的经济状况相吻合。

**（三）面料的构成要素**

根据服装包覆、装饰等功能的需求以及制作的可行性，服装材料大多以纤维面料为主要材料。面料的构成要素有纤维组成、纱线类别、构成方式、图案与色彩、染整工艺等，服用面料的外观形态和内在性能均与此要素紧密相关。

**1. 纤维组成**

纤维是服用面料的基本材料。因此，不同的纤维组成对服装面料的风格、质感及性能影响尤为重要。常用的服用纤维有天然纤维（如棉、毛、丝、麻等）和化学纤维（如黏胶纤维、醋酯纤维、铜氨纤维、涤纶、锦纶、腈纶、维纶、丙纶、氨纶等）。它们具有不同的性能和形态风格，为各类衣料提供了丰富的基本素材。这些纤维通常以纺纱后织造的方式织成布（织物），也可根据纤维本身的特点或某些加工方式直接构成非织造布。

**2. 纱线类别**

纱线本身可为成品或半成品。作为成品在服装上使用的有缝纫线和饰带等，而作为半成品则是构成织物的直接材料。纱线有不同原料、不同加工工艺、不同造型等之分，对织物（衣料）的材质风格（如厚薄感、细腻感、光感、软硬度、平整度等）和性能（如吸湿透气、弹性等）影响甚大。在服用面料设计中往往利用纱线的造型和色彩的配置，以改善其服用性能并给予各种不同的材质风格。

**3. 构成方式**

服用纤维面料的构成方式主要有机织、针织、编织及纤维集合等，各自的设备、工艺和结构形式均不同。它们以不同的交织规律和排列形式，构成具有不同材质风格、不同织纹肌理、不同内在性能的织物。如果说，组织是将纤维和纱线交编成面料并使其拥有不同的纹理和风格，那么密度和紧度不仅构成了面料的风格，而且是衡量该面料品质的一项重要指标。

**4. 图案与色彩**

图案与色彩是服用面料装饰风格最直接的反映。根据图案在服用面料中的形成特征可分为提花（又称织花）、色织条格和印花等；根据服用面料色彩形成方式可分为色织和染色等。无论是提花还是印花，色织还是染色，服用面料的图案和色彩均有其工艺性和各自的特点。例如，服用面料的染色效果直接受织物材质和染色工艺的影响；提花纹样在花幅、布局、配色等方面受到织机纹针数、色纱种类和组织结构等因素的限制，但图案能够表现得较为细腻，且具一定的立体感；印花图案则可以较大程度上发挥色彩效应，但花幅、色彩套数也受印花设备、工艺等因素的影响。近年来，随着纺织 CAD/CAM 技术的不断完善，数码织造和印花技术的发展，使得提花、印花图案的表现力越来越强，色彩层次越来越丰富。

**5. 整理工艺**

为了改善服用面料的外观和手感，增强服用性能，提高产品附加值，织物经织造、染色或印花工艺后，往往进行各种整理工艺。常用的整理工艺有常规整理（如拉幅、预缩、防皱、热定形等）、手感与外观风格整理（如增白、硬挺、柔软、轧光、轧纹、磨绒、拉毛、防毡缩、加重、减重等）以及功能性整理（如抗静电、防水透湿、防污、防霉、防蛀、阻燃等）。整理方法主要有物理——机械整理、化学整理以及物理机械和化学联合整理三大类。原料不同，织物风格不同，所采用的整理设备、工艺、方法及效果均有所不同。

## 三、服装材料的变迁

就材料的利用和纺织技术的演进历程而言，服装材料（包括纤维、纱线、织物）大致经历了三个时期，天然纤维和手工艺时期；纺织技术机械化时期；化学纤维和纺织工业现代化时期。

### （一）天然纤维和手工艺时期

**1. 天然纤维时期**

人类在懂得利用纤维制作衣料以前，是从大自然中直接选取材料以满足其生理和心理的需求。在距今约40万年前的旧石器时代，人类就开始用动物的毛皮包裹身体，以达到御寒护身之功能。距今约7万年前的尼安德特人，将兽皮揉软后，再以动物筋腱为线，用骨针把毛皮缝制成裹身之物。这对适合于人体实用需求的服装材料作了基本的定义，即作为包裹人体的材料应是柔软（便于活动）、结实（经久耐用）、保暖（御寒）的物体。随着人类进入新石器时代，定居的人类开始使用纤维。

最初被人们所利用的植物纤维为麻类纤维。埃及人利用亚麻纤维已有8000年的历史，我国早在公元前4000年的新石器时代已将苎麻作为纺织原料。《诗经》中就有"东门之地，可以沤苎"的诗句。人类发现，从植物上剥下的韧皮具有细、长、软、韧的可编织性能，这种对线材的利用和开发，成为纺织材料及工艺发明的先导。

人类利用原棉也有悠久的历史。中美洲早在公元前7000年已开始利用，我国至少在2000年以前，在现今的广西、云南、新疆等地区已采用棉纤维作为纺织原料。

我国是世界上最早栽桑、养蚕和利用蚕丝织造丝绸的国家。浙江吴兴钱山漾良渚文化遗址的考古资料可以说明，约在4700年前，我国已经利用家蚕丝制作丝线、编织丝带和简单的丝织品。

人们利用羊毛的历史可以上溯到八九千年以前新石器时代，羊和羊毛在古代从中亚细亚向地中海和世界其他地区传播……

于是，在遥远的史前至化学纤维诞生这一长期的人类社会实践中，是以四大天然纤维棉、麻、丝、毛为主体的纺织技术的形成与发展，奠定了纺织工艺技术体系的基础，这在人类文明发展及自身进化的历史过程中具有十分深远的意义。

### 2. 纺织手工艺时期

原始的纺纱、织造是从生产和生活的需求开始的。在远古的渔猎时代，就有用纤维编结渔网和用于捕鸟兽的罗织物的传说。以我国古代纺织生产历程为主线，手工纺织大致经历了原始手工纺织时期、手工机器纺织形成时期和手工机器纺织发展时期。

（1）原始手工纺织时期。公元前22世纪及以前，大体相当于夏代之前的原始社会时期。我们祖先的纺织行为经历了从单纯采集野生的葛、麻、蚕丝和猎获鸟兽羽毛、毛皮，到逐步学会种麻、育蚕、养羊等人工饲养、种植，从全部手工搓、绩、缩、织，向利用简单的纺织工具的演进过程。

（2）手工机器纺织形成时期。公元前21世纪~公元前222年，相当于夏至战国时期。纺织原料培育质量有了明显的提高，组合工具经过长期使用改造逐渐演变成具有传动机构的机械体系，缫车、纺车、织机等各自相继发展为手工机器。其中，以鲁机为代表的织机就是在原始腰机基础上，增加机架、定幅筘和经轴，成为一部比较完整的素织机。至此，纺、织、染所涉及的基本工艺和机器逐步形成。大约在殷商、西周、春秋时期，在原始腰机的基础上增添提花综等构件，形成中国最早的提花机。

（3）手工机器纺织发展时期。公元前221年~公元1840年，相当于秦汉至清末时期。此时期又可分为纺织工艺和手工机器普遍完善阶段（秦汉至宋代）与棉纺织蓬勃兴起和动力机器萌芽阶段（南宋至清末）。

前一阶段出现了正规缎纹，使织物基本组织得以完善。同时，我国的丝织品传向世界各地，使我国作为丝绸之国著称于世。其中，代表最高技术水平的"锦"，有"织采为文"、"其价如金"之说。

后一阶段出现了利用畜力或水力拖动且适应集中生产的多锭大纺车；纺织原料构成有了重大的变化，棉纺织生产突出发展，并逐步传播开来。元代棉纺织革新家黄道婆于公元1295年左右将棉纺织技术从海南黎族带回上海松江，在普及先进技术的同时，经革新制造出一套赶、弹、纺、织的工具，并将错纱、配色、综线、絮花等工艺用于织造技术，对当时的纺织技术发展起到了很大的推动作用。

大约春秋战国时期，人们在手提综开口的基础上逐步形成脚踏开口的斜织机，至秦汉时期已广泛使用。脚踏开口机构与多综提花机结合形成了多综多蹑（脚踏杆）提花机。由于多综多蹑机的综片数有限，花纹纬向幅度不能太大，大约在战国至秦汉时期逐步制造出束综（或线综）提花机，后来也称之为花楼提花机或华机子。唐代以前，多综多蹑机居多，唐代以后，束综（或线综）提花机普及。

1840年鸦片战争之后，西方动力纺织机器逐渐输入我国，从此，纺织业进入动力机器纺织大生产时期。

### （二）纺织技术机械化时期

人类发明纺轮纺线并用原始织机织布以后，通过长时间的技术改良，纺织品的工艺水平和服用效果得到了发展。但在18世纪中叶以前，纺织业的产业模式基本上局限于手工业形式，生产效率低下，成本昂贵。

18 世纪，产业革命首先在西欧的纺织业开始，机器将工人的手从加工动作中解脱出来，为利用动力驱动的集中性大工业生产方式准备了条件。1733 年，英国兰开夏人约翰·凯伊发明了飞梭；1764 年，织布工哈格里沃斯发明了效率可提高 8 倍的珍妮纺车；1768 年，R. 阿克赖特发明了水力纺纱机，世界上第一台"大机器"、第一个工厂从此诞生，从而迎来了工业化时代。手工纺织机器工作机件的一系列改进，使得利用各种自然动力代替人力驱动的集中生产成为可能。

1781 年，英国机械工程师瓦特发明了蒸汽机。从此，家庭手工业生产逐步被集中性大规模工厂生产所代替。纺织生产的大工业化，反过来又促进了纺织机器更多的革新与创造。1825 年，英国 R. 罗伯茨制成动力走锭纺纱机。1828 年，更先进的环锭纺纱机问世，经过不断改进，得到广泛使用，至 20 世纪 60 年代几乎完全取代了走锭纺纱机。自从翼锭和环锭的发明，使加捻和卷绕两个动作可以同时连续进行，比走锭纺纱机上加捻和卷绕交替进行提高了生产率。20 世纪中叶以来，各种新型纺纱方法相继产生，如自由端加捻的转杯纺纱、静电纺纱、涡流纺纱、包缠加捻的喷气纺纱、假捻并股的自捻纺纱等。

自从 1785 年动力织机出现后，织机又逐步向自动化发展，1895 年发明了自动换纤装置，1926 年制成了自动换梭装置，尤其是 20 世纪上半叶以来，相继出现了不带纤管的片梭织机、喷射织机（喷气、喷水）和剑杆织机等，从根本上取消了梭子，大大提高了织机速度和产品质量。

### （三）化学纤维和纺织工业现代化时期

20 世纪 70 ~ 80 年代以后，由于高分子化学和电子信息技术在纺织生产上的广泛应用，推动了纺织材料和技术迅速向优质、高产、自动化、连续化方向发展，走出了一条依靠高科技提高产品质量、大幅度减少用人提高劳动生产率的道路。

#### 1. 化学纤维时期

继天然纤维工业实现机械化之后，在衣料发展历史上的另一划时代变革是化学纤维的发明和利用。1664 年，英国人罗伯特·胡克（Robert Hooke）在研究录 *Micrographia* 中就有关于人造纤维的构想；1838 年，法国发明聚氯乙烯纤维；19 世纪末，英国发明了以天然纤维素为原料的再生纤维——黏胶丝，并于 1905 年工业化生产黏胶长丝；1913 年，美国工业化生产醋酯纤维；1938 年，美国杜邦（Dupont）公司宣布了由低分子合成锦纶诞生；1946 年，杜邦公司工业化生产聚酯纤维；1957 年，意大利试生产聚丙烯腈纤维。由于制造化学纤维的原料来源于煤、石油、石灰石、木材和可再生材料等物质，所以，化学纤维的问世使纺织纤维的原料资源摆脱了仅仅依靠自然环境条件的局限，并使纺织原料品种大大增加。

20 世纪 70 年代，日本首先开发出线密度为 0.3 ~ 1.1dtex 的新型合成纤维。它的出现改变了人们对于化纤织物服用性能差的看法。80 年代末，英国考陶尔兹（Courtaulds）公司推出了被称为绿色纤维的 Tencel 纤维，并于 1992 年在美国亚拉巴马州正式建立了第一条工业化生产线。随着技术的进步和产量日益提高，化学纤维的性能被不断改善，生产成本不断降低，从而具有相当的市场竞争力，直接促进了现代服装业的发展。

### 2. 纺织工业现代化时期

在 21 世纪的今天，纺织工业这一古老的产业，在与高科技成果不断结合的过程中得到进一步发展。例如，对天然纤维改变组分、物理或化学改性以及采用新材料，使全棉能抗皱、羊毛能机洗、真丝不褪色、亚麻手感软等；化学纤维向天然化与功能化发展，有纤维素纤维升级、高弹纤维利用、微元生化纤维、远红外纤维制品开发等；对织物采用物理、化学或生物新工艺、新方法，使服装材料具有防水透湿、隔热保暖、吸汗透气、阻燃、防蛀、防霉、防臭、防污、抗静电等性能，为舒适服装、健康服装、卫生服装和防护服装等功能服装的开发和发展提供了新材料。

现代纺织生产设备的高度自动化和智能化取代了传统纺织生产中依靠工人熟练技术完成的各种简单重复的手工操作。以电子信息技术为主导，新材料、高精度自动化机械加工技术和计算器控制为基础，实现纺织生产过程中各种工艺参数的在线检测、显示、自动控制和自动调节，实现设备运行自动监测、显示、超限报警、自动停车甚至故障自动排除，严格按照设定的工艺要求，以定性、定量、规范化的机械动作提高产品质量和劳动生产效率，降低产品成本，增强产品竞争力。其中，作为现代化高科技工具的纺织 CAD/CAM（计算机辅助设计与制造），因其简易的操作和对市场的快速反应能力而被纺织、服装等企业普遍使用。现代纺织技术的智能化生产，已成为当今世界纺织工业技术的发展主流。

## ✸ 专业术语

| 中　文 | 英　文 | 中　文 | 英　文 |
|---|---|---|---|
| 服装 | Apparel | 服装功能 | Garment Function |
| 服装材料 | Garment Material | 材料性能 | Material Property |

## ✸ 学习重点

1. 服装材料的类别及性能要求。
2. 服用面料的构成要素。
3. 服装材料的变迁。

## ✸ 思考题

1. 如何理解服装的物质性和精神性？
2. 举例说明服装与服装材料之间的关系？
3. 服装由哪些材料构成？
4. 众多的材料中，哪类原材料为服装的主要材料？
5. 影响服用面料的主要因素有哪些？
6. 服装材料的变迁经历了哪几个过程？每个过程中有何代表性特征？

## 服用纤维

**课程名称：** 服用纤维

**课程内容：** 服用纤维的基本概念及分类

　　　　　　天然纤维

　　　　　　化学纤维

　　　　　　服用纤维鉴别及基本性能比较

**课程时间：** 6 课时

**教学目的：** 纤维是服装面料的基本材料和构成要素，通过本章学习使学生认识和掌握服用纤维的类别、形态、性能和品质及其对面料风格和性能的影响。

**教学方式：** 实物、图片、多媒体讲授和分析实验。

**教学要求：** 1. 掌握本章专业术语概念。

　　　　　　2. 掌握服用纤维的主要类别、特性及其对面料风格和性能的影响。

　　　　　　3. 掌握服用纤维鉴别的基本方法。

# 第一章 服用纤维

服装由面料、辅料制作而成，面料、辅料大多由纱线构成，而纱线又由纤维组成。所以，纤维是服装的基本原料和构成要素，纤维的类别、形态、性能和品质直接影响服装面料、辅料以及成衣的风格、性能、品质和价位。

## 第一节 服用纤维的基本概念及分类

### 一、服用纤维的基本概念

所谓纤维，是由最基本的长链状大分子依靠相互之间的作用力聚集而成的高分子化合物，形式上即为直径常在数微米至数十微米范围内、长度比直径大几十倍甚至几千倍以上的物质。

但是，并非所有的纤维都可以用来纺纱、织布和制作服装。服用纤维应具有如下性能。

**1. 可纺性**

纤维的可纺性是指纺纱过程中纤维成纱的难易程度。就服用纤维而言，需要有几十毫米以上的长度和一定范围内的细度、柔软度、卷曲度，使纤维具有一定的可绕曲性和包缠性。这是纺纱、织布工艺的首要条件。

**2. 机械性能**

服用纤维应具有相当的强伸度、弹性、耐磨性和疲劳强度，以抵抗外力的破坏。否则，不但给纺纱、织布、缝纫工艺增加困难，而且纺成的纱线、制成的面辅料都将缺乏必要的牢度和舒适性。

**3. 吸湿性能**

纤维具有在空气中吸收或放出气态水的性能，即吸湿性能。此性能对纤维材料的形态、尺寸、重量、物理机械性能以及服装的穿着舒适性都有很大的影响。

**4. 热学性能**

服用纤维及其制品在加工和使用过程中，会受到不同程度的热作用（如煮练、染色、烘干、整理、熨烫等）。不同的服用纤维具有不同的导热性、热收缩性、耐热性、燃烧性和熔孔性等热学性能。

**5. 电学性能**

纤维材料的电学性能，主要是导电性能和静电性能。静电性能对服装的穿着性能有很大的影响。

**6. 耐气候性**

服用纤维的耐气候性主要涉及纤维的耐日光性以及纤维抵抗大气中各种气体和微粒破坏的能力。它对服装的耐用性有较大的影响。

**7. 耐化学品性**

服用纤维的耐化学品性使其在染整加工如丝光、漂白、印染、整理及服装穿着、洗涤等过程中不仅能耐染料和整理剂的作用，并对各种化学药剂的破坏具有一定的抵抗能力。

**8. 易保管性**

易保管性主要指纤维材料及其制品储放时对霉菌和昆虫的抵抗能力以及便于洗涤、晾晒、整烫、储存和运输等性能。

服用纤维可以直接作为服装絮填料，但更多的是通过纺织加工，制成各种纺织品以作为服装的面料、里料、衬料、垫料、线料、紧扣材料等。例如，纤维经原料开松、成网、加固、整理等工艺直接形成衬里、絮片等；或者纤维经纺纱工艺构成纱线，再将纱线经织造工艺构成面料、里料等。

## 二、服用纤维的分类

服用纤维通常以其组成和生产方式分类为多，如表 1-1 所示。

**表 1-1　服用纤维的基本分类**

```
                    ┌ 植物纤维 ┬ 种子纤维：棉
                    │          └ 韧皮纤维：亚麻、苎麻、罗布麻等
         ┌ 天然纤维 ┤ 动物纤维 ┬ 动物毛发：绵羊毛、山羊毛、羊绒等
         │          │          └ 腺分泌物：桑蚕丝、柞蚕丝、蜘蛛丝等
         │          └ 矿物纤维——石棉
         │
         │          ┌ 人造纤维 ┬ 人造纤维素纤维：黏胶纤维、铜氨纤维、富强纤维、醋酯纤维
服用纤维 ┤          │          │                 Lyocell 纤维、竹纤维等
         │          │          ├ 人造蛋白质纤维：甲壳素纤维、牛奶纤维、大豆纤维等
         │          │          └ 无机纤维：玻璃纤维、金属纤维等
         └ 化学纤维 ┤          ┌ 聚酯纤维（涤纶）
                    │          │ 聚丙烯腈纤维（腈纶）
                    │          │ 聚乙烯醇纤维（维纶）
                    └ 合成纤维 ┤ 聚酰胺纤维（锦纶）
                               │ 聚丙烯纤维（丙纶）
                               └ 聚氨基甲酸酯纤维（氨纶）
```

此外，据外观形态分别有长丝和短纤维，粗纤和细旦纤维，截面圆形纤维和截面异形纤维，有光纤维和无光纤维，白色纤维和彩色纤维等。随着纺织科技的发展和人们着装品位的提高，又有普通纤维与差别化纤维、功能性纤维、高性能纤维等新型纤维之分。

# 第二节　天然纤维

由表1-1可知，服用天然纤维按来源和成分的不同有植物纤维、动物纤维和矿物纤维之分，而常用的是植物纤维和动物纤维。

**一、植物纤维**

自然界种植的服用纤维，主要有棉和麻两大类。由于其物质组成主要为纤维素，故又称纤维素纤维。

**（一）棉纤维**

棉花（图1-1）属一年收获型草本植物，棉纤维（图1-2）由棉籽上的种子毛成熟后经采集轧制加工而成，属短纤维。

图1-1　棉花植物　　　　　　　　图1-2　棉纤维

棉纤维细而柔软，截面呈不规则腰圆形、有中腔，纵向有天然转曲（图1-3），从而使其具有较好的可纺性。棉纤维的强力和吸湿性较好，且湿强高于干强10%～20%，因而棉制品具有便于洗涤的优点。但是，棉制品也有洗涤后不易干燥、缩水率大、抗皱性差的缺点。实际生产中，在张力状态下用浓度为20%～30%的碱液处理，使棉纤维的天然转曲消失而富有光泽（丝光加工）。另外，棉纤维常与化学纤维混纺，或者对织物进行防缩整理以提高抗

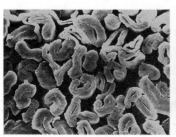

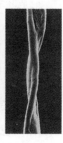

图1-3　棉纤维截面及纵向图

皱性。由于棉制品风格朴实，具有很强的实用性，且价格较经济，因此被广泛用于日常服装。

目前，纺织行业使用的原棉（去除棉籽的棉花）根据纤维的粗细、长短和品质可分为长绒棉（海岛棉）、细绒棉（陆地棉）、粗绒棉（亚洲棉）（表1-2），根据色泽可分为白棉和天然彩棉。

表1-2 棉花品种及特征

| 棉花种类 | 长绒棉 | 细绒棉 | 粗绒棉 |
| --- | --- | --- | --- |
| 纤维细度（μm） | 13~17 | 18~20 | 20~30 |
| 纤维长度（mm） | 35~60 | 25~35 | 20以下 |
| 产地 | 美国东南部<br>西印度群岛<br>埃及尼罗河流域<br>秘鲁沿海地区<br>中国西北部 | 美国<br>墨西哥<br>巴西<br>俄罗斯<br>巴基斯坦<br>中国 | 印度<br>中国 |
| 特征 | 属高级品<br>纤维细长、雪白、柔软、富有光泽 | 属中级品<br>占世界棉花产量的90%以上 | 属低级品<br>纤维粗短 |
| 用途 | 高档棉纺产品的原料，适于纺制10tex以下高支纱和轻薄细匀的高支棉织物 | 10tex以上棉织物的主要材料，广泛用于日常服装用料 | 只适应较粗厚的棉织物，或作为手工织物、混纺材料及填充棉等 |

白棉通常呈白色或淡黄色，需经化学漂染工艺才能获得各种色彩。而天然彩棉是利用杂交、基因转导等现代生物工程技术，培育出在棉铃成熟吐絮时就拥有天然色彩的棉花。由于彩棉不含化学染料成分，可谓真正意义上的绿色环保产品，有人类"第二肌肤"之称。我国20世纪90年代初从美国引进天然彩棉种子，在敦煌、石河子等地试种，现已培育出棕色和绿色两大系列天然彩棉，相应的产品尤其是内衣已经上市多年。

天然彩棉具有抗静电、不起球、透气、吸湿性好等优点，同时也存在着主体长度偏短、纤维细度较细、强力较低、含杂高、马克隆值（Micronaire，数值越大，表示棉纤维越粗，成熟度越高）较低、可纺性较白棉差等缺点，在颜色上存在色谱不够丰富，色泽不够鲜艳、稳定性较差，色素遗传变异大等不足。因此，面料设计师往往利用天然彩色棉花与白棉混纺或有意识巧妙应用天然彩色棉花的变色现象，为服装设计提供丰富多彩的素材。

**（二）麻纤维**

麻类植物很多，主要分韧皮纤维（如苎麻、亚麻、罗布麻、黄麻、槿麻、大麻、苘麻等）和叶纤维（如剑麻、蕉麻、菠萝麻等）。服用材料中使用最多的是亚麻、苎麻和罗布麻，其纤维通常经剥皮、脱胶等工艺取得，属短纤维。

麻纤维具有强度高、吸湿、放湿、透气性好的特点，其织物吸汗、透气、凉爽、抗霉、防蛀，是夏季服装、花边刺绣的良好材料。但由于纤维有很高的模量，且断裂伸长率和弹性回复率都很低，纤维硬挺、伸长小、刚性大，纺纱时纤维之间的抱合差，不易捻合，纱线毛羽较多。纯麻产品通常弹性差、不耐磨，折皱回复性和悬垂性都较差，穿着有刺痒感。一般根据服装造型或舒适性，需要对织物进行柔软、抗皱或烧毛整理，或将其纱线与较为柔软或抗皱性较好的纤维混纺。

**1. 亚麻**

亚麻（图1-4）主要产于俄罗斯、波兰、法国、比利时、荷兰、美国、加拿大及我国西北部等冷温肥土地区。亚麻纤维细而长，纵向有裂节，截面呈多角形中空管状（参见本章第四节相关内容）。亚麻纤维强度约为棉纤维的1.6倍，吸水后截面膨胀变大，湿强比干强约高10%～20%。亚麻织物具有优雅的光泽和独特的性能，属较高档的纤维材料。

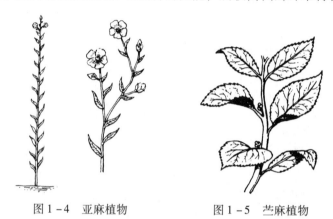

图1-4　亚麻植物　　　　　　图1-5　苎麻植物

**2. 苎麻**

苎麻（图1-5）分白叶苎麻和绿叶苎麻，产量和质量都以白叶种为好，一般多产于我国东南部及东南亚等较温暖地域。苎麻纤维比亚麻纤维长而粗，纤维无扭曲，表面有节，截面呈椭圆形或扁圆形（图1-6）中空管状（参见本章第四节相关内容）。手感较为粗硬，脱胶后的苎麻纤维色白而富有光泽，也被称为"绢麻"。其强度和模量在天然纤维中居首位，湿强较干强约高20%～30%，品质较其他麻类纤维优良。其他性能与亚麻相似。

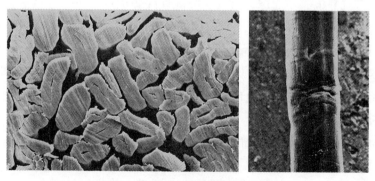

图1-6　苎麻纤维截面及纵向图

**3. 罗布麻**

罗布麻（图1-7）又称野麻、茶叶花，是一种野生植物纤维，因在新疆罗布平原上生长极盛而得名。罗布麻纤维截面呈现明显不规则的腰子形，中腔较小，纤维纵向无扭转，表面有许多竖纹并有横节存在。除具有麻类纤维的一般特点外，罗布麻纤维因含有多种药物成分而具有一定的抑菌、防臭等作用。此外，它还是一种天然远红外线辐射材料，发射出来的 $4 \sim 16\mu m$ 远红外光波能增强细胞活性，提高血液新陈代谢能力，起到活血降压、改善人体微循环的作用。但是，罗布麻因纤维较细短，整齐度较差，通常需要与棉、毛、化纤等纤维混纺使用。

图1-7　罗布麻植物

### 二、动物纤维

自然界动物中获取的纤维，主要有动物毛发（羊毛、羊绒等）和腺分泌物（蚕丝、蜘蛛丝等）两大类。由于其物质组成主要为蛋白质，故又称蛋白质纤维。

#### （一）毛纤维

毛纤维是纺织服装工业的重要原料，属短纤维。它具有许多优良的特性，如弹性好、吸湿性强、保暖性好、不易沾污、光泽柔和等，这些性能使毛织物和毛类服装具有独特的风格，是冬季内、外服装的良好材料。天然动物毛的种类很多，纺织服装常用的有绵羊毛、山羊绒、马海毛、兔毛、骆驼绒、牦牛毛等。使用量最大的是绵羊毛，俗称羊毛，通常经剪毛、抓毛等方法获取。

#### 1. 羊毛

羊毛的分类方法很多，按羊毛的粗细和长度可分为细毛、半细毛、粗毛和长毛；按纤维的组织结构可分为细绒毛、粗绒毛、粗毛、发毛、两型毛和死毛等；按羊种品系可分为国内的土种毛、改良毛和国外的美利奴毛、林肯毛等，其中以澳洲美利奴羊毛（图1-8）的品质为最好，其纤维细而均匀，毛丛长而整齐，卷曲正常，强度高，弹性好，光泽好，色洁白，杂质少，油汗多。

图1-8　澳洲美利奴羊

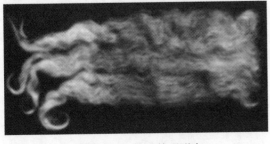

图1-9　羊毛外观形态

羊毛的外观形态为根部粗梢部细，沿纤维长度方向呈天然卷曲（图1-9）。羊毛表面有鳞片，截面为圆形或近似圆形（图1-10）。羊毛纤维微细结构可分为鳞片层、皮质层和髓质层三层，其中髓质层只存在于粗羊毛中。包覆在纤维外部的鳞片层不仅使纤维具有柔和的光泽，而且具有很好的可纺性和缩绒性。皮质层是羊毛的主要组成部分，决定着羊毛的物理和化学性能。由于正皮质细胞和偏皮质细胞的分侧分布，使羊毛有卷曲的外形。对粗羊毛来说，皮质层里面还有髓质层，它是由结构松散和充满空气的角蛋白细胞组成，含髓质层多的羊毛，脆而易断，且不易染色。细羊毛的微细结构见图1-11。

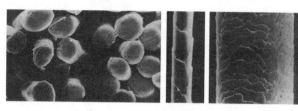

图1-10 羊毛纤维截面及纵向图

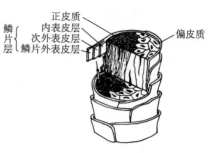

正皮质
鳞片 { 内表皮层
鳞片 { 次外表皮层
鳞 { 鳞片外表皮层
偏皮质

图1-11 细羊毛微细结构

利用羊毛鳞片结构的这一特性，在湿热作用下，经机械外力反复挤压，使纤维集合体逐渐收缩紧密，并相互穿插纠缠、交编毡化，称为羊毛的缩绒性。毛织物经过缩绒整理，织物长度收缩，厚度和紧度增强，表面露出一层绒毛，手感丰厚柔软，保暖性增强。利用羊毛的缩绒性，将松散的短纤维结合成具有一定机械强度、一定形状、一定密度的毛毡片，这一作用称为毡合。毡帽、毡鞋等就是通过毡合制成的。

羊毛纤维的吸湿性非常好，仅次于羊绒，水蒸气能顺着表皮细微角质层渗入。但由于纤维的针状形态及表面重叠的鳞片使水滴不易渗透织物中，故又有一定的防水性能。

羊毛在干燥状态下的回弹性较强，故其织物具有良好的抗皱性。然而湿态下的织物尺寸稳定性会受到一定影响，且容易起皱。因而，羊毛服装加工中往往利用这一特性，在湿状态下用蒸汽熨烫整理，或将面料施以打褶加工，待织物处于干燥状态下时，则显示出相应的形态风格。为了避免在雨天回潮时服装褶裥变形，可在羊毛织物的后整理中进行耐久褶裥加工。

羊毛不耐碱，在pH值大于8的稀碱液中毛质即受损害，沸热的3%氢氧化钠溶液能完全溶解羊毛，碱还能使羊毛变黄，因而羊毛制品在洗涤时不宜选用碱性洗涤剂。

氧化剂和还原剂会使羊毛受损，氯化合物类氧化剂则会软化或破坏羊毛鳞片，这种作用被应用于羊毛的防缩整理。

光对羊毛的氧化作用极为重要，光照使鳞片端受损，易变黄。此外，由于纤维的蛋白质成分和良好的吸湿性，羊毛易受虫蛀和霉变。

### 2. 山羊绒

山羊绒，国际通称为Cashmere，中文译音为"开司米"。为了适应剧烈的气候变化，山羊全身长有粗长的外层毛被和细软的内层绒毛，以防风雪严寒。山羊绒则指内层绒毛，无髓质层，鳞片边缘光滑。纤维直径比细羊毛还细，平均细度多在15~16μm，平均长度为35~45mm，伸直长度达自然长度的3倍。外观形态呈不规则的稀而深的卷曲，有白、青、紫等颜色，以白绒最为珍贵。纤维具有细、轻、柔、滑、保暖性好等优良特性，吸湿性居纤维之冠（标准回潮率为17%）。主要用于纯纺或与细羊毛混纺，是高档贵重的服装材料。但山羊绒对酸、碱、热的反应比细羊毛敏感，纤维的损伤也很显著，对含氯的氧化剂尤为敏感。

### 3. 马海毛

马海毛即为安哥拉山羊毛，原产于土耳其安哥拉省，是光泽较强的长山羊毛的典型。马海毛的形态与长羊毛相似，毛长 120 ~ 150mm，直径为 10 ~ 90μm。由于鳞片平阔紧贴于毛干，且很少重叠，使纤维表面光滑，具有丝般的光泽。截面圆形性高。此外，由于皮层几乎都是由皮质细胞组成，因而纤维很少卷曲。马海毛强度高，且具有优越的回弹性、较高的耐磨性及排尘防污性，不易收缩也难毡缩，容易洗涤。对一些化学药剂的作用比一般的羊毛敏感，有较好的亲染性，吸湿性与羊毛近似。由于在皮质细胞之间有空气间隙，毛质轻而蓬松。马海毛属于多用性纤维，可纯纺或混纺织制高档毛类服装和装饰材料，特别是长毛、毯类织物。制品具有很好的弹性和手感，亮度高，光泽悦目。

**4. 兔毛**

纺织服装用的兔毛来源于安哥拉兔和家兔。安哥拉兔毛细长，毛质优良，而家兔毛品质较次。兔毛有绒毛和粗毛之分，其组成、结构与羊毛及其他毛纤维相似。绒毛细度在 5 ~ 30μm，粗毛细度为 30 ~ 100μm。大多纤维细度集中在 10 ~ 15μm，长度集中在 25 ~ 45mm。兔毛的绒毛和粗毛都有髓质层。绒毛截面呈近圆形或不规则四边形，粗毛截面为腰子形、椭圆形或哑铃形。兔毛相对密度小，吸湿性比其他纤维都好，因而纤维细而蓬松、轻、软、暖。但由于卷曲少，表面光滑，纤维之间的抱合力较差，纤维强度较低，单独纺纱有困难，制品易掉毛，因此常与羊毛或其他纤维混纺。此外，兔毛的缩绒性较羊毛差，染色度比羊毛浅。

**5. 骆驼毛**

用于纺织服装的骆驼毛大多取自于双峰骆驼，单峰骆驼毛粗短，无纺纱价值。骆驼毛的色泽有乳白、浅黄、黄褐、棕褐色等，品质优良的多为浅色。骆驼毛中含有细毛和粗毛，即驼绒和驼毛。驼毛长 50 ~ 300mm，驼绒长 40 ~ 135mm，平均直径 50 ~ 209μm。驼毛鳞片少且边缘光滑。骆驼毛的强度很大，富有光泽，保暖性好，缩绒性差，常作为工业用品或填充料，经久耐用。驼绒可制作高级粗纺织物和毛毯，尤其适于制作针织物或填充料以代替絮棉，有轻暖舒适的特点。

**6. 牦牛毛**

牦牛是产于我国青藏高原及其毗邻地区高寒草原的特有牛种。牦牛的被毛由粗毛和绒毛构成，多为黑色、黑褐色或夹有白毛，不利染色。甘肃产的白牦牛绒则属珍品。牦牛绒平均细度约 20μm，长约 30mm，有不规则弯曲，鳞片呈环状边缘整齐，紧贴毛干，故纤维很细、光泽柔和、弹性强、手感滑糯。牦牛毛平均细度约 70μm，长约 110mm，有毛髓，纤维外形平直，表面光滑，刚韧而有光泽，毡缩性差。牦牛绒可与羊毛、化纤、绢丝等混纺作为精纺、粗纺原料。牦牛毛可制作衬垫织物及毛毡等，牦牛尾可制作假发和装饰品。

**（二）丝纤维**

丝纤维是指由蚕、蜘蛛等昆虫分泌出来的天然蛋白质纤维。其中，蚕分为家蚕和野蚕两大类，家蚕即桑蚕，野蚕又分为柞蚕、蓖麻蚕、樗蚕、天蚕、柳蚕等。用于纺织服装的主要是桑蚕丝和柞蚕丝。蚕丝纤维纤细、柔软而富有优雅的光泽，丝绸产品华丽而富贵，是其他纤维或织物所不及的，属高档纺织服装用料。

近百年来，或许是受到蚕丝的启发，东西方学者对蜘蛛丝产生了浓厚的兴趣。大量研究表明，蜘蛛丝纤维是自然界力学性能最优良的天然蛋白质纤维，所具有的强固性和柔韧性是其他纤维材料所无法比拟的。

### 1. 蚕丝

蚕的一生经过蚕卵、蚁蚕、熟蚕，然后吐丝做茧，变成蛹，蛹变成蚕蛾，见图1-12。茧丝属长纤维（丝），由两根单丝平行黏合而成，中心是丝素（不溶于水，但能在水中膨润），外围是丝胶（能在热水中膨润溶解），见图1-13。显微镜下蚕丝呈透明、光滑状，见图1-14。蚕茧可分为单蛹茧和双蛹茧，后者大于前者。单蛹茧纤维（单宫丝）细度均匀，双蛹茧纤维（双宫丝）则粗细不匀、有分布不均的疙瘩状，两者各具特色。

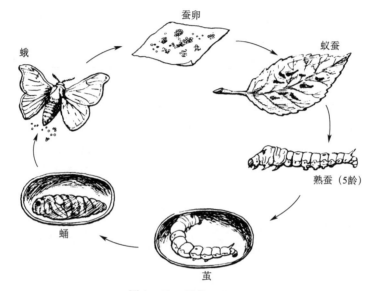

图1-12 蚕的一生

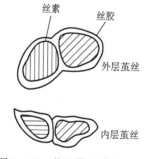

图1-13 茧丝截面形态示意图

图1-14 桑蚕丝截面及纵向图

（1）桑蚕丝。桑蚕丝纤细并富有光泽。含丝胶的蚕丝纤维手感较硬，色泽偏黄，精练去丝胶后的蚕丝柔软、白净。蚕丝纤维华丽而富贵的风格为其他纤维所不及，是高档的纺织服装用料。

桑蚕丝是一种弱酸性物质。在丝绸精练或染整工艺中，常用有机酸处理，以增加丝织物的光泽、改善手感，但织物的强伸度稍有下降。在高浓度、强度或湿热的情况下，丝的光泽、手感、强度等性能都会受到损害，特别是在储藏后更为明显。例如高浓度无机酸会使丝素急剧膨润溶解呈淡黄色黏稠物；如若在浓酸中浸渍极短时间并立即用水冲洗，丝素可收缩30%～40%，这种现象被称为酸缩，可用于丝织物的缩皱整理。碱可以使丝素膨润溶解，苛性钠等强碱对丝素的破坏最为严重，即使在稀溶液中，也能侵蚀丝素。氧化剂或大气紫外线会使蚕丝泛黄、裂解或强度降低，因此，蚕丝纤维的耐光性较差，在日光照射下，蚕丝易发黄，强度下降，织物脆化。

桑蚕丝的拉伸断裂强度较高，吸湿性较好。初始模量在天然纤维中低于苎麻，高于棉和羊毛。在小变形时的弹性回复率较高，织物的抗皱性能较好。但在温度升高和含水量增加的情况下，蚕丝强度下降，初始模量下降，故制成的服装湿态易起皱，洗后的免烫性差。质量比电阻在天然纤维中为最高，介电系数在天然纤维中为最低，所以，干燥的蚕丝是电的良好绝缘体。蚕丝的比热在天然纤维中最大，导热系数在天然纤维中最小，因此，蚕丝织物冬夏穿着均宜。

桑蚕丝通常呈白色，除此之外，还有黄红系列和绿色系列的天然彩色蚕丝。目前天然彩色蚕丝主要由两种途径获得：一是利用对桑蚕添食生物有机色素得到，二是利用现代育种和基因技术。天然彩色蚕丝除了具有良好的柔韧性、保暖性、吸放湿性和透气性等一般蚕丝特性外，且不含对人体有害的化学染料成分，是一种理想的贴身穿着服装面料。但因呈现颜色的色素大多包含在丝胶内，所以精练脱胶后均呈纯白色。

（2）柞蚕丝。柞蚕（图1-15）主要产地为我国的辽宁、山东地区。柞蚕丝与桑蚕丝相比色泽偏土黄，分子结构疏松，纤维间的抱合力较差，故丝线的条干均匀度、光泽度和染色性均不如桑蚕丝，纱线形态粗犷并有疙瘩效果，织物遇水后会留有明显的水迹。柞蚕丝耐酸碱性和耐光性都比桑蚕丝好，强力、弹性和耐化学性能也较好，吸湿性与桑蚕丝相同。由于柞蚕丝独特的材料风格，适宜作为中厚型服用面料的材料。

**2. 蜘蛛丝**

蜘蛛丝呈金黄色、透明，其横截面呈圆形。蜘蛛丝的平均直径为6.9μm，大约是蚕丝的一半，是典型的超细天然纤维。天然蜘蛛丝主要包括两种不同特性的丝，即蜘蛛网中放射状的纵丝和螺旋状的横丝（图1-16）。其中纵丝具有卓越的断裂强度，其断裂能是相同粗细度钢铁纤维的5～10倍，是碳纤维的35倍，与制作防弹背心的凯夫拉尔（Kevlar）芳香族纤维的断裂强度相当。横丝表面附着具有黏性球，同时具有惊人的弹性，伸长量达3倍，其主要作用是吸收撞入网中飞行猎物的冲撞能量。

由于目前还不能直接从蜘蛛身上获得大量天然蜘蛛丝，人们主要采用生物合成途径，即将蜘蛛丝蛋白基因转入其他生物体，借其他生物表达丝蛋白，然后进行人工纺丝而制得。

蜘蛛丝凭借其强度大、弹性好、柔软、质轻，以及其蛋白质组成与人体具有良好的相容性等优异特性，在军事上是制造防弹衣的绝佳材料，在医疗卫生方面可用于制作高性能的生物原料，制成伤口封闭材料和生理组织工程材料。

图 1 - 15　柞蚕

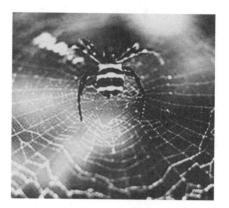

图 1 - 16　蜘蛛丝

# 第三节　化学纤维

## 一、常用化学纤维

以天然或合成聚合物为原料，经过化学方法和机械加工制成的纤维称为化学纤维。其中，采用天然高分子聚合物为原料制成的纤维称为人造纤维，利用煤、石油、天然气、农副产品等低分子化合物为原料经合成、聚合等化学反应而制成的纤维称为合成纤维。构成化学纤维的物质要求是：成纤高聚物必须具有线性的分子结构；大分子必须具有适当的相对分子质量；相邻分子间必须具有足够的结合力，以保证纺丝溶液或熔体的制备以及制取的纤维有足够的强度。

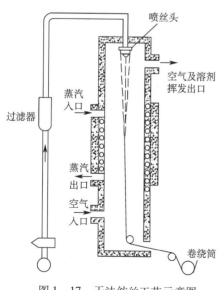

图 1 - 17　干法纺丝工艺示意图

各种化学纤维虽然各自的原料来源、分子结构、成品要求、制造方法不同，但均需经过三大工程，即制备纺丝熔体或纺丝液工程、纺丝工程和后整理工程。所谓制备工程是将制纤维原料经过化学反应分离出纤维熔体或纺丝液的过程。纺丝工程即为将纺丝熔体或纺丝液用计量泵定量供料，通过喷丝孔后凝固成丝条的过程。其纺丝方法主要有熔体纺丝、湿法纺丝、干法纺丝（图1-17）。后整理的目的是使纺成的丝达到纤维成品的要求。其中，长丝的后整理过程较为复杂，需经过拉伸、加捻、定形、上油、络丝等工序，湿法纺丝还需进行后处理和漂白；短纤维后整理工序有集束、拉伸、上油、卷边、热定形和切断等。

常用化学纤维的基本特点见表1-3。

表 1 – 3 常用化学纤维的基本特点

| 纤维名称 | 基本性能 | 基本用途 |
|---|---|---|
| 黏胶纤维 | 可分为有光、半光和无光。基本的性质与棉、麻纤维相似。手感滑爽，悬垂性好。吸湿性为所有化学纤维之首，并具有很好的染色性。但是，普通黏胶纤维在干湿状态下变化较大，湿状态下其强度一般要下降30%～50%，手感发硬，同时会有较强的缩水性。另外易产生褶皱，纤维强度较低的缺点 | 衬衫、裙子等日常服装面料用料 |
| 醋酯纤维 | 具有热缩性，模量较低，柔软，易变形，在低延伸度时（4%以下）有较高的弹性回复率，但耐磨性较差，强度、吸湿性、染色性较黏胶纤维差，手感、弹性、光泽、保暖性等优于黏胶纤维，有一定程度的蚕丝效应 | 内衣、儿童服装、女士服装 |
| 锦纶（尼龙） | 耐磨性为棉纤维的10倍，毛的20倍，黏胶纤维的50倍。耐疲劳性能居各类纤维之首。具有良好的弹性回复率，吸湿性在合成纤维中仅次于维纶，染色性能好，但抗皱性不如涤纶。与涤纶类似，具有较大的热可塑性，在热的作用下可以将线材加工成卷曲纱、膨体纱等不同纱型，并有不易沾油污、抗化学药剂的能力和不易霉变虫蛀的优点。耐光性很差，遇光时间长易变黄变脆。纤维表面平滑柔顺，具有一定的光泽度。纤维之间抱合力不强，易产生打滑 | 以长丝为主，大量用于变形加工制造弹力丝，作为机织和针织原料。短纤维主要用于与棉、毛或其他化纤混纺。适用于女装、运动装、雨衣、泳装、女子塑形内衣、透明长筒丝袜等领域。并在诸如缝纫线、填充棉、绳带等辅料领域具有广泛用途 |
| 腈纶 | 相对密度小，吸湿性差，弹性回复率低于锦纶、涤纶和羊毛，特别是承受多次循环作用后，剩余变形较大。蓬松性、保暖性很好，集合体的压缩弹性很高，为羊毛、锦纶的1.3倍，有人造羊毛之称。耐气候性、特别是耐日光性很好。耐酸性较好，耐碱性较差 | 主要用作毛线、针织物和较厚的仿毛型机织物 |
| 涤纶 | 具有相当的强度、弹性和回弹力，因而具有抗皱性好、形态稳定的特征，耐虫蛀霉变，长时间的日晒亦不影响纤维强度。热可塑性很大，其面料适合进行褶裥加工（Pleats）、水洗加工等附加整理。洗涤后极易干燥，无需整烫，是一种十分实用、便捷、适用于外衣的服用纤维。但吸湿透气性很差，穿着有闷热感，容易产生静电，易吸附灰尘 | 可纯纺织造，也善于与其他纤维混纺、交织，制成花色繁多和性能良好的仿毛、仿棉、仿丝、仿麻等织物。适宜制作男女衬衣、外衣，也可制作絮棉等 |
| 氨纶 | 具有高延伸性（500%～700%）、弹性模量低、强度较低、质地较轻、吸湿性较差的特点。中等程度的热稳定性，在日光作用下，稍有发黄，且强度稍有下降。耐汗、海水、酸、碱性能良好，不溶于一般溶剂，适合大多染料和整理剂 | 一般不单独使用，而是少量地掺入织物中。广泛用于袜子、滑雪衫、运动服、紧身衣等 |
| 维纶 | 性质与棉花相似，有合成棉花之称。相对密度比棉小，强度和耐磨性优于棉，弹性与棉相似。吸湿性在合成纤维中属最好，保暖性、耐腐蚀性、耐日光性、耐酸耐碱性均较好，不易霉蛀。主要缺点是耐热水性很差，弹性和染色性也较差 | 大量用于与棉、黏胶等纤维混纺或纯纺，用于制作针织外衣、汗衫、棉毛衫裤、运动衫等 |

## 二、新型化学纤维

随着人们生活水平的不断提高及对舒适、休闲、卫生、天然、安全、防护等意识的加强，在高科技的支撑和保障下，相继出现了一大批通过物理或化学改性不断完善风格和性能的新型化学纤维。

新型化学纤维是指利用新原料通过新工艺仿制出比常规纤维性能更突出，更有利于人类需求和发展的新一代纤维。新型化学纤维分类方法很多，按组成成分和加工方式可分为新型再生纤维和新型合成纤维；按性能和功能可分为功能性纤维和高性能纤维等。由于新型化学纤维品种繁多，通常将多种分类方法结合使用。

**（一）新型再生纤维**

再生纤维以天然高分子聚合物为原料，经化学方法加工而成。新型再生纤维有新型纤维素纤维（如 Lyocell 纤维、竹纤维等）、新型蛋白质纤维（如甲壳素纤维、大豆蛋白纤维、牛奶蛋白纤维等）和新型再生无机纤维（如不锈钢纤维等），见表1-4。

**表1-4　新型再生纤维的基本特点**

| 纤维名称 | 纤维来源 | 基本性能 | 主要用途 |
|---|---|---|---|
| Lyocell 纤维 | 以取自于自然并可再生的速生林为原料，溶于 NMMO（N-甲基吗啉-N-氧化物）溶剂体系，不经化学反应，用干喷湿法工艺得到的再生纤维素纤维。1980 年由德国 Akzo Nobel 公司首先取得工艺和产品专利，1989 年被国际人造纤维和合成纤维委员会（BISFA）正式命名为 Lyocell 纤维。英国 Courtaulds 公司和奥地利 Lenzing（兰精）公司成功将其商品化，商品名称为 Tencel，并于 20 世纪 90 年代中期进入我国市场，国内商品名为"天丝" | 除了具有纤维素纤维所有的性能，如良好的吸湿性、舒适的穿着性、自然的光泽、极好的染色性能和可生物降解性等之外，其强度类似涤纶，具有高干/湿强度，有很高的模量，悬垂性极好，柔软，低缩水率，有良好的尺寸稳定性。由于加工过程所用溶剂 NMMO 可接近100% 的回收，整个生产系统形成闭环回收再循环系统，对环境基本无污染，被称为 21 世纪的生态纤维 | 可用于制作衬衣、上衣、休闲外套、内衣、裤子等高品质服装 |
| 竹纤维 | 以竹子为原料的纤维素纤维，其成分包括纤维素、半纤维素和木质素，另有少量灰分和其他物质。按选材与加工方法，可分为竹原纤维和竹浆粕纤维两种 | 手感柔软、滑爽、染色上染、渗透性强，强力较好，韧性、耐磨性较高，但耐酸、耐碱性均较差。形态结构有明显凹槽孔隙，这些凹槽孔隙能够产生毛细管效应，使其具有优良的吸湿、放湿性能。干强大于湿强，伸长率在干、湿状态下相差较大，弹性回复率较好，且湿态弹性回复率较干态大，因而具有一定的抗皱性能。含有天然抗菌的"竹醌"组分，赋予纤维天然抗菌、抑菌、防臭和抗紫外线等保健特性 | 可制作衬衫、内衣、袜子和婴幼儿服装等 |
| 甲壳素纤维 | 由壳聚糖（虾、蟹、昆虫等甲壳动物的甲壳粉碎干燥后，经化学和生物处理后所得）经湿法纺丝工艺制成 | 由于甲壳素纤维呈碱性并具有高度的化学活性，耐热、耐碱、耐腐蚀，与人体也有极好的生物相容性，可被生物体内的溶解酶分解而被吸收，因此具有抗菌、防霉、去臭、吸湿、保温、柔软、染色性能好等优点，在酸中易发生分解，产品适宜中性水洗，整烫温度不宜太高 | 可用于制作内衣、衬衫、文胸、婴儿服装、抗菌裤和袜子等 |
| 大豆蛋白纤维 | 从大豆粕中提炼出蛋白高聚物，配制成一定浓度的蛋白纺丝液。熟成后，用湿法纺丝工艺纺成单纤 0.9~3.0dtex 的丝束，经醛化稳定纤维的性能后，再经过卷曲、热定形、切断，即可生产出各种长度规格的纺织用高档短纤维 | 是一种再生植物蛋白纤维。呈米黄色，具有强伸度高、耐酸、耐碱性好，光泽和吸湿、导湿性好等特点，有羊绒般柔软的手感，蚕丝般柔和的光泽，棉纤维的吸湿导湿性，羊毛的保暖性。含有多种人体所必需的氨基酸，与人体皮肤亲和性好且具有一定的保健作用 | 可制作针织衫、内衣等 |

续表

| 纤维名称 | 纤维来源 | 基本性能 | 主要用途 |
|---|---|---|---|
| 牛奶蛋白纤维 | 先将液态牛奶去水、脱脂、加糅合剂制成牛奶浆，再经湿纺新工艺及高科技手段制得的再生蛋白质纤维，是一种含乳酪蛋白质成分的接枝聚丙烯腈纤维 | 外观呈白色，并有真丝般柔和的光泽，手感柔软、滑糯。强度接近涤纶，防霉、防蛀性能比羊毛好，同其他蛋白质纤维一样，耐酸不耐碱。独特的成分结构，使其织物不仅柔软滑爽、透气爽身、悬垂飘逸，而且具有独特的润肤养肌、抗菌消炎等穿着功能 | 可用于制作各类高档内衣、衬衣、休闲服饰等 |
| 不锈钢纤维 | 将超低碳不锈钢材料加工成微米级的细丝称为不锈钢纤维。原始的不锈钢纤维是长丝束，每束含数千根至数万根不锈钢纤维，长 40~200m，每米束重约为 5g。单丝直径有 $10\mu m$、$8\mu m$ 和 $6\mu m$ 等规格 | 具有优良的挠性、导电性、耐腐蚀性、耐热性等，在氧化气氛中，温度高达 $600℃$ 可连续使用。在消除静电、作为耐高温材料、导热体及电磁屏蔽材料等方面具有较广泛的应用<br>凭借其优良的性能，可混纺或纯纺织制成布，赋予纺织品以导电、耐高温、电磁波屏蔽、抑菌杀菌等新的功能。且不影响织物的服用性能，甚至随着不锈钢质量分数的增大，织物表现出更加优良的抗皱性及悬垂性 | 可用于制作孕妇装等特殊功能服装 |

## （二）差别化纤维

差别化纤维通常是指在原来纤维组成的基础上进行物理或化学改性处理，使性状上获得一定程度改善的纤维。此类纤维既保留了原纤维中的基础特性，又克服了本身固有的不足，拓宽了化学纤维的用途，增加了产品附加值。

目前常见的差别化纤维有异形纤维、复合纤维、超细纤维和高吸湿性纤维等，见表 1-5。

表 1-5　差别化纤维的基本特点

| 纤维名称 | 定义 | 基本性能 |
|---|---|---|
| 异形纤维 | 是指横截面不是常规合成纤维所具有的圆形或近似圆形的纤维（图 1-18） | 纤维截面异形化后，最大的特征是光线照射后发生变化，利用这种性质可以制成具有真丝般光泽的合成纤维织物。此外，异形纤维普遍具有较好的被覆性、吸湿性、透气性、蓬松性，织物厚实、有温暖感，抗勾丝、起球性、抗弯刚度有所改善，耐磨和耐弯曲疲劳有明显提高，强度和伸长率略有下降，易沾污但污垢不易看见 |
| 复合纤维 | 采用复合纺丝法将两种或两种以上不同结构或性能的聚合物以一定方式沿纤维轴向相互复合的纤维（图 1-19） | 因为在同一纤维截面上存在两种或两种以上不相混合的聚合物，复合纤维可集多种组分的优点于一身，可以制成三维卷曲、易染色、难燃、抗静电、高吸湿等特殊性能的纤维 |
| 超细纤维 | 最初是为了仿制麂皮绒织物用的线密度小于 0.9dtex 的纤维，其线密度一般控制在 0.01~0.5dtex。因此，理论上将单丝线密度小于 0.5dtex 的纤维称为超细纤维 | 纤维越细，相应的织物越柔软，因其表面积增大，毛细效应增强，纤维能积存、疏导和蒸发更多的水分或容纳其他微粒，更容易与其他物质结合。由超细纤维织制的高密织物，由于外层表面形成超细凹凸的结构，可使水滴像在荷叶上来回滚动一样而达到拒水功能，但同时还具有透气、透湿功能，因此常用于制作仿真丝绸、麂皮绒等织物和高档时装、运动服、休闲服等服装 |

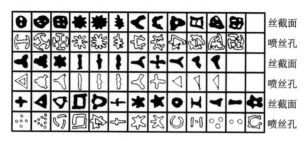

图1-18　异形纤维截面及其喷丝孔形状示意图

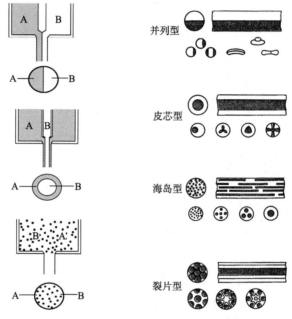

图1-19　复合纤维类型及其构成示意图

### （三）功能性纤维

功能性纤维是指为了满足某种特殊要求和用途的纤维，即纤维具有某特定的物理和化学性质。通常是在纺丝时混入相应的聚合物或高分子化合物，使得纤维具有高吸湿、高导湿、高收缩、免烫、抗菌除臭、医疗保健、阻燃、变色、夜光、香味、防污、自洁等特殊功能。

**1. 抗菌纤维**

纺织品与人体皮肤接触后，大量细菌借助人体分泌物繁殖和生长，因此研制开发抗菌纤维势在必行。

目前抗菌织物有三大类：一是本身带有抗菌功能的纤维，如部分麻类纤维、甲壳素纤维及金属纤维等；二是用抗菌剂进行抗菌整理的纺织品，此法加工简便，但耐洗性略差；三是将抗菌剂加在化学纤维纺丝过程中而制成的抗菌纤维，此类纤维抗菌、耐洗性好，易于织染加工。用抗菌纤维与其他纤维混纺或交织，可制作各种内衣、床上用品、袜子、护士服及其他纺织品。

**2. 阻燃纤维**

有关资料表明，近代大型火灾有一半是由于纺织品燃烧引起的，并且有相当数量的人员是因浓烟毒雾窒息而亡。因而开发阻燃、低发烟纤维成为科研人员努力的方向之一。

目前，国际广泛用以表征纤维可燃性的是极限氧指数 LOI（Limit Oxygen Index）值，即维持已燃材料继续燃烧所需要的最低含氧体积分数。LOI 数值越大，材料燃烧时所需氧的浓度越高，即越难燃烧。通常空气中氧气的体积分数接近20%，所以 LOI 值以20%为界限，大体可分成易燃纤维和阻燃纤维，见表1-6。

表1-6 纤维可燃性分类

| 分类 | LOI（%） | 燃烧状态 | 纤维品种 |
|---|---|---|---|
| 不燃 | ≥35 | 不燃烧 | 多数金属纤维、碳纤维、石棉、硼纤维、玻璃纤维及 PBO、PBI、PPS 纤维 |
| 难燃 | 27 < LOI ≤ 35 | 接触火焰燃烧，离火自熄 | 芳纶、氯纶、改性腈纶、改性涤纶、改性丙纶等 |
| 可燃 | 20 < LOI ≤ 27 | 可点燃，能续燃，但燃烧速度慢 | 涤纶、锦纶、维纶、羊毛、蚕丝、醋酯纤维等 |
| 易燃 | ≤20 | 易点燃，燃烧速度快 | 丙纶、腈纶、棉、麻、黏胶纤维 |

阻燃的基本原理是减少（或者基本没有）热分解气体的生成，阻碍气相燃烧的基本反应，吸收燃烧区域的热量，稀释和隔离空气。阻燃纤维一般是将有阻燃功能的阻燃剂通过聚合物聚合、共混、共聚、复合纺丝、接枝改性等加入到化纤中，或用后整理方法将阻燃剂涂在纤维表面或渗入纤维内部而得。目前，纤维用阻燃剂有铝和镁的氢氧化物、含硼化合物、卤系阻燃剂、磷系阻燃剂四大类。

阻燃纤维的用途很广，是制作耐高温阻燃防护服的理想材料，特别适用于高温下操作的设施，如冶金、采矿、能源等，同时也大量用于消防战斗服、抗暴警察服等。

**3. 远红外纤维**

远红外纤维是指在纤维的加工过程中加入了具有远红外辐射性能的微粉所制成的新型纤维，由于在其生产中通常采用具有较高远红外发射率的陶瓷微粉，故也被称为陶瓷纤维。加入纤维的这种具有远红外功能的材料，会吸收人体释放出来的辐射热，并在吸收自然界光热后辐射回人体需要 4～14μm 波长的远红外线，它易被人体皮肤吸收，具有增强人体新陈代谢、促进血液循环、提高免疫功能、消炎、消肿、镇痛等作用。经研究表明，远红外纤维作为一种纳米复合功能性材料，具有优良的保健理疗、热效应和排湿透气、抑菌等功能，有"生命的纤维"之称。

目前，远红外纤维主要用于制作保暖织物、保健织物以及卫生用品等。

**4. 抗静电和导电纤维**

通常将经改善抗静电性能后体积电阻率小于 $10^{10}\Omega \cdot cm$ 的合成纤维定义为抗静电纤维。抗静电纤维主要是通过转移积聚的静电荷来改善其导电性的纤维。常用加工方法有以下三大类型：

（1）使用表面活性剂（即抗静电剂）进行表面处理。抗静电剂多为亲水性聚合体，因此该类纤维制品的抗静电性依赖于使用环境湿度，相对湿度大于40％时性能较佳。

（2）通过纤维接枝改性技术，提高纤维吸湿性。

（3）选用导电材料。常用的导电材料主要有金属纤维、石墨、金属涂层材料、含导电性炭黑聚合物的覆盖或复合材料等。此类抗静电纤维也具有防电磁辐射的作用，主要是通过感应电流的快速泄露耗散和产生反向感应电势或磁场屏蔽，达到电磁屏蔽及防护功效。

**5. 智能纤维**

纺织材料的发展经历了结构材料→功能材料→智能材料→模糊材料的过程，其中从20世纪90年代开始发展的智能材料，在过去材料包含的物性和功能性两方面基础上加入信息科学的内容，能模糊解决人和机器在精确性方面存在的极大差别。

智能材料就是当它所处的环境变化时，其形状、温度、颜色或某些性能随之发生敏锐响应，即突跃式变化的纤维。常见的智能纤维有随pH值的变化而产生体积或形态改变的pH值响应性凝胶纤维，可变颜色的伪装纤维，能起到蓄热降温、热调节作用的相变纤维（空调纤维）等。

以相变纤维为例，若将相转变材料加入中空纤维中，或制成微胶囊混入纺丝液中纺丝，或直接涂覆于织物上，并制作成空调鞋、空调服、空调手套或床上用品、毯子、窗帘、汽车内装饰、帐篷等产品。使用时，纤维中的相转变材料在一定温度范围内能从液态转变为固态或由固态转变为液态，在相转变过程中，温度与周围环境或物质的温度保持恒定，起到缓冲温度变化的作用。

**（四）高性能纤维**

高性能纤维是指对外部的作用不易产生反应，在各种恶劣的情况下能保持本身性能的纤维。此类纤维大多具有特别高的强度和模量（承受很大的负荷也不变形）或能够耐高温和各种化学药品等。

高性能纤维主要包括质量轻、强度高、手感滑爽的碳纤维，子弹打不透的芳纶，高强聚乙烯纤维，高强耐热的PBO，耐腐蚀的PTFE等，见表1-7。这些纤维最初大多为军用，随着技术的进步和生产成本的降低，逐渐进入民用领域。

表1-7 高性能纤维的主要类别及特性

| 分类 | 高强高模纤维 | 耐高温纤维 | 耐化学品纤维 | 无机类纤维 |
|---|---|---|---|---|
| 名称 | 对位芳纶（PPTA）、芳香族聚酯（PHBA）纤维、聚苯并噁唑（PBO）纤维、高性能聚乙烯（HPPE）纤维 | 聚苯并咪唑（PBI）纤维、聚苯并噁唑（PBO）纤维、氧化PAN纤维、间位芳纶（MPIA） | 聚四氟乙烯(PTFE)纤维、聚醚酰亚胺（PEI）纤维 | 碳纤维（CF）、高性能玻璃纤维（HPGF）、陶瓷纤维、高性能金属纤维 |
| 主要特性 | 柔性高聚物，高强（3~6GPa）、高模（50~600GPa）、耐高温（120~300℃） | 柔性高聚物，高极限氧指数、耐高温 | 高聚物，耐各种化学腐蚀、性能稳定、高极限氧指数、耐高温（200~300℃） | 无机物，高强、高模、低伸长、耐高温（>600℃） |

## 第四节　服用纤维鉴别及基本性能比较

### 一、服用纤维鉴别

所谓纤维原料的鉴别，就是根据各种纤维原料的外观形态特征和内在性质，应用物理或化学的方法识别各种纤维。常用的鉴别方法很多，如手感目测法（或称感官鉴别法）、燃烧法、显微镜法、化学溶解法、熔点法、密度法、双折射法、X 衍射法、红外吸收光谱法等。

#### （一）手感目测法

手感目测法是根据各类原料或织物的外观特征及手感而进行的最简便的鉴别方法。常用纤维的感官特征如下：

（1）棉纤维：短纤维，长短不一，细而柔软。

（2）麻纤维：短纤维，粗、硬、爽，很难区分出单根纤维，大多为黄灰色。

（3）毛纤维：短纤维，但比棉纤维粗而长，单根纤维沿长度方向天然卷曲，呈乳白色，手感滑糯、丰满、富有弹性。

（4）蚕丝纤维：白色略带点黄，光泽柔和，纤维细而长，长度为几百米至上千米。

（5）有光黏胶人造丝：白色有刺眼的极光，湿强大大低于干强。

（6）无光黏胶人造丝：呈瓷白色，光泽较差，湿强大大低于干强。

（7）涤纶：爽而挺，强力大，弹性较好，不易变形。

（8）锦纶：有蜡光，强力大，弹性好，较涤纶易变形。

手感目测法虽然简便，但需要丰富的实践经验，且只能用来鉴别一些常用纤维，因而有一定局限性。

#### （二）燃烧法

燃烧法是鉴别纤维简单而常用的方法之一。它是根据各种纤维靠近火焰、接触火焰、离开火焰时所产生的各种不同现象以及燃烧时产生的气味和燃烧后的残留物状态来分辨纤维类别。燃烧法比较适用于纯纺产品，不适用于混纺产品、花式纱线产品及经过特殊整理的产品。常用纤维的燃烧特征见表 1 - 8。

表 1 - 8　常用纤维的燃烧特征

| 纤维种类 | 燃烧状态 | | | 燃烧时的气味 | 残留物特征 |
| --- | --- | --- | --- | --- | --- |
| | 靠近火焰时 | 接触火焰时 | 离开火焰时 | | |
| 棉（木棉） | 不熔不缩 | 立即燃烧 | 迅速燃烧 | 纸燃味 | 呈细而柔的灰黑絮状 |
| 麻 | 不熔不缩 | 立即燃烧 | 迅速燃烧 | 纸燃味 | 呈细而柔的灰白絮状 |
| 丝 | 熔并弯曲 | 卷曲、熔化、燃烧 | 略带闪光燃烧，有时自灭 | 毛发燃味 | 呈松而脆的黑色颗粒 |
| 毛 | 熔并弯曲 | 卷曲、熔化、燃烧 | 燃烧缓慢，有时自灭 | 毛发燃味 | 呈松而脆的黑色焦炭状 |

续表

| 纤维种类 | 燃烧状态 | | | 燃烧时的气味 | 残留物特征 |
| --- | --- | --- | --- | --- | --- |
| | 靠近火焰时 | 接触火焰时 | 离开火焰时 | | |
| 黏胶纤维 | 不熔不缩 | 立即燃烧 | 迅速燃烧 | 纸燃味 | 呈少许灰白色的灰烬 |
| 铜氨纤维 | 不熔不缩 | 立即燃烧 | 迅速燃烧 | 纸燃味 | 呈少许灰白色的灰烬 |
| 醋酯纤维 | 熔缩 | 熔融燃烧 | 熔化燃烧 | 醋味 | 呈硬而脆的不规则黑块 |
| 人造蛋白质纤维 | 熔缩 | 燃烧缓慢，有响声 | 自灭 | 毛发燃味 | 呈硬而黑的小珠状 |
| 聚酯纤维 | 熔缩 | 熔融冒烟，缓慢燃烧 | 继续燃烧，有时自灭 | 有甜味 | 呈硬而黑的圆珠状 |
| 聚丙烯腈纤维 | 熔缩 | 熔融燃烧 | 继续燃烧，冒黑烟 | 辛辣味 | 呈黑色不规则的小珠状，易碎 |
| 聚酰胺纤维 | 熔缩 | 熔融燃烧 | 自灭 | 氨基味 | 呈硬淡棕色透明圆珠状 |
| 聚乙烯醇缩甲醛纤维 | 缩 | 收缩燃烧 | 继续燃烧，冒黑烟 | 特有香味 | 呈不规则焦茶色硬块 |
| 聚氯乙烯纤维 | 熔缩 | 熔融燃烧，冒黑烟 | 自灭 | 刺鼻气味 | 呈深棕色硬块 |
| 聚偏氯乙烯纤维 | 熔缩 | 熔融燃烧，冒烟 | 自灭 | 刺鼻药味 | 呈松而脆的黑色焦炭状 |
| 聚氨基甲酸酯纤维 | 熔缩 | 熔融燃烧 | 开始燃烧后自灭 | 特异气味 | 呈白色胶状 |
| 聚烯烃纤维 | 熔缩 | 熔融燃烧 | 熔融燃烧，液态下落 | 石蜡味 | 呈灰白色蜡片状 |
| 聚苯乙烯纤维 | 熔缩 | 收缩燃烧 | 继续燃烧，冒浓黑烟 | 略有芳香味 | 呈黑而硬的小球状 |
| 碳纤维 | 不熔不缩 | 像烧铁丝一样发红 | 不燃烧 | 略有辛辣味 | 呈原来状态 |
| 不锈钢纤维 | 不熔不缩 | 像烧铁丝一样发红 | 不燃烧 | 无味 | 变形，呈硬珠状 |
| 石棉纤维 | 不熔不缩 | 在火焰中发光，不燃烧 | 不燃烧，不变形 | 无味 | 不变形，纤维略变深 |
| 玻璃纤维 | 不熔不缩 | 变软，发红光 | 变硬，不燃烧 | 无味 | 变形，呈硬珠状 |
| 酚醛纤维 | 不熔不缩 | 像烧铁丝一样发红 | 不燃烧 | 稍有刺激性焦味 | 呈黑色絮状 |
| 聚砜酰胺纤维 | 不熔不缩 | 卷曲燃烧 | 自灭 | 带有浆料味 | 呈不规则硬而脆的粒状 |

## （三）显微镜法

不同的纤维具有不同的外观形态以及不同的截面和纵向形态（表1-9）。显微镜法是利用普通生物显微镜或电子显微镜观察纤维的纵向、截面形态，以鉴别未知纤维的类别。这种方法适用于形态特征比较明显的天然纤维和再生纤维。但是，随着化纤工业的发展，仿天然纤维及异形纤维的不断开发与完善，影响了该方法鉴定结果的准确性。

表1-9 纤维截面和纵向形态特征

| 纤维名称 | 截面形态 | 纵向形态 |
|---|---|---|
| 棉 | 有中腔，呈不规则的腰圆形 | 扁平带状，稍有天然扭转 |
| 亚麻 | 呈多角形中空管状 | 有裂节 |
| 苎麻 | 呈椭圆形或扁圆形 | 表面有节 |
| 丝 | 三角形，角是圆的 | 透明、光滑，纵向有条纹 |

续表

| 纤维名称 | 截面形态 | 纵向形态 |
|---|---|---|
| 羊毛 | 圆形或近似圆形（椭圆形） | 表面粗糙，有鳞片，呈针状，天然卷曲 |
| 黏胶纤维 | 有圆形、椭圆形、锯齿形、叶状、豆状等 | 表面平滑，有清晰条纹 |
| 铜氨纤维 | 圆形或近似圆形、三叶形或不规则锯齿形 | 表面光滑，无横纹 |
| 醋酯纤维 | 三叶形或不规则锯齿形 | 表面有纵向条纹 |
| 聚酯纤维 | 圆形或近似圆形及各种异形截面 | 表面平滑，有的有不清晰长形条纹 |

续表

| 纤维名称 | 截面形态 | 纵向形态 |
|---|---|---|
| 聚丙烯腈纤维 | 圆形、哑铃状或叶形 | 表面平滑，有条纹 |
| 聚酰胺纤维 | 圆形、三叶形 | 表面平滑，有点 |
| 聚乙烯醇纤维 | 腰子形或哑铃形 | 长形，纵向表面有槽 |
| 聚氯乙烯纤维 | 圆形、蚕茧形 | 表面平滑 |
| 聚乙烯纤维 | 圆形 | 表面平滑 |

**（四）溶解法**

溶解法是利用不同化学试剂对不同纤维在不同温度下的溶解特征来鉴别纤维的类别。此方法可适用于各种纤维鉴别（包括染色纤维）和混纺产品混纺比的定量分析。由于溶剂的浓度和温度对纤维溶解性能有较明显的影响，因此在使用此方法时，应严格控制试验条件。常用纤维的溶解性能见表1-10。

**表1-10　常用纤维的溶解性能**

| 纤维种类 | 盐酸 36%~38% | | 硫酸 70% | | 氢氧化钠 5% | | 甲酸 88% | | 冰乙酸 99% | | N，N-二甲基甲酰胺 | |
|---|---|---|---|---|---|---|---|---|---|---|---|---|
| | 24℃~30℃ | 煮沸 | 24℃~30℃ | 煮沸 | 24℃~30℃ | 煮沸 | 24℃~30℃ | 煮沸 | 24℃~30℃ | 煮沸 | 24℃~30℃ | 煮沸 |
| 棉 | I | P | S | $S_0$ | I | I | I | I | I | I | I | I |
| 麻 | I | P | S | $S_0$ | I | I | I | I | I | I | I | I |
| 蚕丝 | P | S | $S_0$ | $S_0$ | I | $S_0$ | I | I | I | I | I | I |
| 羊毛 | I | P | I | $S_0$ | I | $S_0$ | I | I | I | I | I | I |
| 黏胶纤维 | S | $S_0$ | S | $S_0$ | I | I | I | I | I | I | I | I |
| 醋酯纤维 | S | $S_0$ | $S_0$ | $S_0$ | I | P | $S_0$ | $S_0$ | S | $S_0$ | S | $S_0$ |
| 涤纶 | I | I | I | P | I | I | I | I | I | I | I | S/P |
| 腈纶 | I | I | S | $S_0$ | I | I | I | I | I | I | S/P | $S_0$ |
| 锦纶6 | $S_0$ | $S_0$ | S | $S_0$ | I | I | $S_0$ | $S_0$ | I | $S_0$ | I | S/P |
| 锦纶66 | $S_0$ | — | S | $S_0$ | I | I | $S_0$ | $S_0$ | I | $S_0$ | I | I |
| 氨纶 | I | I | S | S | I | I | I | I | I | S | I | $S_0$ |
| 维纶 | $S_0$ | — | S | $S_0$ | I | I | S | $S_0$ | I | I | I | I |
| 氯纶 | I | I | I | I | I | I | I | I | I | I | $S_0$ | $S_0$ |
| 丙纶 | I | I | I | □ | I | I | I | I | I | I | I | I |

注　I—不溶解，P—部分溶解，$S_0$—立即溶解，S—溶解，□—块状。

**（五）熔点法**

熔点法是根据不同熔融特性原理来鉴别合成纤维，这种方法对不发生熔融的纤维素纤维和蛋白质纤维不适用。通常使用化纤熔点仪，或在附有热台和测温装置的偏光显微镜下，观察纤维消光时的温度从而测定纤维的熔点。常用合成纤维的熔点见表1-11。

**表1-11　常用合成纤维的熔点**

| 纤维种类 | 熔点（℃） | 纤维种类 | 熔点（℃） |
|---|---|---|---|
| 醋酯纤维 | 255~260 | 三醋酯纤维 | 280~300 |
| 涤纶 | 255~260 | 氨纶 | 228~234 |
| 腈纶 | 不明显 | 乙纶 | 130~132 |
| 锦纶6 | 215~224 | 丙纶 | 160~175 |
| 锦纶66 | 250~258 | 聚四氟乙烯纤维 | 329~333 |
| 维纶 | 224~239 | 腈氯纶 | 188 |
| 氯纶 | 202~210 | 维氯纶 | 200~231 |
| 聚乳酸纤维 | 175~178 | | |
| 聚对苯二甲酸丁二酯纤维（PBT） | 226 | 聚对苯二甲酸丙二酯纤维（PTT） | 228 |

### （六）其他鉴别方法

除以上介绍的方法外，还有双折射法、密度（相对密度）法、X射线衍射法、红外吸收光谱法、含氯含氮呈色反应法、灯照法等，但这些方法要求有一定的仪器设备和分析技术，一般在重要的研究工作及纠纷仲裁中使用。

需指出的是，实际工作中往往用多种方法同时进行鉴别，综合分析后得出可靠的结论。

### 二、服用纤维基本性能比较

服用纤维的基本性能主要包括体积质量、吸湿性、弹性、保暖性及其他性能等。

### （一）体积质量

体积质量小的纤维制作的服装质量轻，穿着舒适。各种常用纤维的体积质量见表1-12。

表1-12 常用纤维的体积质量

| 纤维名称 | 体积质量（g/cm³） | 纤维名称 | 体积质量（g/cm³） |
|---|---|---|---|
| 棉 | 1.54 | 涤纶 | 1.38 |
| 麻 | 1.50 | 锦纶 | 1.14 |
| 羊毛 | 1.32 | 腈纶 | 1.17 |
| 蚕丝 | 1.33 | 维纶 | 1.26~1.30 |
| 黏胶纤维 | 1.50 | 氯纶 | 1.39 |
| 铜氨纤维 | 1.50 | 丙纶 | 0.91 |
| 醋酯纤维 | 1.32 | 乙纶 | 0.94~0.96 |
| 三醋酯纤维 | 1.30 | 氨纶 | 1.00~1.30 |

### （二）吸湿性

吸湿性是指纤维材料在空气中吸收或放出气态水的能力。它对纤维材料的形态、尺寸、重量、物理机械性能及服装的舒适程度都有较大的影响。纤维吸湿性的指标可以标准回潮率（在相对湿度65%、温度20℃的条件下，纤维吸、放湿的平衡值）表示，见表1-13。

表1-13 常见服用纤维的标准回潮率

| 纤维名称 | 标准回潮率（%） | 纤维名称 | 标准回潮率（%） |
|---|---|---|---|
| 棉 | 7~8 | 锦纶6 | 3.5~5 |
| 羊毛 | 15~17 | 锦纶66 | 4.2~4.5 |
| 桑蚕丝 | 8~9 | 涤纶 | 0.4~0.5 |
| 苎麻（脱胶） | 7~8 | 腈纶 | 1.2~2 |
| 亚麻 | 8~11 | 维纶 | 4.5~5 |
| 普通黏胶纤维 | 13~15 | 丙纶 | 0 |
| 富强纤维 | 12~14 | 氨纶 | 0.4~1.3 |
| 醋酯纤维 | 4~7 | 氯纶 | 0 |
| 铜氨纤维 | 11~14 | 玻璃纤维 | 0 |

人体卫生学需要纤维具有一定的吸湿能力。而纤维吸湿膨胀会引起织物变厚变硬，并且造成织物长度缩短，而干燥后又无法回复原来的状态，这就是织物缩水。在服装制作时需充分考虑缩水率的影响。但吸湿膨胀现象会提高雨衣、雨伞织物的防水性能。

棉、麻纤维的强力随回潮率的上升而上升外，但绝大多数纤维的强力随回潮率的上升而下降，尤其是黏胶纤维。故棉、麻织物耐洗涤，而黏胶织物不耐洗。

干燥纤维是电的优良绝缘体，所以，在气候较为干燥时，尤其是吸湿性较差的（如涤纶）纤维由于摩擦产生静电现象，使其衣服吸尘、易脏，衣服之间相互纠缠，衣服与皮肤之间互相粘贴，妨碍人体活动。

**（三）弹性**

在材料上附加外力使其变形，当外力去除后，材料回复原形的性能称弹性（包括急弹性、缓弹性），不能回复的性能称塑性。实际应用的服装材料中，既没有完全的弹性体，也没有完全的塑性体。完全弹性体在服装制作中不能给予服装一定的造型或褶裥，而完全的塑性体在服装穿着中易产生折皱或变形。

纤维在外力作用下的变形能力可以其初始（弹性）模量来衡量，而纤维的变形回复能力通常以弹性回复率来表示。弹性模量低的纤维表明其变形所需的力小，即易变形；而弹性回复率大的纤维则表明外力去除后其弹性回复能力强，即弹性好，其面料适宜制作紧身衣裤。纤维的弹性回复或剩余变形除了受纤维本身的性能影响外，还与拉力的大小及作用时间有关。表1-14所示为常用纤维的弹性模量比较，表1-15所示为总伸长率分别为2%、3%、5%、10%时，常用纤维的弹性回复率比较，图1-20所示为在不同拉伸力作用以及不同总拉伸变形率下，常用纤维的弹性回复率比较。

**表1-14　常见纤维的弹性模量**

| 纤维名称 | | 弹性模量（N/mm²） | 纤维名称 | | 弹性模量（N/mm²） |
|---|---|---|---|---|---|
| 麻 | | 24500~53900 | 铜氨纤维 | 短纤 | 7840~9800 |
| | | | | 长丝 | 6860~9800 |
| 棉 | | 9310~12740 | 醋酯纤维 | 短纤 | 2940~4900 |
| | | | | 长丝 | 3430~5390 |
| 羊毛 | | 1274~2940 | 锦纶6 | 短纤 | 784~2940 |
| | | | | 长丝 | 1960~4410 |
| 蚕丝 | | 6370~11760 | 涤纶 | 短纤 | 3038~6076 |
| | | | | 长丝 | 10780~19600 |
| 黏胶纤维 | 普通 短纤 | 3920~9310 | 腈纶 | 短纤 | 2548~6370 |
| | 普通 长丝 | 8330~11270 | 维纶 | 短纤 | 2940~7840 |
| | 强力 短纤 | 6370~11760 | | 长丝 | 6860~9310 |
| | 强力 长丝 | 1470~21560 | | | |
| | 富纤 短纤 | 7840~13720 | | | |

表 1 - 15　常见纤维的拉伸弹性回复率

| 纤维名称 | 去外力后立即回缩（%） | | | | 去除外力后，2min 时的回缩（%） | | | |
|---|---|---|---|---|---|---|---|---|
| | 2 | 3 | 5 | 10 | 2 | 3 | 5 | 10 |
| 羊毛 | 100 | 100 | 100 | 69 | — | — | — | — |
| 蚕丝 | 90 | 72 | 52 | 35 | 93 | 78 | 62 | 44 |
| 黏胶纤维 | 63 | 46 | 35 | 26 | | | | |
| 醋酯纤维 | 94 | 85 | 58 | 26 | 100 | 98 | 80 | 37 |
| 锦纶长丝 | 100 | 95 | 89 | 75 | — | — | — | — |
| 锦纶短纤 | 100 | 100 | 100 | 90 | 100 | 100 | 100 | 97 |
| 涤纶 | 100 | 85 | 69 | 40 | 100 | 75 | 75 | 50 |
| 维纶 | 60 ~ 70 | 50 ~ 60 | 40 ~ 45 | 30 ~ 35 | 89 ~ 95 | 70 ~ 80 | 50 ~ 60 | 45 ~ 50 |
| 腈纶 | 90 ~ 100 | 75 ~ 80 | 55 ~ 64 | 33 ~ 37 | 100 | 100 | 70 ~ 83 | 51 ~ 56 |

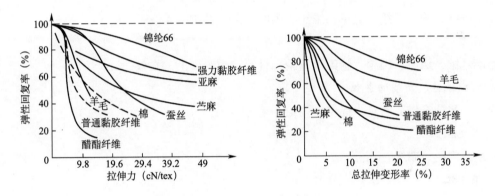

图 1 - 20　拉伸力与纤维弹性回复率

## （四）保暖性

服装的保暖性主要取决于面料的厚度。但组成面料的纤维性能（如导热性）及形态对其也有较大的影响。纤维的导热性通常用导热系数 $\lambda$ 表示。$\lambda$ 越小，表示材料的导热性越低，抵抗热量由高温向低温传递的能力越强，即保暖性越好，见表 1 - 16。

表 1 - 16　纤维材料的导热系数

| 纤维名称 | $\lambda\left[W/\left(m\cdot\text{℃}\right)\left(20\text{℃}\right)\right]$ | 纤维名称 | $\lambda\left[W/\left(m\cdot\text{℃}\right)\left(20\text{℃}\right)\right]$ |
|---|---|---|---|
| 氯纶 | 0.042 | 黏胶纤维 | 0.055 ~ 0.071 |
| 醋酯纤维 | 0.05 | 棉 | 0.071 ~ 0.073 |
| 腈纶 | 0.051 | 涤纶 | 0.084 |
| 蚕丝 | 0.05 ~ 0.055 | 丙纶 | 0.221 ~ 0.302 |
| 羊毛 | 0.052 ~ 0.055 | 锦纶 | 0.244 ~ 0.337 |

由于静止空气的导热系数很小（$\lambda = 0.027$），是最好的热绝缘体。所以，若纤维的形态能使夹持在纤维中的空气或能使更多的空气处于静止状态，则该纤维的保暖性越好。例如具有天然卷曲形态的毛纤维、膨体纱等都为纤维层提供了静止空气，故保暖性较强。但是，若

纤维中的空气一旦发生了流动，纤维层的保暖性就会大大下降。异形中空纤维就是尽量地增加纤维层内静止空气的一种纤维。

相反，水的导热系数很大（$\lambda = 0.697$），约为纤维的 10 倍。所以，在遇出汗或淋雨时，纤维回潮率增高，导热系数也增加，保暖性就下降。

**（五）其他服用性能比较**

纤维其他服用性能的比较（从好到差依次排列）如下：

**1. 耐平磨、曲磨性**

锦纶、丙纶、维纶、涤纶、腈纶、羊毛、棉。

**2. 耐光性**

矿物纤维、腈纶、麻、棉、毛、醋酯纤维、涤纶、氯纶、富强纤维、有光黏胶纤维、维纶、无光黏胶纤维、铜氨纤维、氨纶、锦纶、蚕丝、丙纶。

**3. 抗蛀**

醋酯纤维、棉、涤纶、氯纶、维纶、丙纶、黏胶纤维。

**4. 抗霉**

醋酯纤维、涤纶、锦纶、腈纶、氯纶、维纶、丙纶、毛、蚕丝。

**5. 褶裥保持、折皱回复性**

涤纶、醋酯纤维、腈纶、锦纶、丙纶、毛。

**6. 不延燃性**

涤纶、锦纶、腈纶、毛。

**7. 染色性**

棉、黏胶纤维、毛、丝、锦纶、醋酯纤维。

# ✳ 专业术语

| 纤维名称 | | | |
|---|---|---|---|
| 纤维 | Fibre | 服用纤维 | Clothing Fibre |
| 天然纤维 | Natural Fibre | 植物纤维 | Vegetable Fibre |
| 棉 | Cotton | 天然彩棉 | Naturally Colored Cotton |
| 苎麻 | Ramie | 亚麻 | Flax |
| 罗布麻 | Apocynum | 动物纤维 | Animal Fibre |
| 丝 | Silk | 桑蚕丝 | Mulberry Silk |
| 柞蚕丝 | Tussah Silk | 双宫丝 | Douppion Silk |
| 蜘蛛丝 | Spider Silk | 毛 | Animal Hair |
| 羊毛 | Wool | 山羊绒 | Cashmere |
| 马海毛 | Mohair | 兔毛 | Rabbit Hair |
| 骆驼毛 | Camel Hair | 牦牛毛 | Yak Hair |

| 纤维名称 | | | |
| --- | --- | --- | --- |
| 矿物纤维 | Mineral Fibre | 化学纤维 | Chemical Fibre |
| 再生纤维 | Regenerated Fibre | 黏胶纤维 | Viscose |
| 醋酯纤维 | Cellulose Acetate | 天丝 | Lyocell，Tencel |
| 合成纤维 | Synthetic Fibre | 涤纶 | Polyester |
| 锦纶 | Polyamide | 腈纶 | Acrylic |
| 维纶 | Vinylon | 氨纶 | Spandex |
| 差别化纤维 | Differential Fibre | 高性能纤维 | High Performance Fibre |
| 超细纤维 | Superfine Fibre | 异形纤维 | Profiled Fibre |
| 复合纤维 | Composite Fibre | 功能纤维 | Functional Fibre |
| 纺织品性能 | | | |
| 可纺性 | Spinnability | 细度 | Fineness |
| 卷曲度 | Crimpness | 抱合性 | Cohesiveness |
| 机械性能 | Mechanical Property | 刚度 | Stiffness |
| 强伸度 | Tensile Property | 干强 | Dry Strength |
| 湿强 | Wet Strength | 柔软度 | Softness |
| 弹性 | Elasticity | 耐磨性 | Wear Resistance |
| 疲劳强度 | Fatigue Strength | 耐用性 | Endurance |
| 吸湿性 | Hygroscopicity | 缩水性 | Shrinkage |
| 回潮率 | Regain | 透气性 | Air Permeability |
| 卫生性 | Hygienic Performance | 舒适性 | Comfort |
| 毡缩性 | Felting Property | 热学性能 | Thermal Property |
| 导热性 | Thermal Conductivity | 保暖性 | Heat Insulating Ability |
| 热收缩性 | Thermal Shrinkage | 耐热性 | Heat Endurance |
| 燃烧性 | Flammability | 熔孔性 | Melting-hole Behaviour |
| 电学性能 | Electrical Property | 导电性 | Electric Conductivity |
| 抗静电性 | Antistatic Property | 耐气候性 | Weather Resistance |
| 耐晒性 | Light Fastness | 耐化学品性 | Chemical Proofing |
| 易保管性 | Easy-care | 抗折皱性 | Wrinkle Resistance |
| 抗霉 | Fungus Resistance | 抗蛀 | Insect Resistance |
| 耐洗涤性 | Washing Resistance | 缩绒性 | Felting Property |

## ✳ 学习重点

服用纤维的主要类别、特性及其对衣料风格和性能的影响。

## ✳ 思考题

1. 何谓纤维，纤维与服用纤维的区别是什么？

2. 名词解释：植物纤维、动物纤维、化学纤维、再生纤维、合成纤维、异形纤维、复合纤维、差别化纤维、功能性纤维、高性能纤维。

3. 名词解释：纤维可纺性、强伸度、弹性、耐磨性、疲劳强度、吸湿性、导热性、热收缩性、耐热性、燃烧性、熔孔性、导电性、耐气候性、耐化学品性、易保管性。

4. 简述棉、麻、丝、毛、黏胶纤维、醋酯纤维、甲壳素纤维、大豆蛋白纤维、金属纤维、玻璃纤维、涤纶、锦纶、腈纶、氨纶等纤维的特性及其主要用途。

## 服用纱线

**课程名称：**服用纱线

**课程内容：**纱线及其构造

纱线的类别及特点

纱线设计与织物风格

**课程时间：**4 课时

**教学目的：**纱线是织物织造、编织、绣花、缝纫的直接材料。通过本章学习，使学生了解和掌握不同原料、用途和形态结构的纱线类别及其对织物和服装的质地特征和内在性能的影响。

**教学方式：**实物、图片、多媒体讲授和分析实验。

**教学要求：**1. 掌握本章专业术语概念。

2. 掌握纱线的类别、主要特性及其对服装面料风格和性能的影响。

3. 了解纱线规格的表示方法。

# 第二章　服用纱线

纱线是织物织造、编织、绣花、缝纫的直接材料。不同原料和形态结构的纱线织制了成千上万种服用织物，并在很大程度上决定了织物和服装的质地特征（如轻重感、光滑感、细腻感、立体感、硬挺感、弹性等）和内在性能（如吸湿、透气、保暖、强度、抗起球等），而缝纫线的品质直接影响着服装缝纫加工的难易程度和服装品质。所以，纱线是构成并影响织物及服装的重要因素。

## 第一节　纱线及其构造

### 一、纱线的概念

就广义而言，纱线是指用于织物织造、编织、绣花、缝纫，且具有一定强度、细度和柔曲性能的连续纤维束的总称。纱线狭义的含义通常是指将短纤维经纺纱工艺加工而成的连续纤维束。而丝线则是由连续的长纤维构成的纤维束。

纤维长度、种类不同，其纱线的制造方法、性质、用途也不尽相同。如图 2−1 所示，普通的短纤维纱线通常经纤维松解（开松、梳理）和集合（牵伸、加捻）等纺纱工序制成。

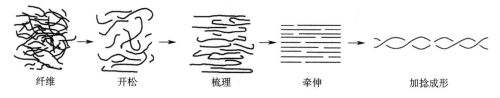

| 纤维 | 开松 | 梳理 | 牵伸 | 加捻成形 |

图 2−1　短纤维纺纱示意图

服用长丝纤维本身就具有纺织加工所需的长度、强度、柔软度等特性，因此，面料生产中通常按产品风格和性能所需对长丝纤维进行如并合、加捻等加工，使丝线具有一定的细度或捻度。图 2−2 为缫丝示意图：先将蚕茧置于 80~85℃ 的热水中浸煮，使茧子表面的胶质溶解从而理出茧丝的端部，然后按所需的细度规格将若干根茧丝合并成相应的生丝，见图 2−3［5~6 根茧丝并合成 14.4~16.6dtex（13 旦/15 旦）生丝，7~8 根茧丝并合成 22.2~24.4dtex（20 旦/22 旦）的生丝］。而服用化纤长丝通常由纺丝液通过具有若干个喷丝头集合成长丝。

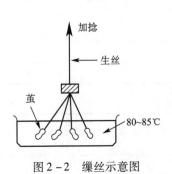

图 2 - 2　缫丝示意图

图 2 - 3　桑蚕茧和生丝

## 二、纱线的线密度

纱线的线密度是细度的一个指标，它直接影响织物的外观风格和内在性能，如织物的厚薄、细腻程度以及刚度、紧度和耐磨性等。服用纤维和纱线大多纤细且截面形状复杂，直接测量其直径较为困难，通常利用纱线质量、长度、截面积三者之间的对应关系，使用诸如公制支数（$N_m$）、英制支数（$N_e$）、旦［尼尔］（$D$）、特［克斯］（$Tt$）等间接指标表示其细度，见表 2 - 1。其中，公制支数、英制支数、旦［尼尔］为习惯使用的细度指标，而特［克斯］则为我国法定的线密度指标。

表 2 - 1　纱线（纤维）的细度单位指标及含义

| 细度指标类别 | | 定义 | 计算式 | 式中代号含义 | 使用范围 |
|---|---|---|---|---|---|
| 定长制 | 特［克斯］（tex） | 1000m 长度的纱线在公定回潮率下的质量克数 | $Tt = \dfrac{G}{L} \times 1000$ | $G$—公定回潮率质量（g）<br>$L$—长度（m） | 所有的纤维和纱线 |
| | 旦［尼尔］（旦） | 9000m 长度的纱线在公定回潮率下的质量克数 | $N_D = \dfrac{G}{L} \times 9000$ | $G$—公定回潮率质量（g）<br>$L$—长度（m） | 习惯使用于蚕丝和化纤长丝 |
| 定重制 | 英制支数（英支） | 1lb 纱线在公定回潮率下的 840 码长度的倍数 | $N_e = \dfrac{L}{G \times 840}$ | $G$—公定回潮率质量（lb）<br>$L$—长度（yd） | 习惯使用于棉（型）纱线 |
| | 公支支数（公支） | 1g 重纱线在公定回潮率下的长度米数 | $N_m = \dfrac{L}{G}$ | $G$—公定回潮率质量（g）<br>$L$—长度（m） | 习惯使用于毛（型）纱线、麻纱线和绢纺纱线 |

纱线（纤维）的各线密度指标间的换算见表 2 - 2、表 2 - 3。

表2-2　纱线（纤维）的各线密度指标换算

| 换算指标 | 换算公式 | 备注 |
|---|---|---|
| 特数与公制支数 | $Tt = 1000/N_m$ | |
| 特数与旦数 | $Tt = D/9$ | |
| 公制支数与旦数 | $N_m = 9000/D$ | |
| 特数与英制支数 | $Tt = C/N_e$ | $C$ 为换算常数 |

表2-3　换算常数 $C$

| 纱线种类 | 换算常数 $C$ |
|---|---|
| 棉 | 583 |
| 纯化纤 | 590.5 |
| 涤/棉 | 588 |
| 维/棉、腈/棉、丙/棉 | 587 |

纱线粗细程度的分类见表2-4。

表2-4　纱线粗细程度分类

| 类别 | 线密度（tex） | 英制支数（英支） |
|---|---|---|
| 粗 | 32 及以上 | 18 及以下 |
| 中 | 31~20 | 19~29 |
| 细 | 19~10 | 30~60 |
| 特细 | 10 以下 | 60 以上 |

**注**　我国一般将10tex及以下（60英支、100公支及以上）的纱线称为细特纱〔某些国家也有以14.6tex及以下（40英支、68.5公支及以上）的纱线称为细特纱〕，以细特纱组成的股线称细特股线，由细特纱线制成的织物称作细特织物。

### 三、纱线的并捻

将两根或两根以上纱线并合在一起的工艺称为纱线的并合。它可增加纱线的线密度，改善纱线光洁度及强度、颜色的均匀度。

加捻是指固定纤维条或纱线的一端，而在另一端进行回转的加工过程。加捻不仅能增强纤维间的抱合力，从而使纤维条形成具有一定强度的连续纱线体，而且常用来增强纱线的强度或形成各种形态与性能的花式线型。所以，加捻不仅是纺纱工艺中必不可少的工序，而且纱线的加捻工艺设计对织物的外观风格与内在性能有很大影响。

#### （一）纱线的捻度

捻度指单位长度内的捻回数，用 $T$（捻/m、捻/10cm 或捻/cm）表示，通常化纤长丝的单位取 m，短纤维纱线的单位取 10cm，蚕丝的单位取 cm。

纱线按其加捻程度的不同分为弱捻、中捻和强捻。纱线加捻程度对织物的厚度、强度、耐磨性及其手感和外观肌理有很大的影响。例如，弱捻可增强纱线及面料的强度与弹性，改变纱线及面料的光泽；强捻可使纱线产生捻缩，织物表面产生绉效应或高花效应。须注意的是，影响纱线加捻程度的是纱线的捻度和线密度，因此，不同线密度纱线之间加捻程度的比较不能直接由捻度来衡量，它通常需以某一特定线密度为基准〔如蚕丝加捻程度的比较，通常以 46.66dtex（42 旦）为线密度基准]。不同纱线加捻程度的分类见表 2-5。

表 2-5　纱线加捻程度的分类

| 加捻程度类别 | 纱的捻度（捻/m） | 丝的捻度（捻/m） |
| --- | --- | --- |
| 弱捻 | 300 以下 | 1000 以下 |
| 中捻 | 300~1000 | 1000~2000 |
| 强捻 | 1000~3000 | 2000 以上 |
| 极强捻 | 3000 以上 | — |

### （二）纱线的捻向

根据加捻回转方向的区别，纱线的捻向有 S 捻和 Z 捻两种，如图 2-4 所示。纱线的捻向对织物的外观和手感也有一定的影响。如同一系统（经或纬）配置不同捻向的纱线，织物表面可呈现隐条效果；经纬向配置不同捻向的纱线，织物光泽较好，手感较松厚、柔软；经纬向配置同捻向的纱线，织物较薄，身骨较好，强度较高，但光泽较弱。

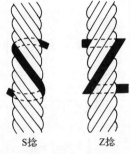

S捻　　Z捻

图 2-4　纱线的捻向

### 四、纱线规格的表示方法

纱线规格涉及线密度、捻度、捻向、并合股数等。对于这些指标的表示，国家标准（GB/T 8693—2008）中有统一的规定，见表 2-6。

表 2-6　国标纺织品纱线的标示

| 以单纱线密度为基础的纱线表示（单纱到股线的标示法） | | | | |
| --- | --- | --- | --- | --- |
| 纱线名称 | | 标示方法 | 示例 | 缩写 |
| 单纱 | 短纤纱 | 线密度　捻向　捻度 | 40 tex Z 600 | 40 tex |
| | 无捻单丝 | 线密度　符号"f"　数字"1"　符号"t0" | 17 dtex f1 t0 | 17 dtex t0 |
| | 加捻单丝 | 无捻单丝的线密度　符号"f"　数字"1"　捻向　捻度 | 17 dtex f1 S 800；R 17.4 dtex | 17 dtex；R 17.4 dtex |
| | 无捻复丝 | 线密度　符号"f"　并合的长丝根数　符号"t0" | 133 dtex f40 t0 | 133 dtex t0 |
| | 加捻复丝 | 线密度　符号"f"　捻合的长丝根数　捻向捻度 | 133 dtex f40 S 1000；R 136 dtex | 133 dtex；R 136 dtex |
| 并绕纱 | 组分相同的并绕纱 | 所用单纱的标示　乘号"×"　并合的单纱根数　符号"t0" | 40tex S 155×2 t0 | 40 tex×2 t0 |
| | 组分不同的并绕纱 | 所用单纱的标记　用加号"+"连结并加上括号　符号"t0" | (25tex S 420 + 60 tex Z 80) t0 | (25 tex + 60 tex) t0 |

续表

| 纱线名称 | | 标示方法 | 示例 | 缩写 |
|---|---|---|---|---|
| 股线 | 组分相同的股线 | 所用单纱的标记 乘号"×" 捻合的单纱根数 合股捻向 合股捻度 | 34tex S 600 × 2 Z 400；R 69.3tex | 34tex ×2；R 69.3 tex |
| | 组分不同的股线 | 所用单纱的标记（用加号"+"连结并加上括号）合股捻向 合股捻度 | (25tex S 420 + 60tex Z 80) S 360；R 89.2tex | 25tex +60tex；R 89.2tex |
| 缆线 | 组分相同的缆线 | 所有股线的标记 乘号"×"并捻的股线根数 缆线捻向 缆线捻度 | 20tex Z 700 × 2 S 400 × 3 Z 200；R 132 tex | 20tex ×2 ×3；R 132 tex |
| | 组分不同的缆线 | 所有单纱的标记与股线的标记（用加号"+"连结并加上括号）缆线捻向 缆线捻度 | (20tex Z 700 ×3 S 400 + 34tex S 600) Z 200；R 96tex | (20tex ×3 +34tex)；R 96tex |

以最终线密度为基础的纱线标示（股线到单纱的标示法）

| 纱线名称 | | 标示方法 | 示例 | 缩写 |
|---|---|---|---|---|
| 单纱 | 加捻单丝 | 符号"R" 最终线密度 符号"f"数字"1"捻向 捻度 | R 17.4 dtex fl S 800；17 dtex | R 17.4 dtex；17 dtex |
| | 加捻复丝 | 符号"R" 最终线密度 符号"f"捻合的长丝根数 捻向 捻度 | R 136 dtex f40 S 1000；133 dtex | R 136 dtex；133 dtex |
| 股线 | 组分相同的股线 | 符号"R" 最终线密度 合股捻向 合股捻度 斜线分隔号"/"股线中的单纱根数 单纱捻向 单纱捻度 | R 69.3 tex Z 400/2 S600；34 tex | R 69.3 tex/2；34 tex |
| | 组分不同的股线 | 符号"R" 最终线密度 合股捻向 合股捻度 斜线分隔号"/"（所用单纱的捻向和捻度，用加号"+"连结并加上括号） | R 89.2 tex S 360/ (S 420 + Z 80)；25 tex + 60 tex | R 89.2 tex；25 tex +60 tex |
| 缆线 | 组分相同的缆线 | 符号"R" 最终线密度 缆线捻向 缆线捻度 斜线分隔号"/" 缆线中的股线根数 组分相同股线的标示 | R 132 tex Z 200/3 S 400/2 Z 700；20 tex | R 132 tex /3/2；20 tex |
| | 组分不同的缆线 | 符号"R" 最终线密度 缆线捻向 缆线捻度 斜线分隔号"/"并捻工序中所用纱线的捻向和捻度（用加号"+"连结，其中股线与其所用单纱的捻向和捻度"/"，并加上括号） | R 96 tex Z 200/ (S 600 + S 400/3 Z 700)；34 tex + 20 tex ×3 | R 96 tex；34 tex + 20 tex ×3 |

注 R——最终线密度的符号，置于其数值之前；

　　f——长丝的符号，置于长丝根数之前；

　　t0——无捻；

　　表中捻度单位为捻/m。

同时，悠久的纺织业也留有习惯表示法，见表2－7。

表2－7 纺织业习惯使用的纱线表示法

| 纱线名称 | | 标示方法 | 示例 |
|---|---|---|---|
| 单纱（丝） | | 纱（丝） 线线密度（单位） 纤维名称 捻度 捻向 色号色名 | 90旦 涤纶丝 600捻/m Z 白色 |
| 股线（丝） | 同一种单纱并合的纱线 | 单纱线密度（特［克斯］） 纤维名称×并合根数 捻度 捻向 色号色名 | 40tex 棉×2 50捻/10cm S 白色 |
| | | 单纱线密度（支）/股数 纤维名称 捻度 捻向 色号色名 | 14.6英支/2 棉 50捻/10cm S 白色 |
| | 同一种单丝并合的丝线 | 单根线密度（特［克斯］） 纤维名称×并合根数 捻度 捻向 色号色名 | 2.3tex 桑蚕丝×3 5捻/cm Z 黑色 |
| 股线（丝） | 同一种单丝并合的丝线 | 并合根数/单根线密度（旦尼尔）纤维名称捻度 捻向 色号色名 | 2/20/22旦 桑蚕丝 5捻/cm Z 黑色 |
| | 不同单纱（丝）并合的纱（丝）线 | ［纱（丝）线1＋纱（丝）线2＋……］捻度 捻向 色号色名① | |

①中的纱（丝）线1和纱（丝）线2各自分别按单纱（丝）表示。

# 第二节 纱线的类别及特点

## 一、按原料分类

### （一）棉纱线

棉纱线通常按其纺纱、整理等加工方法分为普梳纱、半精梳纱、精梳纱、废纺纱、转杯纺纱、环锭纺纱、烧毛纱、丝光纱等。普梳棉纱线是棉纤维经清棉、梳棉、并条、粗纱、细纱等工序加工而成，线密度通常为9.7～97.2tex（6～60英支）。普梳纱线毛茸性较好，手感松软，特数较高，适用于织造一般服装用料。精梳棉纱线则是在一般纺纱工序中增加精梳工序加工而成。由于经过进一步梳理，除去了纱条中的短纤维，使纱条更平行顺直，纱线表面光洁，毛羽少，强力高，品质好，如图2－5所示。线密度为5～97.2tex（6～120英支），适用于织造光洁度要求高且较为精致的高档服装面料。

此外，棉纱线常用烧毛与丝光加工的方法，赋予其表面如同丝般的光泽，并使其具有更好的染色性能。烧毛加工即为将纱线急速通过燃烧的火焰，除去纱线表面的毛羽从而增加纱线表面光泽的工艺。烧毛纱再经漂白，并在张力下浸入氢氧化钠溶液中进行加工的工艺称为丝光加工。经丝光加工的棉纱线外观平滑，手感结实，常作为织造棉类府绸、细纺布的线材。

### （二）毛纱

毛纱线通常按纺纱工艺分为精纺纱线和粗纺纱线（图2－6）。与棉纱线类似，精纺毛纱是采用细、长，均匀度较好的优质毛纤维，并按精纺毛纺工艺加工，从而取得平行伸直度高、光洁度好的高品质毛纱线，线密度一般为 10～33.3tex（30～100 公支）。通常在精纺工艺前进行毛条染色，其色牢度比纱线染色要高。最具代表性的毛织物是精纺哔叽、华达呢、凡立丁等。粗纺毛纱线采用短毛种羊毛与精纺毛混合经粗纺工艺加工而成，线材表面蓬松，附有短毛，手感柔软，质地温暖，线密度通常为 50～500tex（2～20 公支）。最具代表性的毛织物有粗纺法兰绒、麦尔顿、花呢等。

图 2-5 普梳纱与精梳纱示意图

图 2-6 精纺毛纱与粗纺毛纱示意图

### （三）蚕丝线

蚕丝线俗称丝线。由于蚕茧的特殊构成，其产品分为生丝、练丝及绢纺丝等。经过缫丝工艺直接从蚕茧的茧层中抽取的丝称为生丝，其色泽偏黄，手感硬爽。生丝经碱性溶液作精练处理，去除丝胶后称为练丝或熟丝，其光泽优雅，色泽白净，手感柔顺。根据衣料风格需要可将生丝进行精练、半精练或不练。普通生丝的常用规格为 14.4～16.7 dtex（13～15 旦）、22.2～24.4 dtex（20～22 旦）、31.1～33.3 dtex（28～30 旦）、44.4～48.9 dtex（40～44 旦）等，双宫丝的常用规格为 33.3～44.4 dtex（30～40 旦）、55.6～77.8 dtex（50～70 旦）、66.7～88.9 dtex（60～80 旦）、111.1～133.3 dtex（100～120 旦）、222.2～277.8 dtex（200～250 旦）等。

将茧与丝的下脚料经纺纱加工而得的纱线即为绢纺丝（绢丝和䌷丝）。其中，绢丝是以废丝、疵茧和茧衣为原料，先经精练、制绵等工艺加工成短纤维，然后经纺纱捻合而成。其光泽柔和，纱线均匀度和洁净度较好，手感丰满而富有弹性，吸湿性、耐热性和化学性质与生丝相近，强度和伸长率略低于生丝，是高级绢纺绸的主要原料。主要规格有 8.5tex（118 公支）、15.2tex×2（66 公支/2）、8.3tex×2（120 公支/2）、7.1tex×2（140 公支/2）、5.2tex×2（194 公支/2）、4.8tex×2（210 公支/2）等，典型面料有绢丝纺等。䌷丝以绢纺的下脚丝、蛹衬为原料纺纱而成。其外观少光泽，表面具有随机分布的绵粒，细度极为不匀，风格朴实别致，但品质和强度均比绢丝差。主要规格有 50tex（20 公支/1）、40tex（25 公支/1）、33.3 tex（30 公支/1）等，代表性面料有绵绸等。绢丝有单纱和股线之分，而䌷丝只有单纱结构。

由于生长环境及蚕茧性能的不同，柞蚕丝的缫制工艺与桑蚕丝不同。通常按煮茧、漂茧的方法及使用化学药剂的不同分为药水丝和灰丝。药水丝色光淡黄优雅，灰丝呈灰浅褐色，略灰暗。按纤维粗细不同，分为规格丝、疙瘩丝和特种工艺丝。规格丝是指 39dtex（33/38 旦）的传统柞蚕丝产品；疙瘩丝的线密度为 77～333dtex（70～300 旦）；特种工艺丝的线密度为 333～2553dtex（300～2300 旦），一般用手工纺制，丝条上形成如粗节状等形式不同的疙瘩效应。

## （四）化纤纱线

按原料的不同，用于服装的化纤纱线主要有涤纶、锦纶、腈纶、黏胶纤维、醋酯纤维、氨纶等，据需要可加工成长丝或短纤维纱线。普通化纤长丝表面平滑均匀，但也有保温性差、手感冷、塑料感强的缺点，容易出现擦毛、勾丝或起球。主要规格有45旦、60旦、75旦、90旦、100旦、110旦、120旦、150旦、200旦、250旦等。化纤长丝还有单丝和复丝之别，服装用面料大多为复丝。除一般线密度构成的普通复丝外，由细旦丝组成的称高复丝，由超细旦丝组成的称超复丝。化纤短纤维纱线分为棉型、毛型和中长型三种，主要用于织制仿棉、仿毛类面料。其强度比长丝要低，但线体蓬松，手感柔软，具有较好的保温性。

## （五）混纺纱线

混纺纱线是将两种或两种以上的纤维经混合纺纱工艺加工而成的纱线。混纺的目的在于取长补短，赋予纤维可纺性、稳定生产、降低成本，改进纱线性能和达到特殊效果。混纺原料及混纺比例不同，混纺纱线的性能也不同。常用的混纺材料有维/棉、黏/棉、涤/棉、涤/麻、麻/棉、涤/黏、涤/腈、毛/涤、毛/腈、毛/黏、丙/棉、涤/棉/锦、涤/毛/黏等。混纺比大多为20%～80%，少量参与混纺的仅有5%左右，而占绝对比例的可达95%左右。主要纤维在混纺纱线或面料性能中的作用见表2-8。

表2-8 主要纤维在混纺纱线或面料性能中的作用

| 项目 | 棉 | 黏胶纤维、铜氨纤维 | 毛 | 醋酯纤维 | 锦纶 | 涤纶 | 腈纶 | 维纶 | 丙纶 |
|---|---|---|---|---|---|---|---|---|---|
| 蓬松性、丰满度 | 差 | 中 | 优 | 中 | 差 | 差 | 优 | 差 | 差 |
| 强度 | 中 | 中 | 差 | 差 | 优 | 优 | 中 | 好 | 优 |
| 耐磨 | 中 | 差 | 好 | 差 | 优 | 优 | 中 | 优 | 优 |
| 吸湿性 | 优 | 优 | 优 | 中 | 差 | 差 | 差 | 中 | 差 |
| 干态褶皱回复性 | 差 | 差 | 优 | 好 | 中 | 优 | 好 | 中 | 好 |
| 湿态褶皱回复性 | 差 | 差 | 中 | 中 | 中 | 优 | 中 | 差 | 中 |
| 干态褶裥保持性 | 中 | 中 | 好 | 中 | 好 | 优 | 优 | 中 | 中 |
| 湿态褶裥保持性 | 差 | 差 | 差 | 差 | 差 | 优 | 优 | 差 | 中 |
| 尺寸稳定性 | 中 | 差 | 差 | 优 | 优 | 优 | 优 | 好 | 优 |
| 抗起球性 | 优 | 优 | 差 | 好 | 差 | 差 | 中 | 差 | 中 |
| 抗静电性 | 优 | 优 | 好 | 中 | 差 | 差 | 差 | 中 | 差 |
| 抗火星熔孔 | 优 | 优 | 优 | 差 | 差 | 差 | 中 | 中 | 差 |

## 二、按形态结构分类

纱线按其形态结构的分类见表2-9。

表2-9　按形态结构分类的纱线

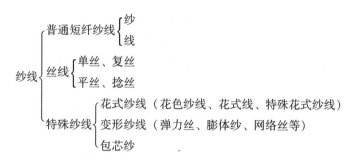

### （一）普通短纤纱线

普通短纤纱线是指由短纤维经纺纱工艺加工而成，线密度均匀且无特殊造型或色彩设计的纱线。其中，纱是由短纤维沿轴向排列并直接加捻而成，也称单纱（图2-7），表面有较多的茸毛，光泽较弱，强度较低；线是由两股或两股以上的单纱并合加捻而成，也称股线（图2-8），表面较为光洁，强度相对较高。

图2-7　单纱示意图　　　　　　　　图2-8　股线示意图

### （二）丝线

丝线通常由单纤长度上千米的长丝（如蚕丝和化纤长丝）构成。根据用途、加工方法和丝线形态的不同有单丝、复丝、平丝和捻丝之分，如图2-9所示。单丝是指单根丝纤维组成的丝线，通常细度较大，较为硬挺；复丝是指由若干根单丝组成的丝线，柔软而丰满；平丝是指不经加捻的丝线，平直、松散、光泽较强；捻丝是指经过加捻工艺，使得丝线具有S捻、Z捻、单捻、复捻、弱捻、中捻或强捻等形态与性能的丝线。

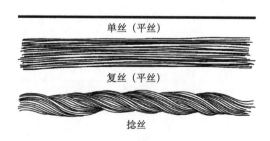

图2-9　单丝、复丝、捻丝示意图

### （三）特殊纱线

特殊纱线是指合成纤维经热塑变形加工，以及多组纱线或丝线经多色配置、花式造型、包芯等工艺加工，使纱线外观呈现诸如弯曲变形、多彩、花式造型或包芯等效果。

**1. 花式纱线**

花式纱线是指多彩的纱线或将两股以上不同材质、捻度、色彩、粗细、加捻方向及外观造型的线材以各种花式造型的形式组合成新的线型，有花式线、花色纱线、特殊花式纱线之分。丰富的形态造型和色彩效果，使其拥有较强的装饰性，是女装面料的常用线材。

（1）花式纱线基本结构。花式纱线一般由芯纱、饰纱、固纱构成（图 2 - 10）。其基本结构为饰纱以各种形态环绕于芯纱之上，同时，固纱固定饰纱的花式造型。芯纱是构成花式纱线的强力部分，一般采用强力好的化纤纱线；饰纱由于其花式效应的要求，往往使用柔软蓬松、富有弹性、色彩鲜艳、装饰性较强的毛纱或化纤纱；而固纱的目的是固定花式造型，通常采用强力较好的细纱。

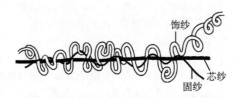

图 2 - 10 花式纱（线）结构示意图

（2）花式纱线分类。花式纱线按其结构特征和形成方式一般可分为花色纱线、花式线和特殊花式纱线，见表 2 - 10。

表 2 - 10 花式纱线分类

|  |  |  |
|---|---|---|
| 花式纱线 | 花色纱线 | 原料掺入型：彩点纱、彩节纱 |
|  |  | 印染花色型：彩虹线、扎染线、印花线、混色线 |
|  | 花式线 | 超喂型：圈圈线、波形线、辫子线、螺旋线等 |
|  |  | 控制型：结子线、竹节线、大肚纱 |
|  |  | 复合型：圈圈、结子、波形等分别组成在一根线上 |
|  | 特殊花式纱线 | 雪尼尔线类：雪尼尔线 |
|  |  | 起毛线类：拉毛线 |
|  |  | 金银丝类：金银丝、夹线丝 |
|  |  | 钩编类：羽毛线、牙刷线、带子线、水草线、蝴蝶线等 |

（3）常见品种介绍

①花色纱线。花色纱线的主要特征是沿纱线长度方向呈现色彩变化或具有特殊的色彩效应，色彩分布既可规律性也可随机性。

花色纱线按形成方式的不同，可分为原料掺入型和印染花色型。根据掺入原料的不同，原料掺入型又可分为掺入多色毛粒的彩点纱和掺入多色短丝线的彩节纱。花色纱线常用印染方法有印色法、拆编法、飞溅法、喷射法、注射法、填塞法和差异染色法等。花色纱线的主要类别及其特征见表 2 - 11。

表2-11　花色纱线主要类别及其特征

| 类别 | | 主要特征 |
|---|---|---|
| 花色纱线 | 彩点纱<br>（Knickerbocker Yarn） | 纱线表面有不均匀分布的短而小的单色或多色彩点，醒目而富有点缀性。通常的加工方法是先把彩色纤维（细羊毛或棉花）搓成点缀的结子，再按一定的比例混入基纱原料中。该纱线可以用于织造女装和男士休闲服装面料，其织物色彩斑斓，如传统粗纺花呢火姆司本（Homespun） |
| | 彩虹线<br>（Rainbow Yarn） | 采用特殊装置，在纱线前进过程中对其分段染色。纱的外观呈现染色与不染色分段交替，或不同色彩分段排列延续（色段长短与间隔均可变化），似彩虹变幻，其面料具有色韵效果 |
| | 扎染线<br>（Tie Dyed Yarn） | 将绞纱扎结后染色，因而未扎处染上颜色，扎结部位不染色而留白。色彩变化从本白渐渐过渡到某一颜色，自然而别致。扎结的宽窄、松紧和间隔不一，其色彩效果也各不相同 |
| | 混色线<br>（Color-blended Yarn） | 具有两色或多色混合效应的纱线，如不同颜色的纤维、纱条混合，不同颜色单纱合股，纱条印花后混并，不同染色性能的纤维混合后经染色产生异色等，织物色彩变化丰富 |

②花式线。花式线由花式加捻机加工而成。按芯线与饰线喂入速度的不同与变化，可分为超喂型、控制型和复合型。花式线主要类别及其特征见图2-11和表2-12。

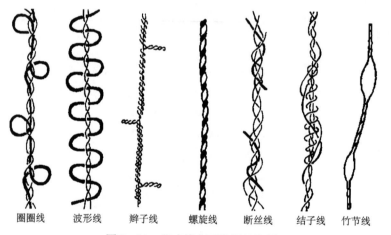

圈圈线　波形线　辫子线　螺旋线　断丝线　结子线　竹节线

图2-11　花式线主要类别结构图

表2-12　花式线主要类别及其特征

| 类别 | | 主要特征 |
|---|---|---|
| 花式线 | 圈圈线<br>（Loop Yarn） | 饰纱呈环圈状围绕在芯纱上形成纱圈。根据纱圈及加捻程度的不同，可形成小圈线、大圈线、波形线（Onde Yarn）和辫子线（Snarly Yarn）。圈圈线的毛圈蓬松，手感丰满、柔软，其面料不仅具有特殊的外观，也有很好的保暖性，多用于冬季女装面料。当纱线加捻程度较大时，毛圈发生扭绞形成辫子线，可用于夏装面料，如针织汗衫等 |

| 类别 | | 主要特征 |
|---|---|---|
| 花式线 | 螺旋线（Spiral Yarn） | 饰纱以螺旋状围绕在较其线密度低、捻度大或原料、色彩和光泽等有差异的纱线上，捻合后形成螺旋效果。螺旋线多以两色、三色或变色形式出现，面料蓬松、抗压，有波纹图案 |
| | 大肚纱（Broken Thread Fancy Yarn） | 也称断丝线，在纱线的加捻过程中，间隔性地加入一段断续的纱线或粗纱，使其被包覆在加捻纱线的中间，从而在纱线中形成粗节段。改变加入纱线的线密度和颜色，可以形成不同突起效果和隐约颜色效果的大肚纱。由大肚纱制成的面料花型粗犷凸出、立体感强 |
| | 结子线（Boucle Yarn） | 也称疙瘩线，特征是饰纱围绕芯纱在短距离内形成一个结子，结子有长度、色泽和间距的变化。多用于色织女线呢、花呢等织物 |
| | 竹节纱（Slubbed Yarn） | 沿该单纱的长度方向具有粗细不匀、类似竹节状的外观，有短纤维、长丝、节状、蕾状、疙瘩状之分，是花式线中类别最多的一种。织物风格别致，立体感强，多用于轻薄的夏令织物和厚重的冬季织物 |
| | 大肚与辫子复合线 | 在大肚纱外围包上一根辫子纱，可增强大肚纱的强力和立体感。另外，辫子纱手感较硬，大肚纱手感柔软，两者复合时取长补短，增强了产品的服用性能 |

③特殊花式纱线。除上述种类以外，还有采用特殊设备和方法生产的花式纱线，见表2-13。

表2-13　特殊花式纱线主要类别及其特征

| 类别 | | 主要特征 |
|---|---|---|
| 特殊花式纱线 | 雪尼尔线（Chenille Yarn） | 雪尼尔线又称绳绒线，其特征是纤维被握持在合股的芯纱上，状如瓶刷。手感柔软，极具绒感，多用于冬装面料 |
| | 拉毛线（Napped Yarn） | 有长毛型和短毛型之分。前者是先纺制成圈圈线，然后用拉毛机把毛圈拉开，因此毛茸较长；后者由普通纱线经拉毛加工而成，毛茸较短。拉毛线毛绒感强，手感丰满柔软，多用于粗纺花呢、手编毛线等 |
| | 金银线和夹丝线（Metallic Yarn） | 以金银为原料制作而成的线材及其仿制品。我国古代就开始利用金银的延伸性，将金银打制成薄箔，切成细条，用粘贴或包芯卷绕等方法加工成线。目前使用的金银线多为仿制品，主要运用真空镀膜技术，在涤纶薄膜表面镀上一层铝，再覆以颜色涂料层与保护层，然后经切割成细条。也可采用黏合剂把铝片夹在透明的涤纶薄膜片之间，黏合剂透明并可带一定色彩，其色彩决定了该金银线的色彩<br>金银线主要为扁平状彩条，也可与其他纱线并捻成夹丝线。金银线在使用时，要注意其耐高温性、耐酸碱性及耐磨耐皂洗牢度较差等缺陷 |
| | 羽毛线（Feather Chenille Yarn） | 在钩编机上，将饰纱来回交织在两组芯纱之间，然后在两组芯纱中间将饰纱割断，使饰纱直立于芯纱之上，形成羽毛线。羽毛线手感丰满柔和，毛羽呈方向性分布，光泽柔和，极具装饰效果 |

**2. 变形纱**

利用合成纤维受热塑化变形的特点，在热和机械的作用下，使原本光滑直挺的长丝纤维变成卷曲、蓬松而富有弹性的变形纤维（变形丝）。由变形纤维组成的丝线称为变形纱，如

图 2-12 所示。变形纱不仅改变了普通长丝纤维束的外观形态和光泽，而且还改善了其吸湿性、透气性、柔软性、弹性、保暖性和覆盖性等。变形纱一般可分为两类，以蓬松性为主的称为膨体纱，以弹性为主的称为弹力丝。

膨体纱是将收缩能力不同的腈纶等短纤维混合纺纱后进行汽蒸处理，高收缩纤维因收缩率高形成纱芯，低收缩纤维被挤压到表面，因而形成柔软蓬松的纱线。

弹力丝又分高弹丝、低弹丝和网络丝。高弹丝原料以锦纶为主，通常采用假捻法制得，即把加捻的锦纶长丝加热定形后，退掉部分捻度，得到单丝呈螺旋状、伸缩能力大且外观蓬松的丝线。低弹丝是将涤纶高弹丝在一定伸长状态下再次热定形，使加工后的丝线伸缩能力和蓬松性下降。而网络丝是将低弹丝或化纤复丝通过间歇吹喷的高速气流，单丝经气流撞击后彼此交叉缠绕形成网络结。这种工艺称为网络。

由于变形纱具有良好的蓬松性和弹性，其织物既有相当的牢度又具柔软的手感。而网络丝既有良好的蓬松性能，又不易起毛起球，因此，广泛用于外衣面料。

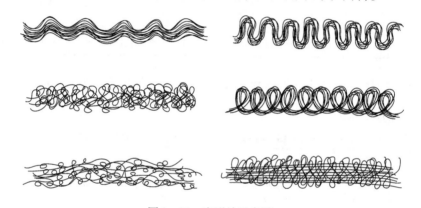

图 2-12 变形纱示意图

### 3. 包芯纱

广义而言，包芯纱是指一种纤维纱（丝）作为外包材料，另一种纤维纱（丝）作芯纱纺制而成的包覆线。通常以强力较好的合成纤维长丝为芯纱，外包棉纤维或蚕丝等构成的，如图 2-13 所示。其特点是改善织物的服用性能和外观风格。根据不同的用途，包芯纱可选用不同的纤维材料组合。例如，以涤纶长丝为芯纱，外包纯棉纱，从而形成涤棉包芯纱，其织物既有涤丝的挺括，又能使天然纤维与皮肤接触，坯布经后整理还能产生烂花效果；采用氨纶长丝为芯纱，外包纯棉纱，从而形成氨纶弹力包芯纱，可制成弹力牛仔布、弹力灯芯绒、弹力涤卡等。

芯纱　外包纱

图 2-13 包芯纱结构示意图

### 三、按用途分类

#### （一）机织用纱线

机织用纱线范围非常广，以上按原料分类的纱线原则上都可用于机织。只是由于其经纬相交及织造打纬等构造特点，一般要求经线有较好的品质特别是强度和耐磨性，而纬线品质要求相对较低。为了提高织造效率，通常为经细纬粗。此外，由于纬线准备工艺较为简单，设计中往往利用纬线原料、花色、造型的变化构成多品种服装面料。

#### （二）针织用纱线

由于针织用纱线的强力、柔软性、延伸性、条干均匀度等指标要适应弯曲成圈的要求，因此，与机织用纱线相比，通常针织用纱线的捻度略小于机织用纱线。这也是针织品具有手感柔软的原因之一。

针织用纱线的常用原料及线密度规格见表2-14。

表2-14　针织用纱线的常用原料及线密度规格

| 原料 | 线密度规格 |
| --- | --- |
| 棉 | 5～96tex，如13.8tex、18tex、27.8tex、58.3tex |
| 锦纶丝和涤纶丝 | 3.3～16.5tex |
| 真丝 | 2.2tex×8、2.2tex×6、2.2tex×4、4.4tex×2 |
| 绢丝 | 16.7tex×2、8.3tex×2、8.3tex |
| 苎麻 | 18tex、10tex×2 |
| 腈纶 | 5～28tex |
| 腈纶膨体针织绒线 | 38.5tex×2、32.3tex×2、24.4tex×2 |
| 腈纶正规针织绒线 | 23.8tex |
| 全毛针织绒线 | 精纺：20.8tex×2、27.8tex×2、31.3tex×2、50tex×2<br>粗纺：125tex、100tex、83.3tex、71.4tex、62.5tex |
| 毛腈针织绒线 | 32.3tex×2、41.7tex×2 |

#### （三）缝纫线

缝纫线是指缝合纺织材料、塑料皮革制品和缝订书刊等所用的线，通常经并、捻、煮练、漂染等工艺加工而成，必须具备可缝性、耐用性和外观质量。缝纫线分工业用与家庭用两类，在功能上分机用缝纫线与手工用缝纫线。缝纫线的材料有天然纤维型，如棉、麻、丝等；化纤型，如涤纶、锦纶、维纶、丙纶等；混合型，如涤棉混纺、涤棉包芯等。工业用缝纫线由于其消耗量大的特点，一般每卷线的量在500m以上。每卷家用缝纫线的量则为100～500m。每卷手工用缝纫线则为20～100m。机用缝纫线通常为Z向加捻，线性粗细均匀，表面光滑结实，能经受高速缝纫机的走线速度。手工用缝纫线多为S向加捻，较机用缝纫线松而软。缝纫线使用的单纱通常为7.3～64.8tex（9～80英支），股线数通常为2～9股，最高达12股。

服装用缝纫线详细内容见第七章辅料部分。

### （四）刺绣线

刺绣线是指供刺绣用的工艺装饰线，俗称绣花线。我国古代就有丝线绣品，古埃及人也在服装、床帷、天幕上绣花。最早广泛使用的绣花线是蚕丝线。17世纪起，欧美开始用精梳棉纱做绣花线，尤其是丝光工艺发展后，丝光棉绣花线逐渐成为主要的绣花材料。当今，毛、腈纶、人造丝及涤纶绣花线也得已快速发展。绣花线的外观质量要求较严，尤其是光泽要好，色花色差要小。绣花线的成形方式有小支线球、宝塔形等，以适应手绣和机绣的不同要求。常见绣花线的类别及用途见表2-15。

表2-15　绣花线的类别及用途

| 项目 | 主要规格 | 用途 |
| --- | --- | --- |
| 棉绣花线 | 18.2tex×2（32英支/2）；19.4tex×2（30英支/2） | 各种薄型织物的刺绣 |
|  | 18.2tex×12（32英支/12）；19.4tex×12（30英支/12） | 较厚织物的手绣、编结线 |
|  | 64.8tex×2（9英支/2） | 编结、刺绣、缝制牛仔裤 |
| 蚕丝绣花线 | 22.2/24.2dtex×6×2（6/20/22旦×2） | 薄型织物刺绣中的拉、抽、扣、刁针等 |
|  | 22.2/24.2dtex×12×2（12/20/22旦×2） | 薄型织物中的苏绣、手绣、绷绣 |
| 毛绣花线 | 90.9tex×4（11公支/4） | 服装上的手绣 |
| 人造丝绣花线 | 133.2dtex×2（2/100旦） | 薄型织物的手绣与机绣 |
|  | 266.4dtex×2（2/240旦） | 中薄型织物的手绣 |
| 腈纶绣花线 | 类同腈纶、毛腈针织绒线 | 童装及腈纶针织衣裙的刺绣 |

### （五）编结线

编结线是指供手工编结装饰品和实用工艺品的线材。大量使用的是供抽纱制品的棉编结线，呈绞状卷装，有多种色泽，习惯上称之为工艺绞线。工艺绞线可根据需要选用不同工艺，如不经烧毛和丝光整理，以达到仿毛效果；经1~2次丝光整理，以增强光泽，等等。

编结线的原料为普梳或精梳棉纱，线密度为7.4~66tex，股数有2、3、4、6股等，捻度高于绣花线。用于服装类编结线的主要规格及用途举例如下：

13.8tex×6（42英支/2×3）　　　钩编帽子等；

27.8tex×3（21英支/3）　　　　钩编手套等；

30.7tex×4（19英支/4）　　　　钩编服装外套、工艺衫等；

64.8tex×2（9英支/2）　　　　编织各种工艺品或刺绣等。

# 第三节　纱线设计与织物风格

纱线是构成织物的直接材料，纱线的色、材、形与织物的色、材、形直接相关。所以，纱线的设计无论对构成服装面料的织物，还是构成服装辅料的缝合线和工艺装饰线都有非常重要的地位。

### 一、材的设计

材的设计主要根据服用性能的需要。例如，内衣料需要较好的柔软性和吸湿性，故大多选择棉、毛、丝等材质；有挺括性要求的外衣面料则可选择模量高的涤纶；需要高弹性的泳衣、体操服面料可用氨纶；超细纤维使织物更为柔软、细腻；异形纤维则给织物提供了各种质感和性能的仿生材料；而混纺纱线的设计则使织物的服用性能获得取长补短的作用。材的设计还可使织物产生色彩装饰效果，如在一纱线或织物中采用两种或两种以上具有不同染色性能的纤维原料，则织物在匹染工艺下便可产生类同混色或色织的图案效果；在后整理工艺（如烂花整理）的配合下还可产生全新的艺术效果等。

### 二、色的设计

色的设计给予织物以色彩装饰性能的需要。色纱色线的设计可使织物产生不同于一般织物染色或印花的装饰效果。与染色相比，它可产生图案或闪光效果；与印花相比，其图案效果则更精致、细腻和富有立体感；而混色纱线和花色纱线由于不同色彩的纤维随机混合或不同色纱规律性并合，使织物产生各种具有趣味性和艺术性的肌理效果。

### 三、结构及造型的设计

纱线结构及造型设计对织物的影响大多没有材设计直接，也没有色设计直观，但对织物的形态、质感风格以及性能和品质的影响尤为重要。例如，纱线的粗细直接影响织物的厚薄和细腻程度；纱线结构中纤维的聚集密度低，织物的质地较为柔软和蓬松，反之则织物质地较为平滑并有光泽；纱线的加捻不仅使纱线本身抱紧并产生螺旋状扭曲，其捻度和捻向对织物的光泽、强度、弹性、悬垂性、绉效应、凹凸感都有很大的影响；短纤维纱线赋予织物以细微的粗糙度、相当程度的柔软度、良好的蓬松性和覆盖能力以及较弱的光泽；精梳纱比粗梳纱具有较强的光泽和平滑性，反之则粗梳纱比精梳纱具有较强的柔软感、保暖性和蓬松性；长丝由于具有相对于纱轴最大的纤维取向度几乎无缺陷的均匀度和尽可能高的聚集密度，使织物在光泽、透明度和光滑度方面达到了顶点；变形长丝赋予织物较大的蓬松性、弹性以及柔软的外表；由相同或不同类别、性能（如收缩性等）、质感的材料并捻加工而成的花式线使织物产生绒圈、绒毛、疙瘩、光等各种形态肌理的视觉效果；涤棉包芯纱织成的面料既有涤丝的挺括，又能使天然纤维与皮肤接触，坯布经后整理还能产生烂花效果，等等。

### 四、纱线结构造型与织物风格设计举例

#### （一）涤丝织物的线型设计

如图 2-14 所示，由圆形截面且相互平直排列的普通涤丝为线材构成的织物易产生极光。变形纱的设计与运用虽可改善极光现象且使织物手感柔软、丰满，但纤维易被勾出，产生起

毛、起球现象。而在膨体纱的基础上进行网络加工而成的网络丝，使织物既柔软、丰满又不易起毛、起球。

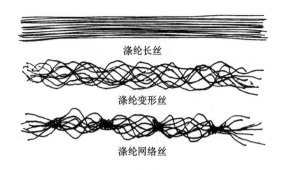

涤纶长丝

涤纶变形丝

涤纶网络丝

图2-14　涤丝线型设计示例

### （二）不同加捻工艺设计

运用不同加捻工艺设计，可赋予织物不同的质感效果，见表2-16。

表2-16　纱线造型对织物外观风格的影响

| 织物名称 | 纤维原料 | 纱线造型 | | 织物组织 | 织物外观风格 |
|---|---|---|---|---|---|
| 电力纺 | 蚕丝 | 经：平丝 | | 平纹 | 平整、光亮 |
| | | 纬：平丝 | | | |
| 双绉 | 蚕丝 | 经：平丝 | | 平纹 | 细微的绉效应，并有隐约横向条纹，富有弹性，光泽柔和 |
| | | 纬：二左二右强捻 | | | |
| 碧绉 | 蚕丝 | 经：平丝 | | 平纹 | 细腻、优雅的绉效应，富有弹性，光泽柔和 |
| | | 纬：碧绉线 | | | |
| 顺纡 | 蚕丝 | 经：平丝 | | 平纹 | 较强烈的直绉效应，弹性很好 |
| | | 纬：单向强捻丝 | | | |
| 乔其 | 蚕丝 | 经：二左二右强捻 | | 平纹 | 经纬线同时随机扭曲，绉效应强烈，较为透明，手感较为硬爽 |
| | | 纬：二左二右强捻 | | | |

## ❋ 专业术语

| 纱线名称 | | | |
|---|---|---|---|
| 混纺纱线 | Blended Yarn | 纯纺纱线 | Pure Yarn |
| 精梳纱线 | Combed Yarn | 粗梳纱线 | Carded Yarn |
| 丝光纱线 | Mercerized Yarn | 废纺纱线 | Waste Yarn |
| 染色纱线 | Dyed Yarn | 烧毛纱线 | Gassed Yarn |
| 丝线 | Silk Thread | 短纤纱线 | Staple Yarn |
| 股线 | Ply Yarn | 单纱 | Strand |

续表

| 纱线名称 | | | |
|---|---|---|---|
| 复丝 | Multifilament | 单丝 | Monofil |
| 花式纱线 | Fancy Yarn | 捻丝 | Twisted Yarn |
| 包芯纱 | Core Spun Yarn | 变形纱线 | Textured Yarn |
| 线密度指标 | | | |
| 公制支数 | Metric Count | 英制支数 | English Count |
| 旦尼尔 | Denier | 特克斯 | Tex |
| 纱线加工 | | | |
| 并丝 | String | 加捻 | Twisting |
| 捻度 | Twist | 捻向 | Direction of Twist |

## ❋ 学习重点

1. 纱线的类别主要特性及其对服装面料风格和性能的影响。

2. 纱线规格的表示方法。

## ❋ 思考题

1. 何谓纱线？

2. 纯纺纱线、混纺纱线、粗梳纱线、精梳纱线、废纺纱线、丝光纱线、烧毛纱线、染色纱线、短纤纱线、丝线、特殊纱线、单纱、股线、单丝、复丝、平丝、捻丝、花色纱线、花式线、变形纱线、包芯纱的概念及其对织物风格和性能的影响。

3. 公制支数、英制支数、旦尼尔、特克斯的含义是什么？实际中如何分析和使用？

4. 简述并丝、加捻、捻度、捻向的概念及对纱线和织物风格和性能的影响。

5. 根据纤维类别和加工方法的不同，织物中的纱线规格如何表示？

6. 如何区分单纱、股线、单丝、复丝、平丝、捻丝、花色纱线、花式线、变形纱线、包芯纱？

## 服用织物构造

**课程名称：** 服用织物构造

**课程内容：** 机织物构造

　　　　　　针织物构造

　　　　　　非织造布构造

　　　　　　其他织物构造

**课程时数：** 4 课时

**教学目的：** 组织结构和织造参数是构成织物的主要因素。通过本章的学习，使学生了解和掌握机织物、针织物、编织物、集合制品和复合制品的特点，以及织物组织、密度、紧度和重量、厚度等因素对织物材质风格和内在性能的影响。

**教学方式：** 实物、图片、多媒体讲授和分析认知。

**教学要求：** 1. 掌握本章专业术语概念。

　　　　　　2. 掌握机织、针织和非织造布的特点，以及织物组织、密度、紧度和重量、厚度等因素对织物材质风格和内在性能的影响。

　　　　　　3. 常用织物组织的认知。

# 第三章　服用织物构造

在众多服装材料中，织物的应用最为广泛，它是服装面料、里料、衬料的主要来源，也是服饰品的主要材料。

织物的狭义定义是以纱线交编而成的物体，根据构造形式的不同，主要可分为机织物、针织物。就广义而言，织物是由纤维、纱线或纤维与纱线按照一定的规律构成的片状集合物。因此，除了机织物、针织物之外，还包括集合制品（如非织造布、毡等）和复合制品（如人造革、合成革、涂层布、黏合布、绗缝布等）。由于结构上的差异，即使原料、线材相同，各类织物的风格和性能也有很大不同。

## 第一节　机织物构造

机织物是平行于织物边或与织物边呈30°角排列的经纱和横向排列的纬纱按一定结构规律交织而成的片状物体。前者称两向织物（图3-1），占机织物的绝大多数，主要为民用，尤其是服装业；后者称三向织物（图3-2），主要用于航空航天或其他产业领域。本章主要介绍两向织物。

图3-1　两向织物结构图

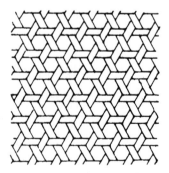

图3-2　三向织物结构图

### 一、机织物基本结构

机织物结构主要指纱线在机织物中的交织形式，它包括经纬纱线的交织规律（织物组织）、排列紧密度等。其作用是将纱线以一定的空间几何形态构成织物并赋予织物一定的性能和某种织纹效果。

### （一）机织物组织

#### 1. 组织概念及其表达形式

机织物组织是指经纬线在机织物中的交织规律。其表达形式主要有结构图和组织图（又称方格图），前者的特点是直观，后者因简单而常用，如图3-3所示。

组织图中每一纵（列）和横（行）分别表示一根经线和一根纬线，每一小方格相当于经纬线的一个交叉点。方格有记号（通常用涂黑或"×"表示），则表示经线在纬线之上，称为经组织点；方格留白无

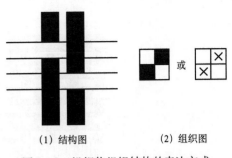

(1) 结构图　　(2) 组织图

图3-3　机织物组织结构的表达方式

记号，则表示经线在纬线之下，称为纬组织点。在一个组织循环中，经组织点多于纬组织点的称为经面组织，反之称纬面组织。在相应的织物中，经面组织的织物正面以经线为主要效应，而纬面组织的织物以纬线为主要效应。

#### 2. 组织分类

机织物组织有成千上万种，但按构成形式和表面效果的不同，可分为原组织、变化组织、联合组织、重组织、双层组织、起绒组织、纱罗组织等，见表3-1。

表3-1　机织物组织分类

| | | |
|---|---|---|
| 机织物组织 | 原组织 | 平纹组织、斜纹组织、缎纹组织 |
| | 变化组织 | 平纹变化组织、斜纹变化组织、缎纹变化组织、复杂变化组织 |
| | 联合组织 | 条格组织、绉组织、蜂巢组织、透孔组织、凸条组织、网目组织、小提花组织 |
| | 重组织 | 重经组织、重纬组织 |
| | 双层组织 | 双层表里接结组织、双层表里换层组织、管状组织 |
| | 起绒组织 | 经起绒组织、纬起绒组织 |
| | 纱罗组织 | 纱组织、罗组织 |

#### 3. 主要组织及其特征

（1）原组织。顾名思义，原组织是指所有组织的原始组织，包括平纹组织、斜纹组织和缎纹组织，故又称三原组织，在织物中的应用最为广泛。

①平纹组织（图3-4）。平纹组织无经纬面之分，组织循环（箭头范围内）最小，交织点最多。故织物织纹简洁，质感纯朴，表面平整，光泽较为暗淡。由于交织阻力大，故织物坚牢、耐用，不易纰裂，裁剪不易散边，易缝纫且缝纫强度高。典型织物有平布、府绸、凡立丁、派力司、法兰绒、双绉、电力纺、夏布等。

②斜纹组织（图3-5）。斜纹组织的经、纬浮点构成明显的斜向织纹，且有左、右向和经、纬面之分。与平纹组织相比，斜纹浮线较长，组织中不交错的纱线容易靠拢，故织物比较柔软，光泽也较好。但当纱线的细度和织物的密度相同的条件下，斜纹织物的强度和紧度

比平纹织物差，面料设计时常通过增加密度来提高强度。典型织物有卡其、哗叽、华达呢、黏丝里子绸、真丝绫等。

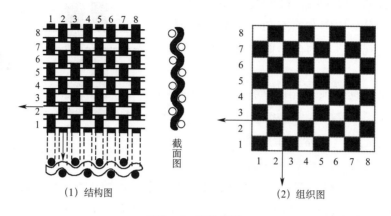

（1）结构图  （2）组织图

图3-4 平纹组织

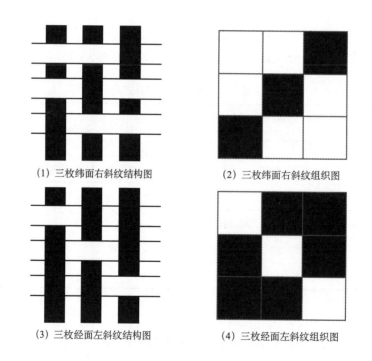

（1）三枚纬面右斜纹结构图  （2）三枚纬面右斜纹组织图

（3）三枚经面左斜纹结构图  （4）三枚经面左斜纹组织图

图3-5 斜纹组织

③缎纹组织（图3-6）。常用五枚缎和八枚缎，有经、纬面之分。与平纹组织、斜纹组织相比，由于交织点少且均匀分布，故纱线交织阻力小，结构较松，且只有单系统纱线浮在织物表面。织物比平纹织物、斜纹织物更为柔软、平滑、光亮、细腻，但强度（包括缝纫强度、使用强度等）差、易起毛、易折皱且不易去除，不易水洗。一般用于正装（礼服）面料，如桑波缎、软缎、素绉缎、织锦缎、贡缎、驼丝锦等。

（2）变化组织。变化组织是指在原组织的基础上，变更其循环、浮长、组织点位置等而派生的各种组织，如平纹变化的重平、方平；斜纹变化的加强斜纹、复合斜纹、山形斜纹、曲线斜纹；缎纹变化的加强缎纹、变则缎纹和阴影缎纹等，如图 3 - 7 ~ 图 3 - 9 所示。变化组织在保留其原组织特征的基础上，纹理较为粗犷，富有变化，织物质地相对柔软。

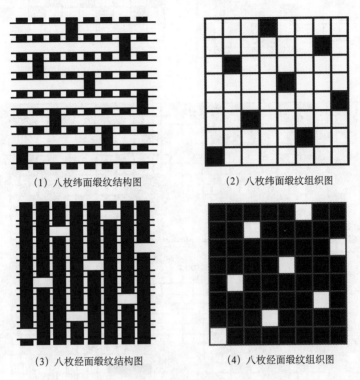

(1) 八枚纬面缎纹结构图　　　　(2) 八枚纬面缎纹组织图

(3) 八枚经面缎纹结构图　　　　(4) 八枚经面缎纹组织图

图 3 - 6　缎纹组织

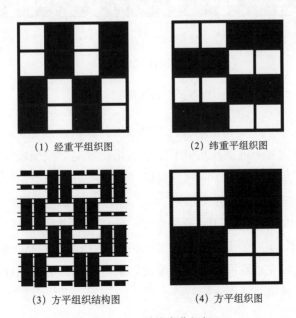

(1) 经重平组织图　　　　(2) 纬重平组织图

(3) 方平组织结构图　　　　(4) 方平组织图

图 3 - 7　平纹变化组织

（1）加强斜纹组织图　　（2）复合斜纹组织图　　　　（3）山形斜纹组织图

（4）曲线斜纹组织图

图 3-8　斜纹变化组织

（3）联合组织。联合组织是指由两种及两种以上的原组织或变化组织，用各种不同的方法联合而成的组织，织物表面可呈现几何图形或小花纹效应。按照联合方法和外观效果的不同，主要可分为：条格组织、绉组织、网目组织、透孔组织、凸条组织、蜂巢组织以及小提花组织等，如图 3-10~图 3-16 所示。

（4）重组织。重组织分重经组织和重纬组织，分别由两组及两组以上的经（纬）线与一组纬（经）线交织而成。其特点是单系统（经或纬）纱线呈重叠状，如图 3-17、图 3-18所示。织物可呈现多色提花或双面效应，且厚度、重量增加，适合制作春秋季服装。典型织物有织锦缎、古香缎、软缎、双面女衣呢等。

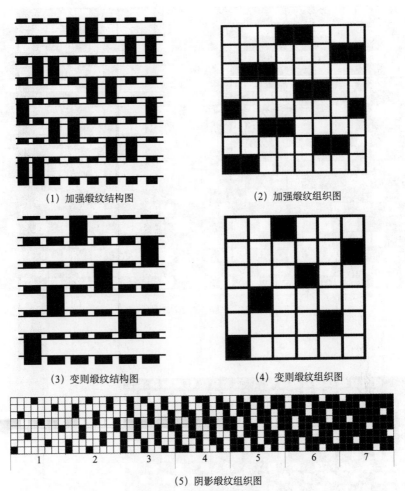

(1) 加强缎纹结构图　　(2) 加强缎纹组织图

(3) 变则缎纹结构图　　(4) 变则缎纹组织图

(5) 阴影缎纹组织图

图 3-9　缎纹变化组织

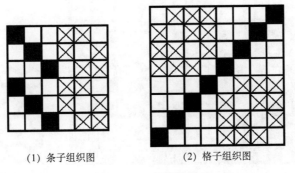

(1) 条子组织图　　(2) 格子组织图

图 3-10　条格组织

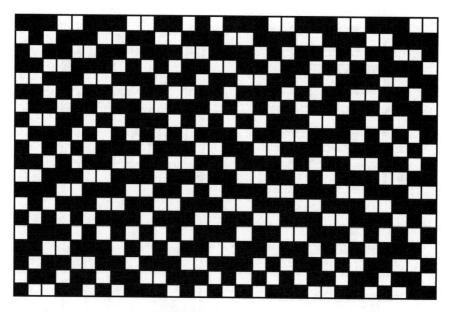

图 3 - 11　绉组织图

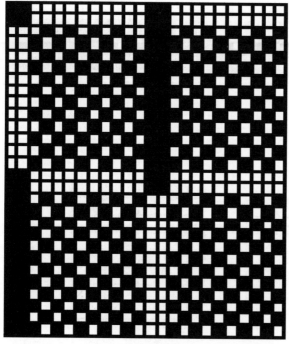

（1）网目组织图

（2）网目组织外观形状图

图 3 - 12　网目组织

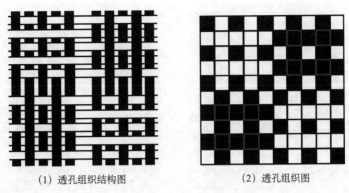

（1）透孔组织结构图　　　　（2）透孔组织图

图 3 - 13　透孔组织

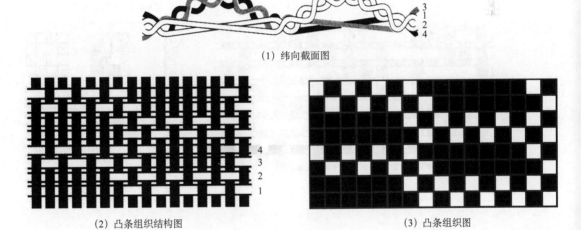

（1）纬向截面图

（2）凸条组织结构图　　　　　　　　（3）凸条组织图

图 3 - 14　凸条组织

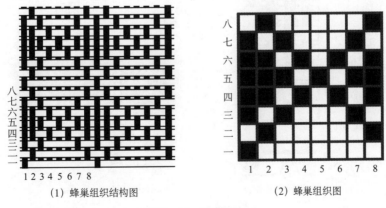

（1）蜂巢组织结构图　　　　（2）蜂巢组织图

图 3 - 15　蜂巢组织

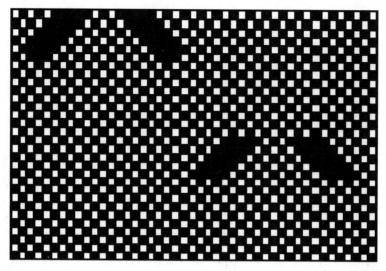

图 3 - 16　小提花组织图

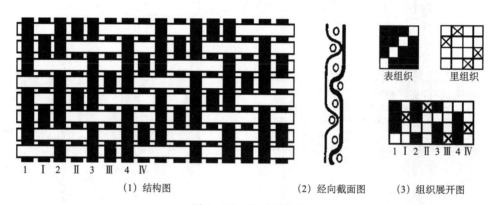

（1）结构图　　　　　　　（2）经向截面图　　（3）组织展开图

图 3 - 17　经二重组织

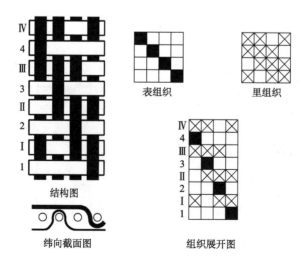

图 3 - 18　纬二重组织

（5）双层组织。双层组织由两组经线和两组纬线交织而成，其特点是经纬两系统纱线各自重叠，形成上下层连接的接结双层组织或局部分离的表里换层组织，如图3–19、图3–20所示。多用于丝织提花织物，如宋锦、冠乐绉等。

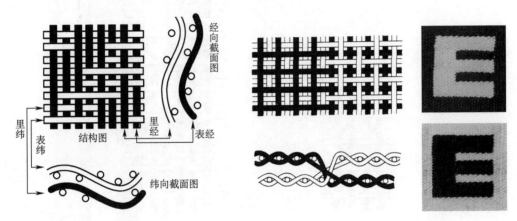

图3–19　接结双层组织　　　　　　　　图3–20　表里换层组织

（6）起绒组织。起绒组织由地经地纬和绒经（或绒纬）交织而成，有经起绒（杆织法、双层分割法）和纬起绒（浮长通割法）之分，如图3–21、图3–22所示。织物呈现毛圈或毛绒的外观效果，手感丰满、厚重、柔软，保暖性好，弹性好，不易起皱，光泽柔和。典型织物如灯芯绒、平绒、天鹅绒、烂花绒等。

（7）纱罗组织。纱罗组织由相互扭绞的经线和平行的纬线交织而成。扭绞一次，织入一根纬线的为纱组织，如图3–23所示；扭绞一次，织入三根或三根以上奇数纬线的称罗组织，如图3–24所示。由于相互扭绞的纱线处形成结构稳定且清晰的孔眼，故织物透通性好，适用于夏季服装面料。典型品种如庐山纱、杭罗等。

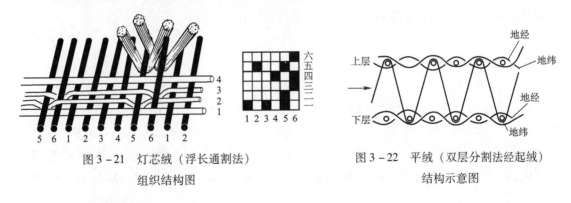

图3–21　灯芯绒（浮长通割法）　　　　图3–22　平绒（双层分割法经起绒）
组织结构图　　　　　　　　　　　　　　结构示意图

## （二）机织物紧密度

### 1. 密度

机织物的经（纬）向密度，系指沿织物纬（经）向单位长度内经（纬）纱排列的根数，它表示了纱线排列的疏密程度。除丝织物用"根/cm"表示外，其余织物常用"根/10cm"表示。密度的设计与组成织物的纱线细度、组织结构及织物紧度等因素的设计要求有关，纱线越细，组织越松，紧度要求越大，织物密度设计就越大；反之相反。而机织物密度的实现依靠织机钢筘号数和筘穿入数，钢筘号数越大，穿入数越多，机织物密度越大；反之相反。

图3-23 纱组织结构图

图3-24 罗组织结构图

### 2. 紧度

机织物紧度（即覆盖系数）是指经、纬纱线的直径（$d_j$、$d_w$）与两根经、纬纱线的平均中心距离（$p_j$、$p_w$）之比（或织物中纱线的投影面积与织物的全部面积之比），以百分数表示，如图3-25所示。它是比较织物紧密程度的指标，与织物的密度、纱线粗细及织物组织有关，对织物手感、悬垂性等形态风格以及透气性等服用性能有直接影响，如紧度较大的织物一般比较厚重、结实和硬挺，尺寸稳定性、保暖性、强度、弹性、耐磨性、抗起毛起球性、抗勾丝性较好，而紧度较小的织物通透性较好。

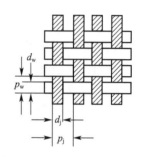

图3-25 织物紧度示意图

## 二、机织物织造原理

### （一）织机种类

机织技术的发展已有5000多年的历史，经历了原始织机、普通织机、自动织机、无梭织机等阶段。机织织机种类很多，按加工原料不同有棉织机、毛织机、丝织机和麻织机；按产品结构不同有普通布织机、毛巾织机、起绒织机、织带机；按开口机构形式不同有踏盘织机、多臂机和提花机；目前最常用的是按引纬方式的不同分为有梭织机、无梭织机和特种织机，见表3-2。

表3-2 机织机种类

| 织机 | 有梭织机 | 手织机 |
|---|---|---|
| | | 普通织机 |
| | | 自动织机（换梭式、换纡式） |

续表

| | | |
|---|---|---|
| 织机 | 无梭织机 | 片梭织机 |
| | | 喷射织机（喷气、喷水） |
| | | 箭杆织机（刚性、挠性） |
| | 特种织机 | 织编机 |
| | | 三向织机 |

### （二）织造原理

机织物的织造是通过五大运动，即开口、引纬、打纬、送经和卷取来完成的。其织造原理如图3-26所示：先将纵向经线从织轴上退出，绕过后梁，穿过经停片、综丝眼、钢筘后到达卷布辊，然后，开口机构将综框分别做上下运动，使穿入综丝眼的经丝按织物组织规律分成上下两层，形成梭口，以便形成横向纬线的通道；引纬机构利用梭子或引纬器将纬线引入梭口；打纬机构当纬线通过梭口后由筘座带动钢筘将它推向织口，打紧纬纱。于是经纬线在一定张力和结构条件下彼此弯曲变形抱合交错，形成一定空间几何形态的织物。为了使以上开口、引纬、打纬连续进行，周而复始地形成织物，需要送经结构有控制地将经线从织轴上放出，并由卷取机构把已织成的织物卷绕在卷布辊上。

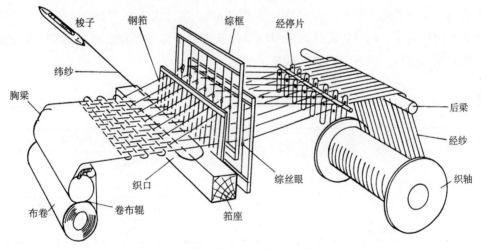

图3-26　机织物织造原理示意图

### 三、机织物形态及度量

#### （一）机织物形态

织物都是片状物体。机织物由于其构造特点，由布身和左右两条边组成，如图3-27所示。

#### （二）机织物形态度量

机织物形态度量指标主要有长度、宽度、重量、厚度等，各自都有一定的规范性。

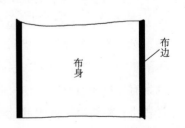

图3-27　机织物形态示意图

### 1. 宽度

织物的宽度用幅宽（国内常用"cm"、国外大多用"英寸"）来度量。织物常用幅宽见表 3-3。幅宽设计是根据织物的用途、生产设备条件、生产效益、合理用料、产品管理等因素而定，并有一定的规范性。例如有梭织机生产的织物幅宽一般不超过 150cm，无梭织机生产的织物幅宽可达 300cm 或以上。从服装裁剪排料的需求考虑，织物则以宽幅为佳。所以，除民族传统织物或特殊用途织物外，91.5cm 以下的窄织物大多已被淘汰。

表 3-3　各类机织物的常用幅宽

| | | |
|---|---|---|
| 幅宽 | 棉织物 | 80cm、90cm、120cm、106.5cm、122cm、135.5cm 和 127~168cm |
| | 精梳毛织物 | 144cm、149cm |
| | 粗梳毛织物 | 143cm、145cm、150cm |
| | 长毛绒织物 | 124cm |
| | 驼绒织物 | 137cm |
| | 丝织物 | 70cm、90cm、114cm、140cm |
| | 麻织物 | 80cm、90cm、98cm、107cm、120cm、140cm |

### 2. 长度

织物的长度一般用匹长来度量（国内常用"m"、国外大多用"码"）。匹长主要根据织物的种类和用途而定，同时还需考虑各织物单位长度的重量、厚度、卷装容量、搬运以及印染后整理和制衣排料、裁剪等因素，见表 3-4。

表 3-4　各类机织物的匹长

| | | |
|---|---|---|
| 匹长 | 丝、化纤织物 | 20~50m |
| | 棉织物 | 30~60m |
| | 精纺毛织物 | 50~70m |
| | 粗纺毛织物 | 30~50m |
| | 麻类夏布 | 16~35m |
| | 长毛绒和驼绒织物 | 25~35m |

### 3. 重量

织物的重量分单位面积重量和单位体积重量。为了实际应用方便，通常以平方米重（$g/m^2$）来表示，而真丝绸的重量则常用"姆米（m/m）"表示（$1m/m = 4.3056g/m^2$），牛仔布的重量常用"每平方码盎司（$oz/yd^2$）"表示（$1oz/yd^2 = 28.350g/yd^2 = 33.91g/m^2$）。织物体积重量与织物厚度有关，因此可以此衡量织物的毛型感和蓬松度。影响织物体积重量的主要因素有原料相对密度、纱线造型、织物结构等。通常棉织物体积重量较大，丙纶织物体积重量较小；精纺织物体积重量较大，粗梳织物体积重量较小；机织物体积重量较大，针织物体积重量较小，絮制品体积重量最小。织物各品种都有规定的单位重量，它可帮助用户检验织物中纱线密度和混纺比是否有出入。

#### 4. 厚度

织物的厚度指在一定压力下织物正反面的垂直距离，以"mm"或"cm"为单位。可通过厚度仪测定，但一般情况下以感官目测。由于有些织物较薄（尤其是丝织物），不便按厚度分类，故常以重量作为间接指标，或将厚度与重量综合表达，如轻薄型、中厚型和厚重型等，见表3-5。织物厚度与其所用纱线的线密度和组织结构有关，对织物的重量、风格、强度、保暖性、透气性、悬垂性和耐磨性等有明显的影响。

表3-5 机织物的厚重类别

| 织物类型 | 棉及棉型化纤织物（mm） | 毛及毛型化纤精纺织物 [mm（g/m²）] | 毛及毛型化纤粗纺织物（mm） | 丝织物（m/m） |
|---|---|---|---|---|
| 轻薄型 | 0.24 以下 | 0.40（195）以下 | 1.10 以下 | 10 以下 |
| 中厚型 | 0.24～0.40 | 0.40～0.60（195～315） | 1.10～1.60 | 10～20 |
| 厚重型 | 0.40 以上 | 0.60（315）以上 | 1.60 以上 | 20 以上 |

## 第二节 针织物构造

针织物是由织针将纱线弯曲成线圈，并使之相互串套连接而成的片状物体。由于线圈编织形式的不同，有纬编针织物和经编针织物之分，如图3-28、图3-29所示。纬编针织物是将纱线由纬向喂入针织机的工作针上，使纱线顺序弯曲成圈，并相互串套而形成的针织物，广泛用于内衣、毛衣、围巾、袜子等。经编是将一组或几组平行的纱线由经向同时喂入针织机的工作针上，使纱线一起成圈，并相互串套而形成的针织物，常用于花边、内衣、运动装等。

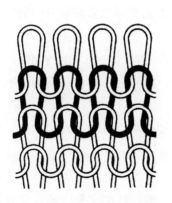

图3-28 纬编组织结构图

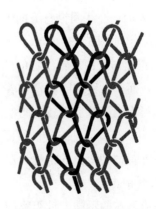

图3-29 经编组织结构图

### 一、针织物的基本结构

针织物的特征是由线圈相互串套连接而成，所以构成针织物的基本结构单元是线圈。它在三维空间中，呈一空间曲线，其几何形态如图3-30所示。图3-31为一简单纬编针织物的线圈结构图。从图3-31中可知，线圈是由圈干1-2-3-4-5和延展线5-6-7所组成。圈干的直线部段1-2与4-5称为圈柱，弧线部段2-3-4称为针编弧，延展线5-6-7又称为沉编弧，由它来连接相邻的两个线圈。由图3-32可知，经编线圈也是由圈干1-2-3和延展线3-4组成，圈干的直线部段1-3与2-3称为圈柱，弧线部段1-2为圈弧。

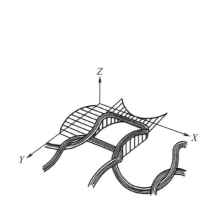

图3-30　线圈空间结构

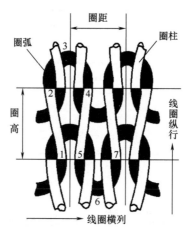

图3-31　纬编线圈结构

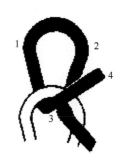

图3-32　经编线圈结构

### （一）针织物组织

#### 1. 针织物组织基础

（1）线圈横列与纵行。在针织物中线圈沿横向连接的行列称为线圈横列，在纵向串套的行列称为线圈纵行，参见图3-31纬编线圈的横列和纵行。

（2）线圈的圈距与圈高。在线圈横列方向上，两个左右相邻线圈对应点间的距离，称为圈距，一般以A表示；在线圈纵行方向上，两个上下相邻线圈对应点间的距离间距，称为圈高，一般以B表示，如图3-31所示。

（3）线圈的正面与反面。针织物的外观有正面和反面之分，由线圈圈柱覆盖于圈弧的一面称为针织物的正面，由线圈圈弧覆盖着圈柱的一面称为针织物的反面。因为圈弧比圈柱对光线有较大的散射作用，故反面较为暗淡。

（4）单面针织物与双面针织物。线圈圈柱和圈弧集中分布在针织物的一面的，称为单面针织物，分布在针织物的两面的，称为双面针织物。

#### 2. 针织物组织分类

由于线圈构成形式的不同，针织物的组织有经编、纬编之分，各自又有基本组织和变化组织等，见表3-6。

表3-6　针织物组织分类

| | | 基本组织 | 纬平组织、罗纹组织、双反面组织 |
|---|---|---|---|
| 针织物组织 | 纬编组织 | 变化组织 | 变化平针组织、双罗纹组织 |
| | | 花色组织 | 提花组织、集圈组织、添纱组织、衬垫组织、毛圈组织、衬经衬纬组织 |
| | 经编组织 | 基本组织 | 经编链组织、经平组织、经缎组织、重经组织 |
| | | 变化组织 | 变化经平组织、变化经缎组织、双罗纹经平组织 |
| | | 花色组织 | 缺垫经编组织、衬纬经编组织、缺压经编组织、压纱经编组织、贾卡经编组织 |

**3. 主要针织物组织及其特征**

（1）纬编基本组织

①纬平针组织。纬平针组织是针织物中最简单、最基本的单面组织，由连续的单元线圈单向相互串套而成，如图3-33所示。正反面具有不同的外观，正面显示纵向条纹，反面显露横向圈弧。纬平针织物表面平整，透气性较大，纵、横向有较好的延伸性，且横向延伸性比纵向强，纵向的断裂强度比横向大。织物容易脱散，卷边性大，有时还会产生线圈歪斜。适用于编织内衣、运动衣、袜类、手套、帽子等。

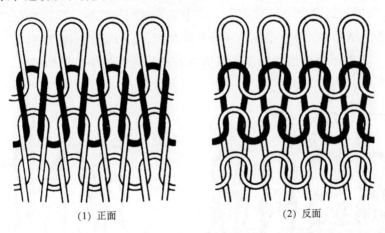

(1) 正面　　　　　　　　　　　　(2) 反面

图3-33　纬平针组织结构图

②罗纹组织。罗纹组织是双面纬编针织物的基本组织，由正面线圈纵行和反面线圈纵行以一定组合相间配置而成，正反面都呈现正面线圈的外观。改变正、反面线圈的不同配置，可得到不同条形排列的（如1+1、2+2、5+3等）罗纹，如图3-34所示。罗纹针织物的最大特点是有较大的横向延伸性和弹性，密度越大，弹性越好。另外，罗纹针织物不卷边，也不容易脱散。常用于编织有弹性需求的内外衣或服装部件，如弹力衫、运动衣以及袖口、领口、裤口、下摆等。

③双反面组织。双反面组织由正面线圈横列和反面线圈横列以一定的组合（如1+1、2+2等）相互交替配置而成，如图3-35所示。当线圈处于松弛状态时，该组织的正反面都呈现反面横列的外观，并将正面线圈覆盖。双反面组织的针织物比较厚实，具有纵、横

向弹性与延伸性相近的特点，上、下边不卷边，但都能脱散，适用于编织婴儿服装、袜子、手套、毛衫、头巾等成形针织品。

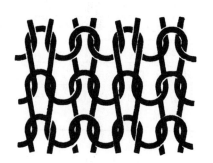

图 3-34 罗纹组织结构图

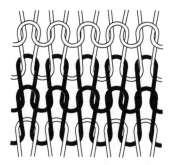

图 3-35 双反面组织结构图

④双罗纹组织。双罗纹组织又称棉毛组织，由两个罗纹组织交叉复合（即在一个罗纹组织线圈纵行之间配置另一个罗纹组织的线圈纵行）而成，正反面都呈现正面线圈，如图 3-36 所示。双罗纹针织物具有厚实、柔软、保暖性好、无卷边、抗脱散性较好及有一定弹性等特点，广泛用于编织内衣和运动衫裤。

⑤集圈组织。集圈组织是在针织物的某些线圈上，除套有一个封闭的旧线圈外，还有一个或几个未封闭的悬弧，如图 3-37 所示。纬编集圈组织是纬编针织物的花色组织，变化较多。利用不同颜色或粗细的纱线搭配不同的集圈组织，可使织物表面产生花纹、闪色、孔眼及凹凸等效应。集圈组织针织物较厚，脱散性较小、延伸性小，但易抽丝，广泛用于外衣面料。

图 3-36 双罗纹组织结构图

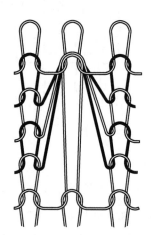

图 3-37 集圈组织结构图

⑥衬垫组织。衬垫组织由一根或几根衬垫纱线按一定间隔在某些线圈上形成不封闭的圈弧，在其余的线圈上呈浮线状，停留在织物的反面，如图 3-38 所示。该针织物表面平整、保暖性好，衬垫纱方向延伸度小。若对衬垫织物进行拉绒整理，则更能增加织物的保暖性和柔软感。主要用于编织儿童和成人的绒衣衫裤。

⑦添纱组织。添纱组织分全部线圈添纱组织和部分线圈添纱组织。前者指织物内所有的

线圈均由两个线圈重叠形成，织物的一面由一种纱线显示，另一面由另一种纱线显示，如图3-39所示。后者又分绣花添纱和浮线添纱。绣花添纱是将与地组织同色或异色的纱线覆盖在织物的部分线圈上，排列成一定的花纹而形成。浮线添纱是以平针组织为基础，组织中地纱线密度小，面纱线密度大，由地纱和面纱同时编织出紧密的添纱线圈。

图3-38　纬平针衬垫组织结构图

图3-39　全部线圈添纱组织结构图

⑧毛圈组织。毛圈组织由平针线圈和带有拉长沉降弧的毛圈线圈组合而成，有单面毛圈和双面毛圈之分。图3-40所示为以平针作为地组织的单面纬编毛圈组织。该针织物柔软、厚实，有良好的吸湿性和保暖性，经剪毛等后整理可制得绒类织物。

⑨提花组织。纬编提花组织是将纱线垫放在按花纹要求所选择的织针上编织成圈而成，有单面和双面之分。在那些不参加编织的织针上，不垫放新纱线，也不脱下旧线圈，纱线呈浮线留在织物反面，如图3-41所示。由于浮线的影响，横向延伸性及脱散性较小，穿着时易抽线，织物变得厚重，广泛应用于外衣面料。

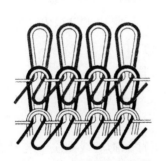

图3-40　毛圈组织结构图

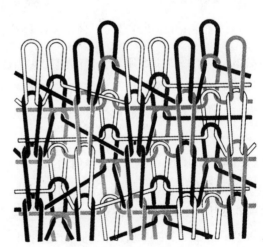

图3-41　提花组织结构图

（2）经编基本组织和变化组织

①经平组织。由两个横列组成一个完全组织，每根经纱在相邻织针上交替垫纱成圈所形成的组织称为经平组织，如图3-42所示。其织物具有一定的纵、横向延伸性，易脱散，有时甚至会因脱散而使织物分离。应用于编织夏季衬衫面料及内衣、游泳衣、装饰用品等成形

针织品。

②经缎组织。经缎组织是由每根经纱先以一个方向有次序地移动 3 根或 3 根以上的针距，然后再以相反方向有序地移动 3 根或 3 根以上的针距，在此过程中逐针垫纱成圈，如此循环编织而形成的组织，如图 3-43 所示。其织物卷边性与经平组织针织物相似，也有脱散性，但不会造成织物分离。由于不同方向倾斜的线圈横列对光线反射不同，因而在织物表面形成横向条纹。经缎组织与其他组织复合，可得到一定的花纹效果。常用于编织外衣织物。

③编链组织。如图 3-44 所示，编链组织是每根经纱始终在同一织针上垫纱成圈的组织，它只能形成互相没有联系的线圈纵行，一般与其他组织复合形成织物，可以限制织物纵向延伸性和提高尺寸稳定性，常用于编织蕾丝花边等装饰织物以及外衣和衬衫类织物。

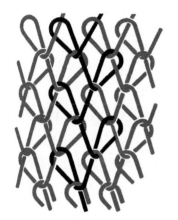 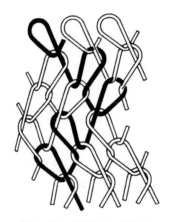 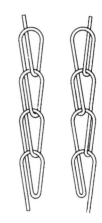

图 3-42　经平组织结构图　　　图 3-43　经缎组织结构图　　　图 3-44　编链组织结构图

④经绒组织。如图 3-45 所示，经绒组织实为 3 针经平组织，每根经纱轮流地在相隔两枚针的织针上垫纱成圈而成。由于线圈纵行相互挤位，其线圈形态较平整，卷边性类似纬平针组织，横向延伸性较小，抗脱散性优于一般的经平组织。广泛用于编织内、外衣及衬衣等面料。

⑤经斜组织。如图 3-46 所示，经斜组织实为 4 针经平组织，每根经纱轮流地在相隔三枚针的织针上垫纱成圈而成。除具有经绒组织的特点之外，其延长线更长，横向延伸性更小。通常反面朝外使用，并广泛用于编织外衣面料。

⑥衬纬组织。如图 3-47 所示，衬纬组织是指在经编针织物的线圈主干与延展线之间，周期性地垫入一根或几根纱线的组织，分为全幅衬纬和部分衬纬两种。衬纬可形成花纹和网孔效应，用于编织外衣和装饰织物等。

⑦经编提花组织。经编提花组织是指某些织针不进行垫纱和脱圈而形成拉长线圈的组织，在织物上显露出呈曲折状的纵向波纹和不同高度的拉长线圈，如图3-48所示。

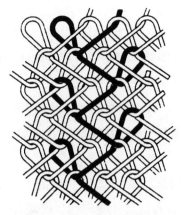

图3-45　经绒组织结构图

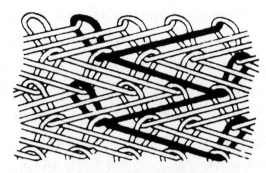

图3-46　经斜组织结构图

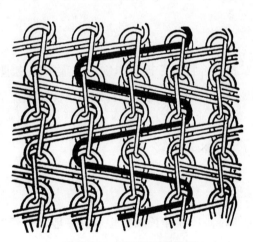

图3-47　衬纬组织结构图

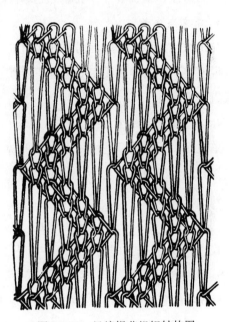

图3-48　经编提花组织结构图

## （二）针织物的主要物理机械指标

### 1. 线圈长度

针织物的线圈长度是指一个线圈的纱线延展伸直后的长度，一般用 $l$ 表示。如图3-31中的线圈长度为 $1-2-3-4-5-6-7$。

线圈长度通常根据线圈在平面上的投影，近似地进行计算；或用拆散的方法，测量其实际长度；也可以用仪器直接测量输入到针织机上的纱线长度，来计算线圈长度。线圈长度一般用毫米（mm）作为单位。

线圈长度对针织物的性能有很大的影响，它不仅决定了针织物的稀密程度，而且对针织物的脱散性、延伸性、耐磨性、强度以及抗起毛起球性和勾丝性都有很大影响，是评定针织物的一项重要物理指标。

**2. 密度**

针织物的密度是指针织物单位长度或单位面积内的线圈数，表示在一定纱线线密度条件下的针织物的稀密程度，是我国目前考核针织物物理性能的一个重要指标。

常用的针织物的密度有横向密度、纵向密度和总密度。针织物纵向密度常以 5cm 内线圈纵行方向的线圈横列数表示，横向密度常以 5cm 内线圈横列方向的线圈纵行数表示，总密度则是 25cm² 内的线圈数，它等于横密与纵密的乘积。

针织物密度与线圈长度和针织机号有关，线圈长度愈长，机号愈小（针距愈大），针织物密度愈稀；反之相反。密度较大的针织物比较厚重、结实，尺寸稳定性、保暖性、强度、弹性、耐磨性、抗脱散性、抗起毛起球性较好，但透气性较差。

**3. 未充满系数**

与机织物类似，密度相同而纱线粗细不同的针织物，其紧密程度是不同的。未充满系数可以说明在不同的纱线线密度情况下针织物的稀密程度，一般用 δ 表示，等于线圈长度 l 与纱线直径 f 的比值。

**4. 单位面积干燥重量**

单位面积干燥重量是用每平方米的克重来表示。它是考核针织物的一项重要物理指标。当已知针织物线圈长度 l、纱线线密度 Tt、横密 $p_A$ 和纵密 $p_B$ 时，则针织物单位面积重量 $Q'$ 可用下列公式求得：

$$Q' = 0.0004 \times p_A \times p_B \times l \times Tt \times (1 - Y)$$

式中：$Y$——加工时的损耗率。

**5. 延伸度**

针织物的延伸度是指针织物在受到外力拉伸时，尺寸伸长的特性。它一般与针织物的组织结构、线圈长度、纱线性质和线密度等有关，针织物一般都有较大的延伸性。

**6. 弹性**

针织物的弹性是指当引起针织物变形的外力去除后，针织物形状回复的能力，它取决于针织物的组织结构、纱线的弹性、纱线的摩擦因数和针织物的未充满系数等。

**7. 强力**

针织物的强力是指针织物的断裂强力，一般用拉伸和顶破的方法来确定。针织物的强力取决于针织物的组织结构、密度和纱线强力等因素。

按照外力作用于针织物的方向，针织物的强力可分为纵向强力、横向强力和总强力。

**8. 脱散性**

针织物的脱散性是指当针织物的纱线断裂或线圈失去串套联系后，线圈与线圈分离的现象。

针织物的脱散性与它的组织结构、纱线的摩擦因数、未充满系数和纱线的抗弯刚度等有关。一般纬编织物易脱散，经编织物不易脱散。

### 9. 卷边性

在自由状态下，某些组织的针织物的边部发生包卷，这种现象称为卷边，这是由于线圈中弯曲线段所具有的内应力，力图使线段伸直而引起的。

卷边性与针织物的组织结构、纱线弹性、线密度、捻度和线圈长度等因素有关。

### 10. 起毛起球性

织物在使用过程中，受外界摩擦等作用，使纤维或纱线露出织物表面形成毛茸（或丝环），这种现象称为织物起毛（或勾丝）。在继续使用过程中，如果织物表面的毛茸或丝环不能及时脱落，就会相互纠缠在一起，在织物表面形成许多球形小颗粒，称之为织物起球。

起毛起球现象在化纤类针织物中比较突出。它与原料种类、纱线结构、织物结构、染整加工和成品的服用条件等因素有关。

## 二、针织物织造原理

### （一）针织机种类

利用织针将纱线编织成针织物的机器称为针织机。针织机按工艺类别分为纬编针织机和经编针织机；按针床数可分为单针床针织机和双针床针织机；按针床形式可分为平型针织机和圆型针织机；按用针类型可分为钩针机、舌针机和复合针机等。其中纬编针织机的分类见表 3 – 7。

表 3 – 7 纬编针织机类别

| | | 平型 | 钩针 | 全成形平型针织机 |
|---|---|---|---|---|
| 纬编针织机 | 单针筒（床） | 圆型 | 钩针 | 台车、吊机、绒布圆机 |
| | | | 舌针 | 多三角机、提花机、毛圈机、单针筒圆袜机 |
| | 双针筒（床） | 平型 | 钩针 | 双针床平型钩编机 |
| | | | 舌针 | 横机、手套机、双反面机 |
| | | 圆型 | 舌针 | 棉毛机、罗纹机、提花机、双针筒圆袜机 |

经编针织机不仅可以按针床数分为单针床经编机和双针床经编机，也可以按织针类型分为钩针经编机、舌针经编机和复合针经编机（包含槽针经编机和管针经编机），同时可以按织物引出的方向可分为特利科经编机和拉舍尔经编机。

随着电子、计算机和网络技术的飞速发展，已有越来越多的针织机采用电子与计算机控制装置和技术，实现了针织机从机械化向电子自动控制化的转变和发展，从而大大提高了针织物结构与花型的变换能力、坯布质量、机器的生产效率和自动化程度；同时，为了适应针织面料向高支轻薄化方向发展，针织机的机号也不断提高。

## （二）针织机机号与纱支关系

为了织制不同细密程度和厚度的织物，各种类型的针织机都配有多种机号（指针床上规定长度内所具有的织针数）。机号不仅反映了针床上植针的稀密程度，同时在一定程度上确定了其加工纱线支数的范围。机号越大，针床上规定长度内所排的针数越多，针距越小，成圈器件的各部尺寸相应减小，所用的纱线也就相对较细；反之相反。针织机常用机号规格范围见表3-8，部分机型机号规格及其纱支配用见表3-9、表3-10。

表3-8　针织机常用机号范围

| 针织机名称 | 规定长度〔mm（英寸）〕 | 常用机号范围（#） |
|---|---|---|
| 舌针圆型纬编针织机 | 25.4（1） | 5～40 |
| 双头舌针圆型纬编针织机 | 25.4（1） | 3～14 |
| 圆袜机 | 25.4（1） | 7～38 |
| 舌针平型纬编针织机 | 25.4（1） | 2～16 |
| 台车 | 38.1（1.5） | 5～50 |
| 全成形钩针平型纬编机 | 38.1（1.5） | 4～75 |
| 钩针、管针或槽针经编机 | 25.4（1） | 10～40 |
| 舌针或槽针经编机（拉舍尔型） | 50.8（2） | 10～64 |

表3-9　部分机型机号及其纱支配用

| 机器类型 | 针床规定长度〔mm（英寸）〕 | 机号 | 加工原料 | 适宜加工的纱线线密度 tex（英支） |
|---|---|---|---|---|
| 棉毛机 | 25.4（1） | 16 | 棉纱 | 14×2（42/2），28（21） |
| | | 21～22.5 | 棉纱 | 18（32），15（38），14（42） |
| 台车 | 38.1（1.5） | 22 | 棉纱 | 2×28①（2×21） |
| | | 28 | 棉纱 | 28（21） |
| | | 34 | 棉纱 | 18（32），9×2（64/2），10×2（60/2） |
| | | 36 | 棉纱 | 15（38），14（42），7.5×2（80/2） |
| | | 40 | 棉纱 | 13（46），7.5×2（80/2），7×2（84/2），6×2（100/2） |
| 多三角机 | 25.4（1） | 14 | 棉纱 | 2×28①（2×21） |
| | | 16 | 棉纱 | 2×18①（2×32），14×2（2×42） |
| | | 19～20 | 棉纱 | 28（21） |
| 提花圆机 | 25.4（1） | 16 | 涤纶长丝 | 16.5～22（150～200旦） |
| | | 18 | 涤纶长丝 | 15～16.5（135～150旦） |
| | | 20 | 涤纶长丝 | 14～16.5（125～150旦） |
| | | 22 | 涤纶长丝 | 11～14（100～125旦） |
| | | 24～26 | 涤纶长丝 | 8～11（75～100旦） |

①表示两根单纱一起喂入编织。

表3－10 横机机号与纱支的关系

| 机号 | 适宜加工的纱线线密度 tex（公支） |
|---|---|
| 3 | 1250～769（0.8～1.3） |
| 4 | 667～435（15～2.3） |
| 6 | 303～196（3.3～5.1） |
| 7 | 222～143（4.5～7） |
| 8 | 172～110（5.8～9.1） |
| 9 | 135～86（7.4～11.6） |
| 10 | 110～70（9.1～14.3） |
| 11 | 91～58（11～17.3） |
| 12 | 76～48.5（13.1～20.6） |

### （三）针织物织造原理

无论是纬编针织物还是经编针织物，都是通过织针将纱线弯曲成线圈，使新线圈穿过旧线圈并相互串套连接而成的片状物体，其成圈过程包含退圈、垫纱、弯纱、闭口、套圈、脱圈、成圈及牵拉八个阶段。图3－49、图3－50分别以钩针为例展示了纬编和经编织物的构成方式。

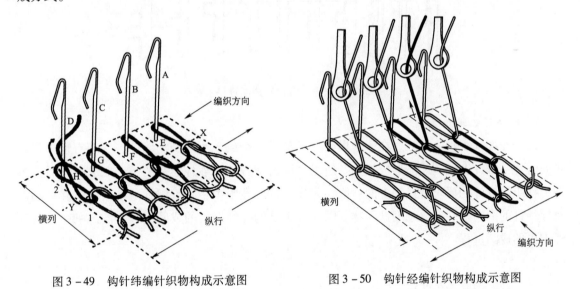

图3－49 钩针纬编针织物构成示意图　　　　图3－50 钩针经编针织物构成示意图

### 1. 纬编针织物织造原理

根据纬编针织机上所使用织针的不同，纬编针织物的形成方法有针织法（图3－51）和编织法（图3－52）。

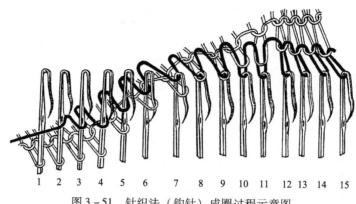

图3-51 针织法（钩针）成圈过程示意图

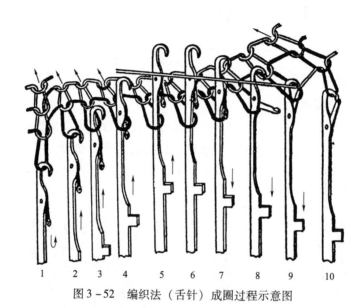

图3-52 编织法（舌针）成圈过程示意图

**2. 经编针织物织造原理**

由于经编针织物一根纱线在一个横列上只形成1个或2个线圈，因此，必须有许多根经线同时在一排针上成圈才能形成织物。所以，织前准备除络纱外还需要整经工艺，然后按各种织物组织设计的要求将经轴上的纱线穿入导纱针的孔眼中，随着织针的上升、下降运动以及导纱针的横向移动形成经编针织物。图3-53是钩针经编机的成圈过程，图3-54是舌针经编机的成圈过程。

## 三、针织物成形及度量

### （一）针织物成形

针织是纺织生产的一个重要行业，在纺织生产中占有非常重要的地位。

针织成形是针织物生产的一个重要特点，也是与机织物生产的主要区别之一，它是在编织过程中就形成具有一定尺寸和形状的成形或半成形衣坯，可以不需要进行裁剪或只需要进行少量裁剪就缝制成所要求的服装。更现代化的工艺甚至不需要缝合就可以形成直接的服用

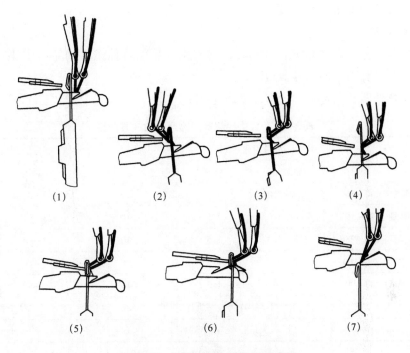

图 3 - 53 钩针经编机成圈过程示意图

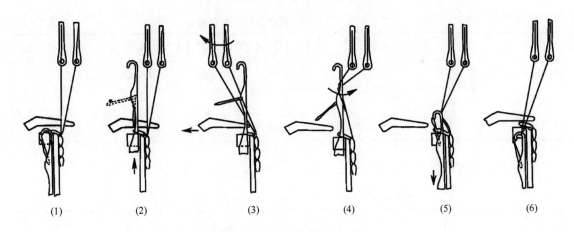

图 3 - 54 舌针经编机成圈过程示意图

产品。针织成形的方法主要有：

（1）通过改变参加编织的针数和编织横列数；

（2）通过不同的组织结构；

（3）通过不同的密度控制。

目前，针织物产品的成形编织主要有羊毛衫、羊绒衫、袜子、手套、围巾、无缝内衣、一次全成形针织服装、全成形产业用针织品等。

**（二）针织物形态度量**

与机织物类似，针织物的形态度量指标主要有长度（匹长）、宽度（幅宽）、重量（单位面积重量、单位体积重量）和厚度等。

**1. 针织物的匹长**

针织物的匹长分定重式和定长式两种，通常由工厂的具体条件而定，主要取决于原料、织物品种和针织染整工序加工等要素。

经编针织物的匹长以定重式为多，见表3－11。

表3－11　各类经编针织物产品的主要规格

| 产品 | 坯布（g/m²） | | 成品幅宽（m） | | 坯布匹重（kg） | 匹长（m） | |
|---|---|---|---|---|---|---|---|
| | | | 服装用 | 售布 | | 服装用 | 售布 |
| 外衣布 | 薄型 | 140～160 | 1.8～2.0 | 1.5 | 10 | 33～37 | 42～48 |
| | 中型 | 179～190 | 1.8～2.0 | 1.5 | 10 | 28～31 | 35～39 |
| | 厚型 | 200～280 | 1.8～2.0 | 1.5 | 10 | 22～26 | 27～33 |
| 裙子布 | 中型 | 90～100 | 1.8～2.0 | 1.5 | 10 | 50～60 | 66～74 |
| 衬衫布 | 薄型 | 80～90 | 8～2.0 | 1.5 | 10 | 60～70 | 74～83 |
| 头巾布 | 15～28 | | 1.68～1.8 | | 5 | 120～160 | |
| 棉网眼布 | 140～160 | | 1.5 | | 12 | 50～70 | |

纬编针织布的匹长大多由匹重、幅宽和每米重量而定，见表3－12。

表3－12　常用棉毛布产品的匹长和幅宽

| 产品 | 18tex（32英支）棉毛布 | | 14tex（42英支）棉毛布 | | 19.5tex（30英支）腈纶棉毛布 | |
|---|---|---|---|---|---|---|
| 匹重（kg） | 10（±0.5） | 11（±0.5） | 8.5（±0.5） | 9.5（±0.5） | 7.5（±0.5） | 8.5（±0.5） |
| 幅宽（cm） | 40～45 | 47.5～60 | 37.5～42.5 | 45～57.5 | 37.5～42.5 | 45～57.5 |
| 匹长（cm） | 60.47～52.98 | 55.09～43.00 | 71.02～61.88 | 65.90～50.99 | 42.52～37.20 | 40.21～31.14 |

一些用于下摆、领口和袖口针织布的匹长与匹重，见表3－13。

表3－13　下摆、领口和袖口针织布的匹长和匹重

| 产品 | 绒布 | | | 棉毛布 | | | 汗布 | |
|---|---|---|---|---|---|---|---|---|
| 部位 | 下摆 | 领口 | 袖口 | 下摆 | 领口 | 袖口 | 下摆 | 领口 |
| 匹长（m） | 27.5～41 | 32.8～37.8 | 39.5～57 | 25.9～36.5 | 43.75～46.2 | 29.25～56 | 42.5～60 | 79.1～84.7 |
| 匹重（kg） | 7.5±0.5 | 3.5±0.5 | 2.5±0.5 | 5.0±0.5 | 3.5±0.5 | 1.3±0.5 | 5.0±0.5 | 3.5±0.5 |

**2. 针织物的幅宽**

由表3－12、表3－13可知，经编针织布幅宽由产品品种和组织结构而定，纬编针织布的幅宽主要与针织机的规格、纱线和组织结构等因素有关。

**3. 针织物的单位面积重量**

与机织物类似，针织物的重量指标常用平方米重量（g/m²）表示。按各类针织物的厚薄

程度与用途，分档规定其重量范围，见表3-11。

**4. 针织物的厚度**

组织结构相同时，针织物厚度主要与纱线直径及纱线相互挤压程度有关。在同一纱线特数时，其厚度取决织物组织结构和原料。针织物的厚度对体积重量、蓬松度、刚柔性有很大的影响。与机织物相同，针织物厚度一般用织物测厚仪在一定的压力和加压时间条件下测定，所加的压力随织物种类而定。

# 第三节　非织造布构造

非织造布是不经传统的纺纱、机织、针织所制成的织物，它是由纤维网借机械或化学方法构成的片状集合物。非织造布工艺流程短，生产过程便于自动控制，产量远比机织、针织高，而且，对纤维原料的适应性强，甚至下脚料也可作为它的原料。用羊毛经热、湿、压处理所制成的毡是人类创造非织造布的早期典型，如今以化学纤维、天然纤维为原料的各种内外衣、衬里、絮片、尿布等用作服用材料的非织造布已得到飞速发展。

## 一、非织造布构成

非织造布的生产过程为：原料的开松──→除杂和混合──→纤维网形成──→纤维网加固──→后整理。

### （一）原料的开松、除杂和混合

为保证产品质量，改善加工性能，创造成布条件和降低成本，需将各种成分的纤维按重量比例混合，并充分开松，清除杂质。

### （二）纤维网形成

纤维网是非织造布的骨架。按大多数纤维在纤维网结构中取向的趋势，纤维网结构基本上可分为纤维单向排列、纤维交叉排列和纤维多方向性随机排列（图3-55）。为了提高非织造布的各向同性程度，要求纤维在网中分布均匀，无明显方向性。纤维网形成方法见表3-14。

多方向性非织造布　　　　　　　　　　单方向性非织造布

图3-55　非织造布纤维网结构

表3-14 纤维网形成方法

| 名　称 | | 方　法 |
|---|---|---|
| 干法成网 | 机械成网 | 利用传统的梳理机制得梳理网，同时将梳理网铺垫成所需要的纤维网，满足重量和强度的要求 |
| | 气流成网 | 利用高速回转的刺辊，将纤维原料分离成单纤维，并在气流输送过程中得到杂乱排列，最终凝聚到运送帘表面，构成纤维网 |
| 湿法成网 | | 以水为介质，使短纤维均匀地悬浮在水中，并借水流作用，使纤维沉积在透水的帘带或多孔滚筒上，形成湿的纤维网 |
| 聚合物挤压成网 | | 采用熔融的高聚物通过喷丝孔形成长丝或短纤维，再将这些长丝或短纤维凝集到运送网帘上，借助热黏合构成纤维网 |

### （三）纤维网加固

成网工艺中所形成的纤维网呈松散状态，需要对其进行加固，从中赋予纤维网一定的物理机械性能和外观效果。常用加固方法有机械加固法、化学黏合法和热黏合法。

**1. 机械加固法**

采用单一的机械作用使纤维网中纤维缠结，或通过服装机械用线圈状纤维束、纱线等使纤维网加固。

（1）针刺法加固。用三角形横截面且棱上带针钩的针（图3-56）反复对纤维网穿刺（图3-57）。在针刺入纤维网时，针钩就带着一些纤维穿透纤维网，使网中纤维相互缠结而达到加固目的。此方法在服装材料中多用来生产人造革底布（基布）等厚型非织造布。针刺加固工艺如图3-58所示。

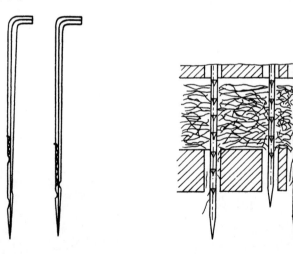

图3-56 针刺法用针　　　　　图3-57 针刺法示意图

（2）水刺法加固。利用多个极细的高压水流对纤维网进行喷射，水流类似于针刺穿过纤维网，使网中纤维相互缠结，获得加固作用。水射流束可按花纹排列，以使产品产生花纹效应。此法所得非织造布的强度较低，多作装饰材料。若再浸以少量黏合剂而使纤维网加固成布，则将会有较高的强力、丰满的手感和良好的透通性，适用服装的衬里、垫肩等。

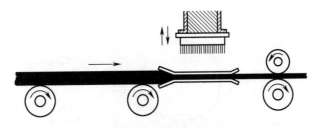

图 3-58　针刺工艺加工示意图

（3）缝编法加固。缝编法是采用经编线圈结构对纤维网进行加固。经编线圈既可来自于纤维网中纤维束，也可由外加纱线形成。

①利用缝编机上槽针的针钩直接从纤维网中钩取纤维束而编织成圈，正面类似针织物。此类非织造布一般采用毛型化纤及其混纺纱。为了提高强力，通常需经过涂层、叠层、热收缩、浸渍黏合、喷洒黏合等后整理工序。适用于人造革底布、垫衬料、童装面料以及人造毛皮的底基等。

②由外加纱线所形成的经编线圈结构，与纤维网自身结构有明显的分界，在外观和特性上接近传统的机织物或针织物。此法分纱线层——缝编纱型缝编结构和纱线型——毛圈型缝编结构两种。广泛用于服装面料和人造毛皮、衬绒等。

纱线层——缝编纱型缝编结构。纱线层可由纬纱层或经、纬纱层组成，如图 3-59 所示。缝编纱在缝编区按经平组织进行编织，将经纬纱层制成整体的非织造布。该织物有良好的尺寸稳定性和较高的强力。

纱线型——毛圈型缝编结构。如图 3-60 所示，纬纱由铺纬装置折叠成网，被缝编纱形成的编链组织所加固。毛圈纱在缝编区中进行分段衬纬，并不形成线圈，而在布面上呈隆起的毛圈状。

**2. 化学黏合法**

以浸渍（图 3-61）、喷洒和涂层等方法引入化学黏合剂，并附着于纤维网表面或内部，形成点状（图 3-62）、片膜状、团块状（图 3-63）和连续层状等结构，从而达到加固目的。

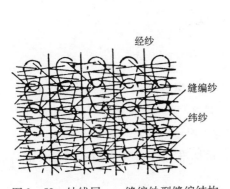

图 3-59　纱线层——缝编纱型缝编结构

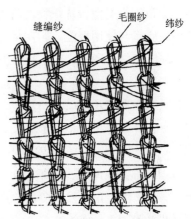

图 3-60　纱线型——毛圈型缝编结构

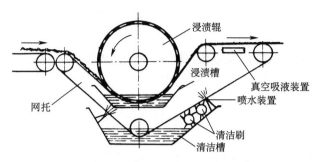

图 3 - 61　浸渍法黏合加固工艺示意图

### 3. 热黏合法

利用纤维网中热塑性材料（如热熔纤维、粉剂和薄膜等）受热熔融，黏结纤维，从而达到纤维网加固的目的。热黏合法具有生产速度快、产品不含化学黏合剂、能耗低等特点，其产品广泛用于服用衬布、保暖材料等。

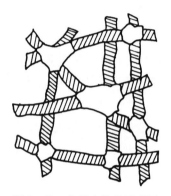

图 3 - 62　点黏合结构示意图

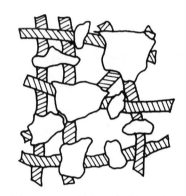

图 3 - 63　团块状黏合结构示意图

### （四）后整理

对非织造布进行类似传统织物的后整理工艺，可改变其结构特征，以增加花色品种，改善外观或提高质量与使用性能。常用的有收缩、柔软、轧光、开孔、开缝、剖层、磨光、磨绒、涂层、静电植绒、印花、染色以及其他特殊整理。

### 二、非织造布形态及度量

除材料质感外，非织造布的形态及形态指标与机织物类似。但其厚度和重量一般以 100 $g/m^2$ 为分界线，低于此值的为薄型，高于此值的为厚型。也有将小于 75 $g/m^2$ 的称为薄型，75 ~ 150 $g/m^2$ 的称为中厚型，大于 150 $g/m^2$ 的称为厚型。

由于非织造布生产正处发展阶段，产品的质量标准和测试方法还不完善，部分服用非织造布的度量见表 3 - 15。

表 3 –15　部分非织造布的规格、用途和加工方法

| 品种 | 重量（g/m²） | 幅宽（mm） | 纤维原料 | 主要用途 | 加工制造方法 |
|---|---|---|---|---|---|
| 定形絮片 | 150 ~ 450 | 1000 ~ 2200 | 涤纶/丙纶 | 滑雪衫、手套、服装肩衬 | 热熔黏合 |
| 喷胶棉 | 150 ~ 450 | 2200 | 三维卷曲涤纶 | 滑雪衫、手套、服装肩衬 | 化学黏合剂黏合 |
| 热熔衬底布 | 35 ~ 80 | 900 ~ 1100 | 涤纶 | 西服衬、领衬等 | 热轧黏合、化学黏合剂黏合 |
| 缝编织物 | 110 ~ 290 | 1000 ~ 2400 | 黏胶纤维、涤纶、低弹涤纶丝 | 服装面料 | 纤维网型、纱网型 |
| 仿黏片长丝非织造布 | 20 ~ 100（薄型）101 ~ 500（厚型） | 1600 ~ 3200 | 丙纶或涤纶、聚乙烯纤维 | 内衣、衬布、人造革手套、工作服等 | 热轧、针刺 |

# 第四节　其他织物构造

除机织、针织和非织造布外，用于服装的其他织物还有机织针织联合、编织、植绒、花边、绣品以及各类复合等构造形式。这些巧妙的构造方法为织物创造了丰富而多彩的风格。

## 一、机织针织联合织物构造

机织针织联合织物是由机织组织和针织组织联合而成的织物，如图 3 - 64 所示。机织物的经纱分成许多组，组与组之间留有空隙，以容纳构成经编针织物线圈的经编纱。构成机织物的经纱开口后，摆纱杆左右摆动，通过导纱眼将经编针织纱引入通道，并垫入相应的舌针上；舌针则将相邻纱线以线圈串套的形式相连接，如图 3 - 65 所示。这种联合织物具有条纹外观，并有机织物和针织物的特性。

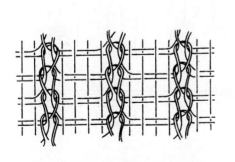

图 3 - 64　机织针织联合织物示意图

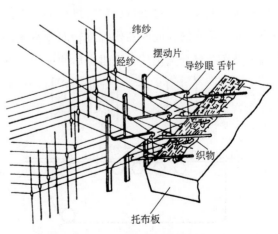

图 3 - 65　机织针织联合织物的形成

## 二、编织物构造

编织物在服装中常作装饰用。它是由三根以上平行的纱线，从一端开始以螺旋线方式相互交叉编制而成，分扁形和圆形两种，通常也包括两向编织，如图3-66所示。三束发丝编成的辫子是扁形编织物的典型例子。圆形编织物在交编时，以一定数量的纱线卷装，沿着波浪形的环行轨道，作顺时针方向的圆周运动；与此同时，另一批相同数量的纱线卷装，则沿着波浪形的环行轨道，以落后某一时间差作逆时针方向的圆周运动。于是，纱线便以螺旋线方式相互交叉，构成圆形编织物。

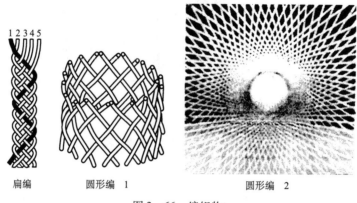

扁编　　　圆形编 1　　　　　圆形编 2

图3-66　编织物

## 三、植绒织物构造

植绒织物是将切短的天然或合成纤维固结在涂有黏合剂的底布上，从而形成具有细密绒面效果的织物。植绒工艺20世纪40年代起在欧洲大量出现，现有机械式和电子式两种方式，都是使绒屑垂直落到涂胶底布上，使之均匀分布并固结而成。

植绒织物的构成原理是：利用30~80kV高压静电发生器，其正极与涂有黏合剂的底布的金属托布架连接，负极则与装有纤维绒毛的金属网框相连，使金属网框与金属托布架之间形成高压静电场。经过处理后的纤维绒毛，在静电场的作用下成为带电荷的纤维绒毛，并受吸引力驱动从金属孔向底布作纤维轴向垂直于底布的加速运动，如图3-67所示。当纤维绒毛端头被底布黏合剂粘住，经烘燥后便成为纤维绒毛直立于底布表面的织物。

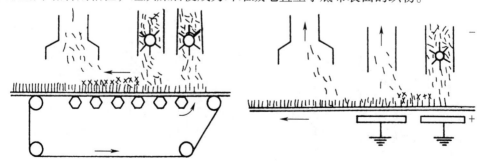

图3-67　植绒工艺示意图

植于织物表面的细绒主要是棉、黏胶纤维、锦纶等原料，绒屑的平均长度通常在 0.35 ~ 5mm 之间，有本色、染色、等长和不等长之分。一般而言，细而短的绒屑用来织制服装用仿麂皮织物，而粗而长的绒屑用来织制壁毯等装饰织物。采用不同的涂敷形式还可以形成多种花色效果。例如，刮刀涂胶底布上形成完全绒面；印花辊筒涂胶底布上可形成由绒面和底布组成的类似提花风格的花纹；网印涂胶底布上可形成立体感较强的绒面；用单色或混色绒屑植于按图案要求多次涂胶的底布上可形成套色装饰效果，等等。

### 四、花边构造

花边，就广义而言可称为饰边，它泛指有各种花纹图案起装饰作用的带状织物；而狭义所称的花边，往往是指具有间隙花纹的带状织物，通常由针织、刺绣或编织而成。花边通常用作各类服装、窗帘、台布、床罩、枕套等的嵌条或镶边。

机织花边由提花机织制而成，往往采用多组有色经线和纬线交织，可以多条同时织制或独幅织制后再分条，质地紧密，花形有立体感，色彩丰富。

针织花边通常在多梳栉舌针花边机上由针织机构控制不同的线圈而构成，大多以锦纶丝、涤纶丝、人造丝为原料，俗称尼龙花边。有明显的地组织结构和花纹结构两部分组成，多数以网孔作地组织，以局部衬纬形成花纹。织地组织的地纱采用较细的纱线，形成花纹的花纱采用较粗的纱线。制作过程：舌针使经线成圈，导纱梳栉控制花经编织图案，经过定性加工处理开条即成花边，其宽度根据用途而定。针织花边组织稀松，有明显的孔眼，外观轻盈、优雅。

刺绣花边分手绣和机绣两种。手绣花边属高档花边，是用手工在织物上绣制机绣无法制作的复杂图案，且有多种风格，形象逼真，富有艺术感。机绣花边的织制是由刺绣提花机控制花纹图案，下机后，经处理开条即成。刺绣坯料可以是各种织物，以薄型为主。其中大量应用的是机绣水溶花边，它是以水溶性非织造布为底布，用黏胶长丝作绣花线，通过计算机平板刺绣机绣在底布上，再经热水处理使水溶性非织造底布溶化，留下具有立体感的花边。此方法成本较低。

编织花边由转矩花边机制成，也可用棒针手工编织。编织花边也是透孔型，质地稀松，以棉线为主要原料。

### 五、绣品构造

绣品是用针将丝线或其他纤维或纱线以一定图案和色彩在绣料（底布）上穿刺，以缝迹构成花纹的织物。我国刺绣起源很早，夏、商、周三代和秦汉时期得到发展，多用于服饰。宋代创造了平针绣法，逐步形成丝绣准则，在绣品风格上设色丰富，施针匀细，同时盛行用刺绣作书画、摆饰等。元代时已将人物故事题材刺绣于民间服装上。明、清之际，民间刺绣艺术得到进一步发展，先后产生了苏绣（产于苏州，采用极细的丝线，绣品图案秀丽，色彩文雅，绣工精致）、湘绣（产于湖南，采用丝绒线，绣品风格豪放）、粤绣（产于广东，用线种类繁多、随意，针法简单，劈线粗而松，针脚长短参差，绣品红绿相间，炫耀注目）、蜀绣（产于四川，以套针为主，且分色清楚，绣品色彩鲜艳，富有立体感）四大名绣。此外，北京的洒线绣、东北的缉线绣、山东的鲁绣、开封的汴绣、杭州的杭绣、温州的瓯绣、福建的闽绣、贵州的苗绣，也都久有渊源，各具特色。各少数民族也都有各自的刺绣技艺，大都色彩鲜艳，质朴豪放，用作服装的镶边和服饰品（如鞋帽、背带、挂兜）等。

### 六、复合织物构造

复合织物是用纺织品及其他材料，经过涂敷、黏合或绗缝而成的织物。常见的有人造革、合成革、橡胶复合布、改性聚酯复合布、泡沫塑料复合布、绗缝织物等。

人造革。用聚氯乙烯树脂、增塑剂及其他辅剂组成的混合物涂敷在底布（织物）上形成。

合成革。由底布（织物）和微孔结构的聚氨酯面层所组成。

橡胶复合布。用各种棉布或化纤布外附一层橡胶而制成。

改性聚酯复合布。用较薄的改性聚酯拉膜与较细薄的涤/棉布经热压复合而成，用作防雨材料。

泡沫塑料复合布。用软质泡沫塑料同涤/棉或锦纶绸等纺织品黏结而成。

绗缝材料。一类是由面料包覆絮料，并在其上按一定的图案缝纫固结而成，常作为御寒材料；另一类是将具有不同风格的两种或两种以上的面料缝制成一体，或在两层薄透类面料之间填入各种装饰物后再缝制成一体。此类面料往往具有趣味性的装饰效果，常作为时装及其饰品的用料。

## ✱ 专业术语

| 中　文 | 英　文 | 中　文 | 英　文 |
| --- | --- | --- | --- |
| 织物 | Fabric | 机织物 | Woven Fabric |
| 针织物 | Knitted Fabric | 非织造布 | Nonwoven Fabric |
| 经纱 | Warp | 纬纱 | Weft |
| 织物组织 | Weave | 交织 | Interlace |
| 两向织物 | Biaxial Fabric | 三向织物 | Triaxial Fabric |
| 织造 | Fabric Manufacturing | 毡 | Felt |
| 编织物 | Braided Fabric | 植绒织物 | Flocking Fabric |
| 花边 | Lace | 绣品 | Embroidery |
| 复合织物 | Composite Fabric | 组织图 | Weave Diagram |
| 结构图 | Structure Diagram | 组织循环 | Round of Pattern |
| 经组织点 | Warp Interlacing Point | 纬组织点 | Weft Interlacing Point |
| 经面组织 | Warp-faced Weave | 纬面组织 | Weft-faced Weave |
| 原组织 | Base Structures | 变化组织 | Derivative Weave |
| 联合组织 | Combined Weave | 二重组织 | Backed Weave |

续表

| 中 文 | 英 文 | 中 文 | 英 文 |
|---|---|---|---|
| 双（多）层组织 | Double Weave | 起绒组织 | Velvet Weave |
| 纱罗组织 | Leno Weave | 平纹组织 | Plain Weave |
| 斜纹组织 | Twill Weave | 缎纹组织 | Satin Weave |
| 重平组织 | Rib Weave | 方平组织 | Basket Weave |
| 加强斜纹 | Reinforced Twill | 复合斜纹 | Composed Twill |
| 山形斜纹 | Turned Twill | 条格组织 | Striped and Checked Weave |
| 绉组织 | Crepe Weave | 蜂巢组织 | Honeycomb Weave |
| 透孔组织 | Leaking Hole Stitch | 凸条组织 | Cord Weave |
| 网目组织 | Spider Weave | 小提花组织 | Small Neat Weave |
| 织物密度 | Density of Fabric | 织物紧度 | Tightness of Fabric |
| 有梭织机 | Shuttle Weaving Machine | 无梭织机 | Shuttleless Looms |
| 织物幅宽 | Fabric Width | 织物厚度 | Fabric Thickness |
| 织物匹长 | Fabric Length | 织物重量 | Fabric Weight |
| 姆米 | Momme | 盎司 | Ounce |
| 线圈 | Loop | 横机 | Flat Knitting Machine |
| 圆机 | Circular Knitter | 纤维网 | Fibre Web |
| 机织针织联合 | Knitting & Weaving | 编织 | Knitting |
| 刺绣 | Embroidery | 植绒 | Flocking |
| 织物复合 | Fabric Composites | | |

## ✱ 学习重点

1. 机织和针织的织造原理、组织类别和特点、织物紧密度及度量指标。

2. 常用组织的认知。

## ✱ 思考题

1. 在纤维类衣料中，何种构造形式的材料最为常用？

2. 简述服用织物的主要构成形式。

3. 简述机织物、针织物、非织造布的结构特征。

4. 简述编织物、绣品的结构特征。

5. 织物组织通常有哪几种表示方法？

6. 何谓组织循环、经组织点、纬组织点、经面组织、纬面组织？

7. 机织物有哪些常用的组织？其织物风格和性能有何特点？

8. 针织物有哪些常用的组织？其织物风格和性能有何特点？

9. 何谓织物密度和紧度？其织物风格和性能有何影响？

10. 简述机织物、针织物、非织造布的织造（或构成）原理。

11. 织物有哪些度量指标，它们对织物生产和贸易、服装设计和制作有何影响？

12. 机织物形态和针织物形态有何不同？

13. 如何辨别平纹组织、斜纹组织、缎纹组织、单层组织、纬二重组织、双层组织？

**服用织物染整**

**课程名称：**服用织物染整

**课程内容：**预处理

染色

印花

整理

各类织物的染整工艺流程

**课程时间：**2 课时

**教学目的：**染整可谓是服装材料的美容师。通过本章的学习，使学生了解织物染整的四大工艺方法（预处理、染色、印花和整理），及各工艺方法给予织物的服用性能、装饰效果或特殊功能。

**教学方式：**实物、图片、多媒体讲授和认知分析。

**教学要求：**1. 掌握本章专业术语概念。

2. 了解织物预处理的目的及效果。

3. 了解各类织物的染色性能。

4. 了解各种印花方法及其对织物的适应性和效果。

5. 了解织物整理的目的、方法和效果。

6. 了解各类织物的常用染整工艺流程。

# 第四章　服用织物染整

　　染整主要是指对纤维、纱线、织物等纺织品及皮革、服装等进行以化学处理为主或以化学与物理方法相结合的加工过程，包括预处理、染色、印花和整理。它不仅赋予织物以必要的服用性能和使用价值，而且给予其丰富的装饰效果或各种特殊功能。鉴于服装材料大多为织物这一特点，本章主要介绍服用织物染整。

## 第一节　预处理

### 一、预处理及其主要工艺

　　织物预处理是指对织物进行烧毛、退浆、煮练、漂白、丝光和预定形等加工过程的总称。其目的是去除织物上的天然杂质，以及纺织过程中所附加的浆料、助剂和沾污物，使后续的染色、印花、整理等加工得以顺利进行。经过预处理后的织物具有较好的润湿性、白度、光泽和尺寸稳定性。

**（一）烧毛**

　　烧去织物表面的茸毛，使其表面光洁，增进染色或印花后的色泽鲜艳度，并在服用过程中不易沾尘。化纤织物烧毛后，还可减轻因茸毛摩擦而引起的起球。

**（二）退浆、煮练、漂白**

　　退浆、煮练、漂白过程都是去除织物上的各种杂质，三者相辅相成，各有侧重。退浆以去除浆料为主，同时也可洗除部分水溶性天然杂质；煮练以去除纤维伴生的天然杂质为主，并可去除织物上残留的浆料等物质；漂白以去除色素为主，并进一步去除煮练后的残留杂质。

**（三）丝光**

　　丝光过程的特点是织物浸轧浓碱（烧碱）后，在丝光机上以张力状态运行一定时间，致使纤维发生溶胀，然后洗去碱液，从而获得耐久性的光泽，有效地提高纤维对染料的上染率，并有一定的定形作用。

**（四）预定形**

　　热塑性纤维的织物在纺织过程中会产生内应力，在染整工艺的湿、热和外力作用下，容易出现折皱和变形。故在生产中（特别是湿热加工如染色或印花），一般都是先在有张力的状态下用比后续工序要高的温度进行处理，即预（热）定形，以防止织物在后续加工过程中收缩变形，以利于后道加工。

经过热定形的织物，除了提高尺寸稳定性外，湿回弹性能和起毛起球性能均有改善，手感较为挺括；热塑性纤维的断裂延伸度随热定形张力的加大而降低，而强度变化不大，若定形温度过高，则两者均显著下降；热定形后染色性能的变化因纤维品种而异。

传统预处理工艺过程中往往会消耗大量的能量并产生大量废水，对环境造成污染。近年来，随着人类环保意识的进一步加强，主要是对天然纤维及其织物逐步开始研究与应用新型的预处理剂和预处理技术。例如生物酶技术和超声波技术等新型预处理技术不仅有利于节能节水、降低环境污染，还能提高企业生产效率和产品质量。

### 二、各类织物的预处理工艺

由于纤维原料成分、纱线形式以及织物结构等因素的不同，各类织物的预处理工艺也不尽相同（表4-1）。为了增加纤维间的抱合力，减少织造过程中的断头率，大多以短纤维纱（如棉纱、麻纱、黏胶纤维等）或部分无捻化纤长丝（如黏胶丝、涤丝等）为经线的织物织造前需经上浆工艺，之后，为了使织物手感柔软，坯布需经退浆工艺；短纤维织物表面的茸毛虽使织物具有柔和、纯朴之感，但光洁度较差，为了使布面平滑而富有光泽，往往采用烧毛、丝光等整理工艺；为了去除杂质和色素，提高织物的洁度和白度，特别是全棉织物和蚕丝织物，需经煮练、漂白等工艺；毛织物则需去除脂汗和黏附的杂草并增加白度，故选择洗毛、洗呢、漂白等工艺；人造纤维素纤维织物的预处理类同棉、麻织物，只是其本身具有较强的光泽，故不需丝光整理；合成纤维织物的预处理以去除织造工艺残留的浆料及油污并防止由于纤维热缩性使织物在后道工序或服用过程中产生变形为主，故坯布需经退浆、煮练、预定形等工艺。

表4-1　各类织物的主要预处理工艺

| 织物类别 | 主要预处理工艺 |
| --- | --- |
| 棉织物 | 烧毛、退浆、煮练、漂白、丝光、碱缩 |
| 麻织物 | 烧毛、退浆、煮练、漂白 |
| 丝织物 | 煮练、漂白（绢纺类：烧毛）；漂白（脱胶）真丝及其交织物 |
| 毛织物 | 洗毛、炭化、洗呢、漂白 |
| 人造纤维素纤维织物 | 烧毛、退浆、煮练、漂白 |
| 合成纤维织物 | 退浆、煮练、碱减量、漂白、预定形 |

**注**　碱缩是指在松弛状态下用氢氧化钠溶液处理棉织物。多数针织物需要碱缩处理，碱缩可以改善织物的手感，提高弹性，增加织物的紧密度并提高纤维对染料的吸附能力。

# 第二节　染色

## 一、染色基本概念

### （一）染色原理

织物染色是借染料或颜料与纤维发生物理或物理化学或化学的结合，使纤维材料和纺织制品得到所需颜色的工艺过程。在此过程中，染浴中的染料被纤维吸附，并逐渐扩散入纤维内部，使染料从染浴向纤维转移，故又称上染。染色是在一定温度、时间、pH 值及所需染色助剂等工艺条件下进行的。纤维不同，其适用的染料和工艺条件也不相同。

### （二）染色方法

按使用的设备和着染方式，染色方法主要分浸染和轧染两种。浸染是将织物反复浸渍在染液中，使其和染液不断相互接触，经一定时间后，致使织物染上颜色的染色方法，浸染适用于小批量织物染色。轧染是先把织物浸渍染液，然后使织物通过轧辊的压力，把染液均匀轧入织物内部，再经过汽蒸等处理，轧染适用于大批量织物染色。

近年来，随着科学技术的迅速发展，传统的染色加工技术发生了重大的变化。例如：应用超临界二氧化碳流体作为染色介质，极大地提高了上染率，减少了染色时间，同时是一种摆脱了排水、排气和废弃问题的环保型染色法。

### （三）染色牢度

染色要求织物染色后除了色泽要均匀外，还需具有良好的染色牢度。染色牢度是指织物在染色以后的加工或服用过程中，织物所染的颜色因外界的影响而发生改变的程度。织物染色牢度的主要项目有耐日晒牢度、耐气候牢度、耐皂洗牢度、耐汗渍牢度和耐干湿摩擦牢度等。耐日晒牢度分为八级，其中一级最差，八级最好。耐皂洗、耐摩擦、耐汗渍等牢度都分为五级，其中一级最差，五级最好。有些染色品根据加工需要还有耐水洗、耐熨烫、耐漂、耐酸、耐碱等色牢度指标。

染料在某一纤维上的染色牢度，在很大程度上决定于它的化学结构。此外，染料在纤维上的性状，如染料的分散程度、染料与纤维结合情况等，对染色牢度也有很大的影响。染色的方法和工艺条件，也会影响染料在纤维中所处的状态，因而影响织物的染色牢度。

### （四）色泽测定

染色品色泽的测定，有依靠经验、视觉辨色的方法，也有利用光学仪器和计算机软件来模拟人眼进行测色、配色等方法。染色品色泽的偏差通常称为色差。

## 二、染料及其性能

使织物产生色彩效应的着色材料有染料与颜料之分。染料一般都是有色的有机化合物，大都通过水系染色和纤维发生物理或物理化学的结合，在纤维材料上形成具有一定色牢度的颜色。颜料也是一种有色物质，不溶于水，也不能染着于纤维，但能依靠黏着剂的作用，机械地附着在纤维材料表面或内部。

纺织染料分天然染料和合成染料两大类。天然染料主要从自然界的植物、动物及矿物质中提炼而得，合成染料则是通过化学反应合成的有机染料。常用染料及其性能见表4-2。

表4-2　常用染料及其性能

| 名称 | 染色性能 |
|---|---|
| 直接染料 | 色谱齐全，价格便宜，使用方便简单，但色牢度较差 |
| 活性染料 | 色泽鲜艳，染色均匀，色牢度高，色谱齐全，使用方便，成本低廉，应用广泛 |
| 还原染料 | 色泽鲜艳，色谱较齐全，耐皂洗牢度很高，耐日晒牢度一般也很高。但染色工艺较复杂，染料价格较贵，缺少红色品种，某些黄、橙品种有光敏脆损作用 |
| 硫化染料 | 价格低廉，使用方便，其中黑、蓝色染料的染色牢度较高。但色泽不鲜艳，也不耐漂，其中硫化黑染后的织物在存放过程中有脆损现象，而黄、橙色对纤维有光敏脆损作用 |
| 不溶性偶氮染料（冰染料） | 色谱齐全，色泽鲜艳，耐皂洗、耐日晒牢度均很好。但耐过氧化氢漂白能力较差，染浅色时色泽不够丰满，染色工艺也较复杂，色牢度不及还原染料，但价格比还原染料低廉 |
| 酸性染料 | 色谱齐全，色泽鲜艳，但耐水洗牢度和耐日晒牢度较差 |
| 酸性媒染染料 | 耐湿处理牢度和耐日晒牢度都较好，但色泽往往不及酸性染料鲜艳 |
| 分散染料 | 涤纶：各项染色牢度都很好；腈纶：染色牢度很好，但只能染浅色；锦纶：湿处理牢度不高；三醋酯纤维：染色牢度很好；二醋酯纤维：染色牢度比三醋酯纤维低 |
| 阳离子染料（碱性染料） | 色泽鲜艳，色牢度好 |

**注**　近十多年来，国际和国内对纺织品的生产提出"绿色环保"、"生态纺织品"的要求，在以上的各类染料中有些品种属禁用染料之列，在了解和使用中均应引起重视。

### 三、织物的染色性

#### （一）织物与染料的适应性

构成织物的材料是纤维，所以，织物与染料的适应性首先取决于纤维上染性能和染料化学性能。构成织物的纤维组成及其性能不同，对染料的适应性就不同。即使是同类纤维织物，由于所需的染色色泽、染色牢度和染色成本不同，可适用的染料类别也不同。纤维（织物）与染料之间的适应关系见表4-3。

表4-3　纤维（织物）与染料的适应关系

| 染品类别 | 适应染料类别 |
|---|---|
| 纤维素纤维织物 | 直接染料、活性染料、还原染料、硫化染料、不溶性偶氮染料 |
| 羊毛织物 | 酸性染料、酸性含媒染料、酸性媒染染料 |
| 蚕丝织物 | 酸性染料、酸性含媒染料、直接染料、活性染料 |
| 醋酯纤维织物 | 分散染料 |
| 涤纶织物 | 分散染料 |

续表

| 染品类别 | 适应染料类别 |
|---|---|
| 锦纶织物 | 酸性染料、酸性含媒染料、分散染料 |
| 腈纶织物 | 阳离子染料 |
| 维纶织物 | 硫化染料、还原染料、酸性媒染染料、直接染料、分散染料 |

需指出的是，由于印染工艺中化学药剂的使用以及染料染色时所依赖的温湿度要求，对织物选择染料时，除了考虑其纤维与染料本身的适应性外，还要考虑该染料的使用条件（如必须同时使用的化学药剂或必要的温湿度是否为被染纤维所能承受等）。因此，选用或不选用某类染料的原因是多方面的。

### （二）各类织物的染色性

织物被染料染上颜色的机理比较复杂，也随其纤维和染料种类的不同而异。主要影响因素是纤维的吸湿性，因为染料一般是通过水系或汽蒸上染到纤维上去的。一般情况下，吸湿性越强越易染色。不过并非绝对，如维纶的吸湿性是合成纤维中最强的，但因纤维有皮层结构而染色却比锦纶、腈纶困难；丙纶的吸湿性与某些合成纤维相仿，但却因丙纶分子结构中缺少可与染料分子结合的基团而染色极为困难。

由于各染料的属性与织物的着色性能不同，了解各类纤维材料染色特点及其在配色中所受到的技术限制，对织物的设计、开发及使用是十分重要的。如构成织物的纤维的着色特点、色牢度、防染部分的脆化、变色问题等，尤其是在混纺、交织、交编的情况下，这一问题尤为突出。

#### 1. 棉织物的染色性

棉织物的染色性很好，适应染料较多，通常采用浸染和轧蒸连续染色法。其中，直接染料染色方法简便，成本低，但色牢度较差；活性染料染色工艺简单，色牢度较好，色泽鲜艳，但缺乏深色品种，如蓝、绿色等；还原、硫化等染料工艺较复杂，但色牢度好。由于棉布是由短纤维加工而成，用纱相对较粗，织物表面的短绒对色光有一定的影响，故染色物不及长丝织物鲜艳和明亮。通常棉布染色与印花的色彩选择与图案设计以明快简练的设计风格为宜。

#### 2. 麻织物的染色性

麻纤维与棉纤维一样，均属纤维素纤维。所以，麻织物的染色性能与棉织物相似。但由于麻纤维的取向度和结晶度较高，故染料的上染率和上染速度都不如棉纤维，染色相对较困难。

#### 3. 蚕丝织物的染色性

蚕丝属蛋白质纤维，适合酸性染料、中性染料和活性染料染色。一般多选用弱酸性和中酸性染料，染色工艺简单，色泽鲜艳，但色牢度较差。中性染料色牢度好，但色光较暗，鲜艳度差。活性染料色牢度较好，色泽鲜艳，但由于染色条件较难控制，故色泽重现性较差，色光变化较多，易造成色差，故很少使用。

#### 4. 羊毛织物的染色性

毛纤维与蚕丝纤维一样，均属蛋白质纤维，故染色性也与蚕丝纤维相似。但由于毛纤维的鳞片层结构和油脂的存在，使其初染速率比蚕丝慢。一般可选用强酸性染料（羊毛的耐酸性较好），以取得较高的上染率，但强酸性染料染色织物的色牢度不及弱酸性染料染色织物。

#### 5. 黏胶纤维、铜氨纤维织物的染色性

黏胶纤维、铜氨纤维可以用任何棉用染料染色。由于其对染料的亲和力一般比棉大，因此，在相同的染料及浴比下，其染色物比棉织物深而艳。但正由于亲和力过大，上色太快，染色时易产生不匀的花斑，故需控制好初染率，宜在染浴中加入适当的匀染剂和缓染剂。部分直接染料在黏胶纤维和铜氨纤维上的染色牢度可比棉纤维高。

#### 6. 醋酯纤维织物的染色性

醋酯纤维虽然也属人造纤维，但由于其疏水性，一般不能采用常用的亲水性染料，而是选用疏水性染料（分散染料）。染色工艺简单，一般可在常温常压下进行。由于醋酯纤维本身的优良光泽，其染色物色泽鲜艳、色光十分漂亮，色牢度较好。

#### 7. 锦纶织物的染色性

锦纶织物可选用的染料较多，染色方便。除适应蚕丝染色的酸性、中性、活性以及部分直接染料之外，还可采用分散染料并在常温常压下染色。但在染色过程中易产生竞染现象，色泽较难控制，染料的配伍要求较高，最好选择染色性能（尤其是上染速率）相似的染料。

#### 8. 涤纶织物的染色性

由于涤纶分子结构紧密，抗水性强，故需选择疏水性染料，如分散性染料，并需在高温高压（130℃左右）或热熔（180～200℃）条件下进行。织物染色后的鲜艳度和色牢度都较好。

#### 9. 腈纶织物的染色性

由于腈纶分子上有阴离子染色基团的存在，故可选用阳离子染料染色。腈纶织物染色后色泽非常鲜艳，色牢度很好。染色工艺简单，但也存在竞染问题，染料配伍要求比锦纶更高。

### （三）影响织物染色效果的主要因素

从纤维制取、纺纱、织造到染色，织物经历了一系列的加工过程。各道工序中诸多因素的变化都会影响到织物染色效果，主要影响因素有：

#### 1. 光滑布面不易着色

就如同在光滑的纸张表面上难以作画一样，经树脂加工的织物因表面光滑不宜上染，吸水性差、密度紧的织物染色性亦弱。

#### 2. 生坯布不宜直接染色

织造后仅仅经过退浆工艺的生坯布，呈米黄色，渗透性较差，其吸附染料的能力亦差，而且不宜染匀。但若用涂料染色，则可以得到较理想的颜色。

#### 3. 混纺、交织织物较难染色

不同纤维材料经混纺、交织而成的织物，由于其不同纤维的染色性及染色工艺不同，故比单一纤维较难染色。如丝的染色性较好，从含灰色系到鲜亮色系发色都很好，而诸如麻、

醋酯纤维则在某一色域较难染色；又如涤纶与天然纤维混纺或交织的织物，由于涤纶与天然纤维的染色工艺不同，则会增加染色时的加工难度。

### 4. 同规格织物亦会产生色差

即使是同样规格的织物也会由于产地、生产时间及生产批量的不同而导致染色效果的不同。即使属同一批量染色物，也经常会由于缸差而导致色差。因而在选择染料与品质管理时，一定要注意染色小样与批量生产之间进行试样色泽的确认。

# 第三节　印花

## 一、印花原理

印花工艺是按图案及配色的设计要求，将不同色泽的染料或颜料印在织物上，从而获得彩色花纹图案的加工过程。印花和染色一样，都使织物着色。但在染色过程中，染料使织物全面地着色，而印花是染料仅对织物的某些部分着色（局部染色）。为了克服染液渗化而获得各种清晰的花纹图案，需将染料（或颜料）和必需的化学药剂（如吸湿剂、助溶剂等）加原糊、水调成色浆，才能进行印花。印花色浆有如下要求：

### 1. 一定的流变性能

印花色浆要有一定的流变性，以适应各种印花方法以及不同的织物特点和花纹。例如，色浆黏度太小则难以印得精细的线条，色浆黏度太大则不易通过筛网的细孔。

### 2. 良好的印花均匀性和适当的印透性

印花均匀性与色浆的均匀性、印透性和流变性有关。一般来说，适当的流变性和印透性，印花均匀性较好，而印透性差的往往表面给色量高。

### 3. 适中的吸湿性

印花物烘干后，色浆中绝大部分水分被蒸发，织物上染料和化学药剂的溶解及向纤维内部扩散均在汽蒸时发生。色浆的吸湿性低，染料上染不充分；色浆吸湿性过高，花型渗化严重。

### 4. 一定的黏着力

印花物烘干后，糊料所形成的浆膜对织物要有一定的黏着力，否则，在运转过程中色浆膜容易脱落，特别是在疏水性合成纤维织物上。

## 二、印花方法

织物印花方法，按印花工艺可分为直接印花、防染印花和拔染印花，见表4-4；按印花设备可分为滚筒印花、筛网印花、转移印花和数码喷射印花等，见表4-5。此外，区别于常规印花的有可以使织物获得特殊印花效果的特种印花，见表4-6。

表4-4　按工艺分类的印花方法及特点

| 工艺名称 | 方法 | 特点 |
|---|---|---|
| 直接印花 | 在织物上直接印上色浆，再经过蒸化等后处理而印得花纹的工艺过程 | 适宜白色或浅色纺织品。工艺简单，应用最广，尤其是棉织物 |
| 防染印花 | 在织物上先印以防止染料上染或显色的印花色浆或采用其他防染工艺，然后进行染色或显色而获得花纹的工艺过程。用仅含有防染剂的印花色浆印得白色花纹的称防白印花，在印花色浆中加入不受防染剂影响的染料或颜料印得彩色花纹的称色防印花 | 主要用于印制中、深色满地花布。印得的花纹不及直接印花、拔染印花精细，适用于防染印花的地色染料种类较多，印花工艺流程也较拔染印花简便 |
| 拔染印花 | 在已染色的织物上，采用能消去染料的物质和印花方法在局部消去原有色泽，从而获得局部白色（拔白印花）或彩色花纹（色拔印花）的印花工艺过程 | 适宜在染色织物上印制较为细致的满地花纹，有花清地匀的效果 |

表4-5　按设备分类的印花方法及特点

| 工艺名称 | 方法 | 特点 |
|---|---|---|
| 滚筒印花 | 又称铜辊印花。按花纹的颜色，分别在铜制的印花花筒上刻出凹形花纹，并安装在滚筒印花机上。在印制过程中，使藏在花筒表面凹纹内的色浆转移到织物上去 | 生产率较高，成本低，应用较普遍，适应各种花型。但受单元花样大小及套色多少的限制（经向花样小于440cm，套色4~12色），印花时织物所受的张力也较大 |
| 筛网印花 | 对应花纹中的不同色彩，分别制作若干个具有相应图案的筛网，并固定在框架上。印花色浆透过网孔沾印在织物上。筛网印花分为平网印花和圆网印花，其中，平网印花是将筛网平放在织物上，并用橡皮刮刀在筛网上均匀刮浆；圆网印花是将筛网制成无接缝的圆花网在圆网印花机上印花 | 适宜小批量、多品种生产。对单元花幅及套色限制较少，花纹色泽鲜艳，印花时织物承受的张力小，特别适宜易变形的蚕丝织物、化纤织物、针织物及其他花纹要求较高的织物。但生产率较低（圆网高于平网） |
| 转移印花 | 先用印刷的方法，用染料制成的印墨将花纹印到纸上，成为转移纸。然后将转移纸和织物紧密贴合，并在一定的条件下（如热压等处理），使转移印花纸上的染料转移到织物上：<br><br>染　料<br>黏着剂 }印墨<br>纸 }转移印花纸<br>织物 }印花织物 | 专用于合成纤维（如涤纶、锦纶）织物，尤其是合成纤维长丝织物和针织物。花纹图案轮廓特别精细，艺术性较高，层次丰富 |
| 数码喷射印花 | 又称为喷墨印花，是将经数字化技术处理的图像输入计算机，经计算机印花分色系统（CAD）编辑处理后，再由印染专用软件（RIP）控制喷墨印花系统，将专用染液直接喷印到织物上，形成符合设计要求的印花织物 | 与传统印花相比，数码印花省去描稿、制片、制网、雕刻等工艺，极大地提高了生产效率并节约成本；突破了传统纺织印染的套色限制，特别在颜色渐变、云纹等高精度图案的印制上，更具有无可比拟的优势；突破了传统印花的花回（花纹循环）尺寸限制，从而极大地拓展了图案设计的空间，提升了产品的档次 |

表4-6 特种印花方法及特点

| 工艺名称 | 方　法 | 特　点 |
|---|---|---|
| 微胶囊印花 | 采用微胶囊技术，用微量物质包裹在聚合物薄膜中，调入色浆对织物进行印花。根据微囊（常见的有香水印花用的香精微囊，变色印花用的液晶微囊等）中的化学物质以及在适当的条件下可以控制释放的技术，赋予织物特殊的外观或性能 | 不仅使织物有特殊的外观或性能，也是一项环保型的染整技术。例如微胶囊化分散染料对涤纶等织物印花，只需利用常规工艺，无需添加助剂，其废水通过简单沉淀或过滤后即可回用 |
| 烂花印花 | 利用不同纤维对某一化学药剂稳定性的不同，在混纺或交织物上按照花纹的要求印上含有某种化学药剂的色浆，经过适当的后处理，腐蚀织物中的某种纤维，保留另一种纤维，从而形成丰满和透明相间的花纹效果 | 在获得色彩花纹的同时，呈现地部透明、花部丰满的立体效果。常见产品有烂花丝绒和烂花涤/棉织物 |
| 印花泡泡纱 | 通过印花的方法将织物局部进行化学处理（如在纯棉织物上印上含有氢氧化钠的浆料），随着花部收缩，地部随之卷缩和起皱成泡，因而形成有凹凸差异的规则性花纹 | 印花过程中不能受张力，且在后处理平洗时采用松式设备，否则会破坏泡泡的立体效果 |
| 发泡印花 | 在织物上印有发泡剂和热塑性树脂乳液的色浆，经烘干和高温焙烘，发泡剂发生热分解，释放出大量的气体，使色浆膨胀而形成立体花纹，并借助树脂将涂料固着而获得图案效果 | 工艺简单，印制效果新颖别致，产品质量较稳定，并能经受一般洗涤和摩擦，手感柔软 |
| 胶浆印花 | 使用具有遮盖性的印花浆，在织物局部上具有光泽、弹性的花纹或图案 | 常用于儿童服装、深色织物等，产品类似于拔染印花效果 |
| 发光印花 | 使用蓄光功能的夜光涂料、金粉、银粉以及模拟天然珍珠光泽的材料印制，使织物分别产生夜光、金光、银光和珠光等效果 | 常用于夜间安全服、特种职业服、时装等（详见表5-7） |

## 三、印花工艺流程

### （一）常规印花工艺流程

常规印花工艺流程一般包括图案设计、花筒雕刻（或筛网制版、圆网制作）、色浆调制和印制花纹、后处理（蒸化、退浆、水洗）四个工序。

### 1. 图案设计

图案设计是织物印花的首要工序。设计印花图案时，除了根据织物的用途、市场定位和材质风格等因素把握图案的风格、色调和花型，考虑市场和经济效益之外，其图案的表现技法、套色及图案的结构应符合印花工艺（尤其是色彩套数、花回尺寸的限制）以及织物的幅宽、丝缕方向、服装裁剪缝制等要求。

**2. 花筒雕刻、筛网制版、圆网制作**

花筒、筛网以及圆网均为印花工艺的特定设备。为使所设计的图案在色浆的作用下，在织物上产生相应的花纹，需进行花筒雕刻、筛网制版和圆网制作等工艺过程，从而形成相应的花纹模型。

（1）花筒雕刻。滚筒印花机印花，花纹图案雕刻在铜花筒上，内有斜纹线或网点，用以储藏色浆。在铜辊表面刻制凹形花纹的加工过程称花筒雕刻。花筒用铁制空心辊镀铜或用铜浇铸而成，圆周一般为 400 ~ 500mm，长度视印花机的工作幅度而定。花纹雕刻方法有手工雕刻、钢芯雕刻、缩小雕刻、照相雕刻、电子雕刻等。

（2）筛网制版。平版筛网印花需要制作相应的筛网。平版筛网制版包括筛网框的制作、绷网和筛网花纹的制作。筛网框用坚硬的木材或铝合金材料制成，再将一定规格适合于制作筛网的锦纶或涤纶丝（或蚕丝）织物紧绷在筛网框上，即成筛网（又称网框）。筛网花纹的制作常用感光法（或电子分色法）或防漆法。

（3）圆网制作。圆网印花需制作圆网。先制作有孔洞的镍网，再用圆形金属架套在镍网两端，把镍网绷紧。然后在镍网上涂上感光胶，将花样的分色描样片紧包在镍网上，用感光法制成具有花纹的圆网。

**3. 色浆调制和印制花纹**

色浆调制和印制花纹参见本节印花原理和印花方法的内容。

**4. 后整理**（蒸化、退浆、水洗）

织物经印花、烘干后，通常要进行蒸化、显色或固色处理。蒸化（又称汽蒸）的目的是使染料从色浆中转移到纤维上或在纤维上完成一定的化学变化，从而完成染料上染纤维的过程。

最后，印花织物还要经过充分的退浆和水洗，洗除织物上的浆料、化学药剂及浮色。浆料残留在织物上，会使织物手感粗糙；浮色残留在织物上，会影响色泽鲜艳度和染色牢度。

**（二）计算机喷墨印花工艺流程**

计算机喷墨印花工艺主要包括图案设计、喷印和后处理（蒸化、退浆、水洗）等，比常规印花省去手工分色、描稿、制版和配色调浆等工艺，但其面料在印花之前通常需进行上浆处理（又称预处理）。

计算机喷墨印花工艺流程一般为：

花样原稿 ————————→ 扫描输入 ┐
　　　　　　　　　　　　　　　├→ 计算机印花分色设计系统（编辑、组合、定稿）→ 输出
花样数码照相存储原件 → 输入设备 ┘

控制计算机（备有印花专用光栅化处理器）→ 喷射印花机

以 4 个基本色和几个专用色对织物喷射印花
————————————————→ 印花半成品 → 后处理 → 成品

# 第四节　整理

## 一、整理基本概念

### （一）整理定义

整理作为织物染整加工的基本内容之一，是指预处理（练漂）、染色、印花之后的染整加工过程。它是通过物理、化学或物理和化学联合的方法，采用一定的机械设备，改善织物手感和外观，提高服用性能或赋予某种特殊功能的加工过程。

### （二）整理类别

根据织物整理的目的以及产生效果的不同，可分为一般整理、外观整理和功能整理三大类。一般整理即为常规整理，其目的是使织物的布幅整齐划一、尺寸稳定并具有基本的服用和装饰功能。外观整理主要是增进和美化织物外观，改善织物的触感和风格。而功能整理的特点是增加织物的耐用性能和赋予织物特种服用性能。

### （三）整理方法

织物的整理方法分为物理——机械整理、化学整理以及物理——机械和化学联合整理三类。物理——机械整理即单纯靠机械作用完成的整理过程，如拉幅、轧光、轧纹、起毛、磨毛、热定形、机械预缩等。化学整理是使化学剂在纤维上发生化学反应或物理化学变化，或将化学制品覆盖于纤维表面，从而获得整理效果，如硬挺整理、柔软整理、树脂整理以及增白、增重、防蛀、阻燃整理等。物理——机械和化学联合整理即将上述两者方法联合使用，获得两种方法的整理效果，如毛织物的缩呢、耐久性轧光和电光整理等。

近年来，在传统整理方法中融入高能物理技术、生物酶技术以及纳米技术等高新技术，不仅改善了织物服用性能，同时可获得低消耗、高质量和一些特殊的整理效果。

### （四）整理效果的持久性

织物整理的效果有暂时性和耐久性之分。属暂时性的有淀粉上浆、轧光以及用油、蜡、肥皂的柔软整理等；属耐久性的有缩绒、热定形、树脂防皱整理等。

织物整理的类别、目的、方法及效果见表4-7。

**表4-7　织物整理类别和目的**

| 类　别 | 工艺名称 | 目的和效果 |
|---|---|---|
| 一般整理 | 拉幅、预缩、防皱、热定形 | 使织物的幅宽整齐划一、尺寸稳定，并具有基本的服用和装饰功能 |
| 外观风格整理 | 增白、轧光、电光、轧纹、起毛、磨绒、剪毛、缩呢（绒）、砂洗、水洗、褶皱、防毡缩 | 增进和美化织物外观，改善织物的触感和风格，赋予织物二度风格创作 |
| 外观风格整理 | 柔软、硬挺、减重、增重、涂层 | 改善织物触感 |

续表

| 类 别 | 工艺名称 | 目的和效果 |
|---|---|---|
| 功能整理 | 温度调节、防水透湿、防风、拒水 | 织物气候适应整理 |
| | 抗静电、阻燃、防辐射、抗紫外线 | 织物防护整理 |
| | 防污、抗菌消臭、芳香、负离子 | 织物卫生保健整理 |

## 二、常用整理工艺

### （一）一般整理工艺

**1. 拉幅整理**

拉幅整理又称定幅整理，是指利用纤维素、蚕丝、羊毛等纤维在潮湿条件下具有的可塑性，将织物幅宽逐渐拉宽至规定的尺寸并进行烘干，使织物形态得以稳定的工艺过程。织物在整理前的一些加工过程中，如练漂、印染等，经常受到经向张力，迫使织物的经向伸长，纬向收缩，并产生其他一些缺点，如幅宽不匀、布边不齐、手感粗糙或带有极光等。为了使织物具有整齐划一的稳定幅宽，同时又改善上述缺点并减少织物在服用过程中的变形，一般织物在染整加工基本完成后，都需经拉幅整理。

**2. 预缩整理**

织物在织造、染整过程中，经向受到张力，经向的屈曲波高减小，因而会出现伸长现象。而亲水性纤维织物浸水湿透时，纤维发生溶胀，经纬纱线的直径增加，从而使经纱屈曲波高增大，织物长度缩短，形成缩水。当织物干燥后，溶胀消失，但纱线之间的摩擦牵制仍使织物保持收缩状态。预缩整理是指用物理方法减少织物浸水后的收缩以降低缩水率的工艺过程。机械预缩是将织物先经喷蒸汽或喷雾给湿，再施以经向机械挤压，使屈曲波高增大，然后经松式干燥。预缩后的棉布缩水率可降低到1%以下，并由于纤维、纱线之间的相互挤压和搓动，织物手感的柔软性也得到改善。毛织物可采用松弛预缩处理，织物经温水浸轧或喷蒸汽后，在松弛状态下缓缓烘干，使织物经、纬向都发生收缩。

**3. 防皱整理**

防皱整理是指利用防皱整理剂来改变纤维及织物的性能，提高织物防缩、防皱性能的加工过程。由于最初是利用脲醛树脂作为整理剂的，因此又称为树脂整理。主要用于纤维素纤维纯纺或混纺织物，也可用于蚕丝织物。但经脲醛树脂整理后的织物，残留在织物上的甲醛含量大量超标，影响穿着者的健康，所以应采用低甲醛或无甲醛免烫整理。

防皱整理的发展大致经历了一般防缩防皱、免烫（洗可穿）和耐久压烫（Permanent Press or Durable Press，简称 DP 或 PP 整理）三个阶段。织物防皱整理后，防皱性能增加，一些强度性能和服用性能等得以改善。例如棉织物的抗皱性能和尺寸稳定性有明显的提高，易洗快干性也可获得改善，虽然强度和耐磨性能会有不同程度的下降，但在正常的工艺条件控制下，不会影响其穿着性能。黏胶织物除抗皱性能有明显提高之外，其断裂强度也稍有提高，湿断裂强度增加尤为明显。但防皱整理对其他相关的性能有一定的影响，如织物断裂伸长有不同程度的下降，耐洗涤性随整理剂而不同，染色产品的耐水洗牢度有所提高，但有些整理剂会降低某些染料的耐日晒牢度。

**4. 热定形整理**

参见第一节中的预定形。

### （二）外观风格整理工艺

**1. 增白整理**

经过漂白的织物仍含有微黄色的物质，而加强漂白会损伤纤维。利用光的补色原理增加织物白度的工艺过程，称为增白整理或加白整理。增白方法有上蓝和荧光增白两种。上蓝是在漂白的织物上施以很淡的蓝色染料或颜料，借以抵消黄色。由于增加了对光的吸收，织物的亮度会有所降低而略现灰暗。而荧光增白剂是接近无色的有机化合物，上染于织物后，受紫外线的激发而产生蓝、紫色荧光，与反射的黄光相补，增加织物的白度和亮度，增白效果优于上蓝。荧光增白也可以结合漂白、上浆或防皱整理同浴进行。

**2. 轧光整理**

轧光整理是指利用纤维在湿热条件下的可塑性将织物表面轧平或轧出平行的细密斜线，以增进织物光泽的工艺过程。轧光机由若干个表面光滑的硬辊和软辊组成。硬辊为金属辊，表面经过高度抛光或刻有密集的平行线，常附有加热装置。软辊为纤维辊或聚酰胺塑料辊。织物经硬、软辊组合轧压后，纱线被压扁，表面平滑，光泽增强，手感硬挺，称为平轧光。织物经两只软辊组合轧压后，纱线稍扁平，光泽柔和，手感柔软，称为软轧光。使用不同的轧辊组合和压力、温度、穿引方式的变化，可得到不同的光泽。轧光整理是机械处理，其织物光泽效果耐久性差，如果织物先浸轧树脂初缩体并经过预烘拉幅，轧光后可得到较为耐久的光泽。

**3. 轧纹整理**

利用纤维的可塑性，以一对刻有一定深度花纹的硬、软、凹、凸的轧辊在一定的温度下轧压织物，使其产生凹凸花纹效果的工艺过程，又称轧花整理。染色或印花后的棉或涤棉混纺织物，在轧纹整理中若浸轧树脂工作液，可形成耐久性的轧纹效果。合成纤维织物染色印花后可直接进行轧纹。以刻有凹纹的铜辊做硬辊，以表面平整的高弹性橡胶辊做软辊轧压织物的工艺，便称拷花。

**4. 磨绒、磨毛整理**

用砂磨辊（或带）将织物表面磨出一层短而密的绒毛的工艺过程，称为磨绒或磨毛整理。磨毛织物具有柔软而温暖等特性。变形丝或高收缩的涤纶针织物或机织物磨毛后，可制成一种仿麂皮绒织物。以超细合成纤维为原料的基布，经过浸轧聚氨酯乳液和磨毛，可获得具有仿真效果的人造麂皮。磨毛（或磨绒）整理的作用与起毛（或拉绒）原理类似，都使织物表面产生绒毛。不同的是起毛一般用金属针布（毛纺还有用刺果的），主要是织物的纬纱起毛，且绒毛疏而长；磨绒能使经纬纱向同时产生绒毛，且绒毛短而密。磨绒整理要控制织物强力下降幅度，其质量以绒毛的短密和均匀程度为主要指标。

**5. 柔软整理**

织物在染整过程中，经各种化学助剂的湿热处理并受到机械张力等作用，往往产生变形，而且引起僵硬和粗糙的手感。柔软整理是弥补这种缺陷使织物手感柔软的加工过程。柔软整理有机械和化学两种方法。机械法采用捶布等工艺，使纱线或纤维间相互松动，从而获得柔软效果。化学法是用柔软剂的作用来降低纤维间的摩擦系数以获得柔软效果。不同的柔软剂所适应的纤维及产生的柔软效果和对其他性能的影响也有所不同。化学法较为常用，有时也辅以机械法。

**6. 硬挺整理**

将织物浸涂浆液并烘干以获得厚实和硬挺效果的工艺过程称为硬挺整理，是以改善织物手感为主要目的，同时又提高其强力和耐磨性的整理方法。由于整理时所用的高分子物质一般称为浆料，故也称上浆整理。硬挺整理的浆液主要用浆料和少量防腐剂配成，也可加入柔软剂、填充剂或荧光增白剂等。根据上浆量的多少，有轻浆和重浆之分。

**7. 增重整理**

用化学方法使丝织物增加重量的工艺过程称为增重整理。在18世纪的欧洲，为了弥补真丝绸在精练后的重量损失，曾采用加重整理方法以维护商业利润和使用价值。增重整理主要有锡加重法和单宁加重法。经锡加重法整理的丝织物相对密度增加，手感厚实、滑爽，光泽丰润，悬垂性增加，吸湿后的收缩率减少。处理一次可增重20%，反复处理，增重量可达100%。但经增重整理后的丝织物强度、伸长和耐磨牢度都有所下降，且不利储存，日光暴晒后更易脆损。若整理后经肥皂或合成洗涤剂处理去除附着表面的锡盐，可减轻脆化。单宁加重法因单宁遇铁盐变为黑色而不适宜于白色和浅色丝织物整理。

**8. 减重整理**

利用涤纶在较高的温度和一定浓度氢氧化钠的碱溶液中产生的水解作用，使纤维逐步溶蚀，织物重量减轻（失重一般控制在20%～25%），并在表面形成若干凹陷，使纤维表面的反射光呈现漫射，形成柔和的光泽，同时纱线中纤维的间隙增大，从而形成丝绸风格（外观和手感）的工艺过程，称为减重或减量、碱减量整理。

目前，减重整理主要是指减轻涤纶在织物中的重量。实际上，其他纤维织物采用适当的化学法进行部分溶蚀也属减重整理的范畴。例如涤纶和棉或黏胶混纺织物，用65%以上冷硫酸溶液处理后，使棉或黏胶完全溶蚀，同样使产品风格产生明显的改变。这种减量整理，习惯上称为酸减量。

**9. 煮呢整理**

煮呢整理是指羊毛织物在张力下用热水浴处理，使之平整且在后续湿处理中不易变形的工艺过程。煮呢主要用于精纺毛织物整理，在烧毛或洗呢后进行。羊毛在纺织过程中纤维受到外力作用发生各种变形，松弛后会产生收缩，浸湿时更为显著。在煮呢的热水浴过程中，纤维的部分超分子结构先遭破坏、断裂，再重新形成更为稳定的纤维结构，对纤维起定形作用。所以，煮呢整理能使织物获得良好的尺寸稳定性，避免以后湿加工时发生变形、褶皱现象，手感也有改善。

**10. 缩绒整理**

利用羊毛毡缩性使毛织物紧密厚实并在表面形成绒毛的工艺过程，称为缩绒整理或缩呢整理。缩绒整理可改善织物手感和外观，增加其保暖性。缩绒整理尤其适用于粗纺毛织物等产品。机织物的缩绒整理在滚筒式缩绒机上进行，针织物的缩绒整理可在转筒或洗衣机等设备中进行。

**11. 起毛整理**

用密集的针或刺将织物表层的纤维剔起，形成一层绒毛的工艺过程，称为起毛整理或拉绒整理。主要用于粗纺毛织物、腈纶织物和棉织物等。织物干燥状态时起毛，绒毛蓬松而较短；湿态时由于纤维延伸度较大，表层纤维易于起毛。所以，毛织物喷湿后起毛可获得较长的绒毛，浸水后起毛则可得到波浪形长绒毛。而棉织物只宜用干起毛。经起毛整理后的绒毛层可提高织物的保暖性，遮盖织纹，改善外观，并使手感丰满、柔软。将起毛和剪毛工艺配合，可提高织物的整理效果。

**12. 剪毛整理**

剪毛整理是指用剪毛机剪去织物表面不需要的绒毛的工艺过程。其目的是使织物织纹清晰、表面光洁，或使起毛、起绒织物的绒毛和绒面整齐。一般毛织物、丝绒、人造毛皮等产品，都需经剪毛工艺，但各自的要求有所不同。例如精纺毛织物要求将表面绒毛剪去，使呢面光洁，织纹清晰；粗纺毛织物要求剪毛后，绒面平整，手感柔软，尤其要把起毛或缩绒后织物表面参差不齐的绒毛剪平，并保持一定的长度，使外观平整。为了提高剪毛效果，可将剪毛和刷毛工艺配合进行。

**13. 蒸呢整理**

蒸呢整理是指利用毛纤维在湿热条件下的定形性，通过汽蒸使毛织物形态稳定，手感、光泽改善的工艺过程。蒸呢和煮呢的原理基本相同，但处理方式不同。蒸呢主要用于毛织物及其混纺产品，也可用于蚕丝、黏胶纤维等织物。经蒸呢整理后的织物尺寸形态稳定，呢面平整，光泽自然，手感柔软而富有弹性。

**14. 压呢整理**

压呢整理是指在湿热条件下以机械加压使毛织物平整，增进光泽，改善手感的工艺过程。它近似于其他织物的轧光整理，但常用于精纺毛织物的整理。压呢的方式有回转式压呢（又称烫呢或热压）和纸板电热压呢（又称电压）两种。前者通过挤压和摩擦将织物熨烫平整，并赋以光泽。织物伸长小，生产率高，但效果不持久。且由于处理后的织物带有强烈的光泽，故常在蒸呢前进行。后者是大部分精纺织物尤其是较薄织物的最后一道加工工序。整理时毛织物分层折叠，中间夹入硬质光纸板和电热纸板，然后在一定的条件下通过液压机加压完成。电压后的毛织物表面平整挺括，光泽柔和，手感柔软润滑，并有暂时性效果，但其设备庞大，生产率低。

**15. 防毡缩整理**

防毡缩整理是指防止或减少毛织物在洗涤和服用中收缩变形，使服装尺寸稳定的工艺过程。毛织物的毡缩是由于羊毛具有的鳞片在湿态时有较大的延伸性和回弹性，以致在洗涤搓挤后容易产生毡状收缩。故防毡缩整理的原理是用化学方法局部侵蚀鳞片，改变其表面状态，或在其表面覆盖一层聚合物，以及使纤维交织点黏着，从而去除产生毡缩的基础。防毡缩整理织物能达到规定水平的，称为超级耐洗毛织物。

**16. 液氨整理**

液氨整理是指用液态氨对棉织物进行处理，彻底消除纤维中的内应力，改善光泽和服用性能的工艺过程。同时，该整理可使织物减少缩水，增加回弹性，提高断裂强度和吸湿性，手感柔韧、弹性良好、抗皱性强、尺寸稳定，为洗可穿整理和防缩整理奠定了基础，是提高棉织物服用性能（特别是改善织物的缩水率）的一种重要方法。

**17. 褶皱整理**

褶皱整理是使织物形成形状各异且无规律的褶皱的工艺过程。其方法主要有：一是用机械加压的方法使织物产生不规则的凹凸褶皱外观，如手工起皱、绳状轧皱等；二是运用搓揉起皱，如液流染色机和转筒烘燥起皱等；三是采用特殊起皱设备，形成特殊形状的褶皱，如爪状和核桃状等。现褶皱整理的主要面料有纯棉布、涤棉混纺布和涤纶长丝织物等。

**18. 涂层整理**

涂层整理是指在织物表面涂覆或黏合一层高聚物材料，使其具有独特的外观或功能的工艺过程。涂布的高聚物称为涂层剂（或浆），而黏合的高聚物称为薄膜。经涂层整理的织物无论在质感还是性能方面都给人以新材料之感，其主要加工目的有改变织物外观（如珠光、反光、双面双色、皮革外观等光泽效果）、改变织物风格（如柔软丰满的手感、硬挺及高弹回复性等）、增加织物功能（如防水、防油、防酸、防碱、防辐射、防紫外和远红外辐射等）。

**（三）功能整理工艺**

**1. 拒水整理**

拒水整理是指用拒水整理剂处理织物，改变纤维表面性能，使纤维表面的亲水性转变为疏水性，而织物中纤维间和纱线间仍保存着大量孔隙的工艺过程。经拒水整理的织物既能透气，又不易被水润湿，只有在水压相当大的情况下，才会发生透水现象。适用于制作雨衣、旅游用品等。

**2. 防污和易去污整理**

防污整理是指使织物不易沾上油污的整理，又称拒油整理。易去污整理是使沾上的污垢易被洗除。

防污整理采用拒油整理剂处理织物，在纤维上形成拒油表面。拒油整理剂的表面张力低于各种油类的表面张力，使油在织物上成珠状而不易透入织物，从而产生防污效果。易去污整理是用化学方法增加纤维表面的亲水性，降低纤维与水之间的表面张力，最好是表面的亲水层润湿后能膨胀，从而产生机械力，使污垢能自动离去。

**3. 抗静电整理**

纤维、纱线或织物在加工或使用过程中由于摩擦而带静电，给后道工序和服装穿着带来困难和麻烦。抗静电整理是指采用化学药剂等方法对纤维或织物表面进行处理，增加其表面亲水性，以防止静电在其表面积聚的工艺过程。织物的抗静电整理有暂时性抗静电和耐久性抗静电两种方式。暂时性抗静电处理有加抗静电剂和表面亲水洗涤处理等；耐久抗静电处理有表面化学改性、表面涂层、等离子体改性处理、纤维内导电微粒的引入、复合和混合导电纤维等。

### 4. 阻燃整理

织物经过某些化学品处理后遇火不易燃烧或一燃即熄，这种处理过程称为阻燃整理。阻燃剂为含有磷、氮、氯、溴、锑、硼等元素的化合物。织物的燃烧是一个非常复杂的过程，它们的易燃性除了纤维的化学组成以外，还与织物结构以及织物上染料等物质的性质有关。阻燃剂的主要作用：一是改变纤维着火时的反应过程，在燃烧条件下生成具有强烈脱水性的物质，使纤维炭化而不易产生可燃的挥发性物质，从而阻止火焰的蔓延；二是分解产生不可燃气体，从而稀释可燃性气体并起遮蔽空气作用或抑制火焰的燃烧；三是与其分解物熔融覆盖在纤维上起遮蔽作用，使纤维不易燃烧或阻止炭化纤维继续氧化。

### 5. 卫生整理

织物在生产和使用过程中都会黏附大量的微生物。在储存中，随着环境条件的变化，数量还会不断增多，特别在高湿、热的黄梅时节繁殖更快，产生菌丝或变色及污秽表层，形成霉菌部落的霉斑。织物上黏附的微生物与人体接触时，可能会引起人体皮肤感染，诱发各种皮肤疾病。此外，微生物分泌的酶还能分解汗水中的糖分、脂肪酸以及其他人体分泌物，使织物产生臭味。

卫生整理是用抗菌防臭剂或抑菌剂等处理织物，从而获得抗菌、防霉、防臭和保持清洁卫生的织物的加工工艺。其目的不只是为了防止织物被微生物沾污而损伤，更重要的是为了防止传染疾病，保证人体的安全健康和穿着舒适，降低公共环境的交叉感染率，使织物获得卫生保健的新功能。

### 6. 防蛀整理

毛织物易受虫蛀，因为毛纤维是蛀虫的幼虫在生长的过程中的食料。最早的防蛀方法是在储藏毛织物的衣柜中放入樟脑或萘，利用它们升华产生的气体驱除蛀虫，防虫效力不高且不持久。染整生产中最常用的防蛀整理是对毛织物进行化学处理，毒死蛀虫，或使羊毛纤维结构产生变化，不再是蛀虫的食粮，从而达到防蛀目的。现常用一些含氯的有机化合物为防蛀剂。其优点是无色无臭，对毛织物有较好的针对性，且耐洗又无损于毛织物的风格和服用性能，使用方便，对人体安全性高。

### 7. 持久香味整理

使织物能散发出特殊香味的整理，不仅使人在视觉和嗅觉上获得美的享受，还具有抑制衣物上的霉菌、大肠杆菌等细菌之功效。持久香味整理一般采用微胶囊法，即制作成香精微囊，在使用的过程中，香味会缓慢地从微囊中释放出来。其整理过程可以在织物的染色过程中进行，也可以在织物的后整理中进行，或者将香精微囊加入纺丝液制成各种芳香保健型纤维。

### 三、各类织物的常用整理工艺

各种纤维材料的性质和织物用途不同，相应的整理工艺也不同。其原则是发挥优点，改善缺点，从而达到织物所需的风格。表4－8中棉、麻织物为了增加光泽，减少织物的缩水率，保持服装尺寸的稳定性并防止起皱现象，织物可进行轧光、防缩、抗皱整理；蚕丝织物由于其丝纤维具有悦目的天然光泽和纤细、柔软、光滑的手感，可谓是纤维中的"皇后"，为了防止在整理过程中破坏其本身所具有的优良品质，通常以改善其易起皱等性能为主。另外，由于丝纤维比较娇柔，在进行染整加工时要特别注意不要损害织物的强度；在众多的织物中，没有比毛织物更依赖于后整理加工了，常用的整理工艺有洗呢、煮呢、缩绒、起毛、剪毛、蒸呢、压呢等。此外，除了采用防毡缩和防蛀整理改善其易毡缩和虫蛀等性能之外，常通过整理工艺获得不同的风格和品质，如粗纺毛织物中的纹面织物、呢面织物和绒面织物等，见表4－9；黏胶纤维织物主要改善其易起皱、缩水率大的性能；合成纤维织物在改善其热收缩性、吸湿透气性和起毛起球性的同时，可利用纤维的热收缩性对织物进行轧纹等整理。除常用的整理之外，各类织物可根据特殊的外观风格和功能要求的需要，选择相应的整理工艺。

**表4－8　各类织物的常用整理工艺**

| 织物类别 | 常用整理工艺 |
| --- | --- |
| 棉、麻织物 | 棉：拉幅、轧光、电光、轧纹、柔软、硬挺、防皱、防缩、增白<br>麻：剪毛、上浆、轧光、拒水 |
| 蚕丝织物 | 一般：拉幅、轧光、防皱、加重<br>缎类：上浆、轧光、柔软<br>丝绒类：刷毛、剪毛 |
| 毛织物 | 精纺：洗呢、煮呢、缩绒、拉幅、干燥、刷毛、剪毛、蒸呢、电压、防毡缩、防蛀、拒水<br>粗纺：洗呢、缩呢、缩绒、拉幅、干燥、起毛、刷毛、剪毛、蒸呢、防毡缩、防蛀、拒水 |
| 黏胶织物 | 拉幅、防皱、防缩 |
| 合成纤维织物 | 拉幅、热定形、易去污、防静电、减量、柔软、拒水、涂层、轧纹 |

**表4－9　粗纺毛织物的风格整理**

| 名　称 | 整理方法及产品特征 | 产品举例 |
| --- | --- | --- |
| 纹面整理 | 采用不缩绒或轻缩绒的整理工艺，表面织纹较清晰 | 松结构女式呢、海力斯、粗花呢、提花呢等 |
| 呢面整理 | 采用缩绒或缩绒后轻起毛的整理工艺，表面不露底纹 | 麦尔登、海军呢、制服呢、学生呢、法兰绒、女式呢、平厚大衣呢等 |
| 绒面整理 | 用起毛整理工艺，表面有较长的绒毛覆盖 | 绒面型：花呢、大衣呢<br>顺毛型：驼丝锦、长顺毛大衣呢<br>立绒型：维罗呢、银枪大衣呢、立绒女式呢等 |

# 第五节　各类织物的染整工艺流程

各类织物的染整工艺流程视织物的原料组成、纱线加工工艺、织物构成方式、品种规格、产品风格要求和染整设备条件等因素而定。

### 一、棉织物的主要染整工艺流程

棉织物的染整工艺视其原料组成、构造方式不同可分为纯棉、棉混纺、化纤仿棉、白织、色织、机织、针织等，相应的工艺流程如下：

机织纯棉布的工艺流程：

棉纱线→机织坯布→烧毛→退浆→煮练→漂白→丝光→{ 染色（染色布） / 漂白→增白（漂白布） / 印花（印花布） }→整理

色织机织纯棉布的工艺流程：

棉纱线→漂白→丝光→染色→机织→烧毛→退浆→煮练→漂白→整理

针织纯棉布的工艺流程：

棉纱线→烧毛→煮练→丝光→针织→烧毛→丝光→煮练→漂白→{ 染色 / 增白 / 印花 }→整理

以漂白涤/棉布为例，棉混纺分三种常见工艺流程：

涤棉混纺纱（线）→坯布→退浆→漂白→涤纶增白→热定形→烧毛→丝光→棉增白→整理

涤棉混纺纱（线）→坯布→烧毛→退浆→漂白→丝光→棉增白→涤纶增白→热定形→整理

涤棉混纺纱（线）→坯布→烧毛→退浆→碱煮→漂白→丝光→涤纶增白→热定形→棉增白→整理

### 二、麻织物的主要染整工艺流程

麻织物的染整工艺与棉织物的相仿，其代表性工艺流程如下：

麻纱线→坯布→烧毛→退浆→煮练→漂白→丝光→{ 染色 / 印花 }→整理

### 三、蚕丝织物的主要染整工艺流程

蚕丝织物有生织与色织、长丝与绢纺丝之分，相应的染整工艺大致如下：

一般生织类织物的工艺流程：

生丝→织绸→精练→{ 染色 / 漂白→增白 / 印花 }→整理

色织锦缎类织物的工艺流程：

$$生丝→煮练→染色→织绸→整理$$

绢类织物的工艺流程：

$$生丝→染色→织绸→整理$$

碧绉类织物的工艺流程：

$$生丝→甲醛固定→染色→织绸→煮练→整理$$

色织绢纺织物的工艺流程：

$$绢丝→烧毛→煮练→染色→织绸→整理$$

非色织绢纺织物的工艺流程：

$$绢丝→烧毛→织绸→烧毛→煮练→漂白→\begin{Bmatrix}染色\\增白\\印花\end{Bmatrix}→整理$$

### 四、毛织物的主要染整工艺流程

毛织物的染整工艺流程按织物构成方式和纱线的加工工艺分为以下三类：

羊毛毡的工艺流程：

$$净毛→制毡$$

粗纺毛织物的工艺流程：

$$净毛→染色→纺纱→机织→修补→洗呢→炭化→缩绒→\begin{Bmatrix}漂白\\染色\end{Bmatrix}→起毛→剪毛→压呢→蒸呢$$

精纺毛织物的工艺流程：

$$净毛→制条\begin{Bmatrix}染色\\纺纱\\印花\end{Bmatrix}→机织→修补→烧毛→洗呢→煮呢→炭化→\begin{Bmatrix}染色\\漂白\end{Bmatrix}→剪毛→压呢→缩绒→蒸呢$$

### 五、合成纤维织物的主要染整工艺流程

$$合成纤维纱线→织造→退浆或煮练→漂白→热定形→\begin{Bmatrix}染色\\印花\end{Bmatrix}→整理$$

## ✳ 专业术语

| 中　文 | 英　　文 | 中　文 | 英　　文 |
|---|---|---|---|
| 染整 | Dyeing and Finishing | 预处理 | Pre-treatment |
| 染色 | Dyeing | 印花 | Printing |
| 整理 | Finishing | 烧毛 | Singeing |
| 退浆 | Desizing | 煮练 | Scouring |

续表

| 中 文 | 英 文 | 中 文 | 英 文 |
|---|---|---|---|
| 漂白 | Bleaching | 丝光 | Mercerization |
| 洗呢 | Scouring of Wool Fabric | 预定形 | Pre-setting |
| 拉幅 | Stentering | 预缩 | Pre-shrinking |
| 防皱 | Crease-resisting | 热定形 | Heat Setting |
| 增白 | Whitening | 轧光 | Calendering |
| 轧纹 | Embossing | 磨绒、磨毛 | Sanding |
| 柔软 | Softening | 硬挺 | Starching |
| 增重 | Weighting | 减重 | Deweighting |
| 煮呢 | Crabbing | 缩绒 | Fulling |
| 起毛 | Raising | 剪毛 | Shearing |
| 蒸呢 | Decatizing Blowing | 压呢 | Pressing |
| 防毡缩 | Antifelting | 液氨整理 | Liquid Ammonia Finishing |
| 折皱 | Wrinkling | 拒水 | Water-repellenting |
| 防污和易去污整理 | Oil-repellenting & Soil-releaseing | 防静电 | Antistaticing |
| 防霉防腐 | Rot Proofing | 防蛀 | Moth Proofing |
| 阻燃 | Flame-retardanting | 涂层 | Coating |
| 卫生整理 | Hygienic Finishing | 持久香味整理 | Fragrant Finishing |
| 色牢度 | Color Fastness | 色差 | Color Difference |
| 染料 | Dyes | 染色性 | Dyeing |
| 浸染 | Dip Dyeing | 轧染 | Pad Dyeing |
| 色浆 | Color Paste | 滚筒印花 | Calender Printing |
| 筛网印花 | Screen Printing | 转移印花 | Transfer Printing |
| 直接印花 | Applied Printing | 防染印花 | Reserve Printing |
| 拔染印花 | Discharge Printing | 喷墨印花 | Ink-jet Printing |
| 风格整理 | Style Finishing | 功能整理 | Functional Finishing |

## ✱ 学习重点

1. 织物预处理的目的及效果。

2. 织物的染色性能。

3. 各种印花方法的适应性及效果。

4. 整理的目的、方法和效果。

5. 各类织物的常用染整工艺流程。

# ✽ 思考题

1. 染整的定义及目的。
2. 整理的定义及目的。
3. 织物预处理的目的。
4. 色差和色牢度的概念。
5. 织物与染料的关系。
6. 影响织物染色性能的主要因素。
7. 目前有哪些印花方法及其适应性与效果。
8. 织物有哪些一般整理、风格整理和功能整理及其效果。
9. 不同织物的常用染整工艺流程。

## 服用织物类别及特征

**课程名称：**服用织物类别及特征

**课程内容：**服用织物分类

服用织物原料构成类别及特征

服用织物风格类别及特征

服用织物其他类别及特征

服用织物识别

**课程时间：**6 课时

**教学目的：**纤维类织物是服装面辅料的主要素材。通过本章的学习，使学生了解服用织物的类别，掌握不同构成（纤维、纱线、组织结构、染整）和不同材质风格（立体或平整、光亮或暗淡、粗犷或细腻、柔软或硬挺、厚实或薄透）的服用织物的主要特征，了解服用织物的常用识别方法。

**教学方式：**实物、图片、多媒体讲授和认知分析。

**教学要求：**1. 掌握本章专业术语概念。

2. 掌握各类服用织物特征。

3. 织物识别认知。

# 第五章　服用织物类别及特征

第一章至第四章详细介绍了服用织物构成要素的相关知识。以这些要素为根本，纺织工作者设计并织制了千千万万种具有不同风格和性能的织物，为服装的设计和生产提供了丰富的素材。为了更好地认知和使用服装面辅料，对服用织物类别及特征的了解是服装设计和生产工作者所必备的基础知识。

## 第一节　服用织物分类

服用织物的分类方法很多。通常从材料构成学角度，按构成织物的主要因素分类（如织物原料类别、纱线类别、构造方法、染整方式等）。但从服装设计和制作的角度，按织物材质风格分类、按使用对象分类、按季节分类以及按其他特征分类往往比按材料构成学分类更适用，见表5-1。

表5-1　服用织物分类

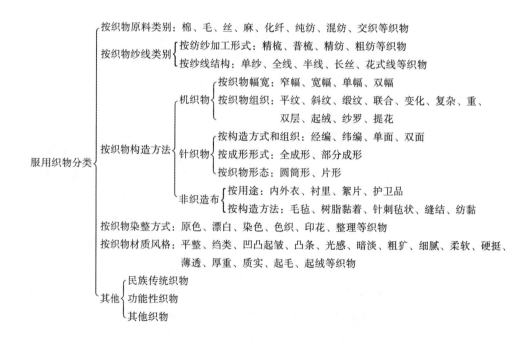

# 第二节　服用织物原料构成类别及特征

纺织业通常从材料构成学角度将织物进行分类。因此，服装工作者首先需要了解不同纤维组成、纱线类别、构造方法、染整方式以及织物的风格和性能特征。

## 一、不同原料的织物类别及特征

按纤维原料分类是最为常见的服用织物分类方法，如通常泛指的棉织物、毛织物、丝织物、麻织物、化纤织物等。由于品种的拓宽和材料领域的互相渗透，除了指纯棉织物、纯毛织物、纯桑蚕丝织物、纯麻织物、纯化纤织物（纯纺织物、纯织织物）之外，现均包括以其为主的混纺织物、交织织物和化纤仿生织物，见表5-2、表5-3。

**表5-2　不同纤维原料的织物类别及特征**

| 类别 | 构成特征 | 产品特征 |
|---|---|---|
| 棉织物 | 包括纯棉、棉混纺、棉交织及化纤仿棉织物的各类品种 | 主要体现棉纤维的特点，柔软、舒适、吸湿透气性好，经济实惠，耐洗，风格朴实。纯棉织物弹性较差，易产生折皱 |
| 毛织物 | 包括纯毛、毛混纺、毛交织及化纤仿毛织物的各类品种 | 主要体现毛纤维的特点，弹性、保暖性好，光泽柔和。纯毛织物吸湿性很好，耐虫性差；精纺毛织物表面纹路清晰、光洁；粗纺毛织物手感丰满，质地柔软，表面有绒毛覆盖 |
| 丝织物 | 包括纯桑蚕丝、化纤长丝及其交织织物的各类品种 | 主要体现丝纤维的特点，吸湿、透气性好，舒适美观，但抗折皱性、耐光性差。桑蚕丝织物光滑、柔软、细洁、光泽悦目，高雅华贵；柞蚕丝、绢丝织物色偏黄光偏暗，外观较为粗犷；䌷丝、双宫丝织物外观有不同程度的疙瘩效果 |
| 麻织物 | 包括纯麻、麻混纺、麻交织及化纤仿麻织物的各类品种 | 主要体现麻纤维的特点，强度高、手感挺爽、吸湿散湿快、透气性好，有较好的防水、耐腐蚀性，不易霉烂、虫蛀，抗皱性和弹性差，不耐曲磨 |
| 化纤织物 | 由各类化纤或以其为主要原料构成的织物 | 主要体现各类化纤的特点，详见第一章第三节内容 |

**表5-3　织物按原料组成方式分类**

| 类别名称 | 主要特征 | 织物类别和品种举例 |
|---|---|---|
| 纯纺、纯织织物 | 织物各系统的纱线由单一的原料构成。其主要特点是体现其组成纤维的基本性能 | 纯棉织物（纯棉府绸等）、纯麻织物（夏布等）、纯桑蚕丝织物（真丝双绉等）、纯毛织物（纯毛华达呢等）、纯涤纶织物（涤丝纺等）、纯锦纶织物（尼丝纺等） |

续表

| 类别名称 | 主要特征 | 织物类别和品种举例 |
|---|---|---|
| 混纺织物 | 由两种或两种以上不同纤维混纺的纱线制成的织物。其主要特点是体现多种纤维的综合性能。纤维混纺比不同，织物性能也不同 | 衣料常用的混纺纱线有麻/棉、毛/棉、毛/麻/绢、涤/棉、涤/毛、黏/棉、毛/腈、涤/麻等；混纺织物有涤/棉平布（的确良）、棉/维府绸、毛/黏花呢、涤/黏花呢、涤/腈花呢、腈/黏花呢、涤/麻花呢、涤/毛/麻花呢、毛/麻花呢、毛/腈女衣呢、丝/毛啥味呢、毛/涤派力司等 |
| 交织织物 | 由不同原料或不同形态的多种纱线构成的织物。交织物的基本性能由构成该织物的不同纱线和组织结构所决定，若为机织物则一般具有经纬向或正反面异性的特点 | 用于衣料的常用交织形式有蚕丝与毛纱（线）交织、蚕丝与棉纱（线）交织、蚕丝与黏胶丝交织、涤丝与涤/棉纱交织、人造丝与棉纱交织、醋酯丝与黏胶丝交织、蚕丝长纤维与其绢纺纱（线）交织等 |
| 仿生织物 | 由化纤或其他原料，仿制某一天然纤维的织物风格 | 大多为化纤仿天然纤维原料织物，如仿棉、仿毛、仿麻、仿丝绸等，也有棉仿麻、仿丝绸等 |

## 二、不同纱线的织物类别及特征

从第二章可知，纱线可按加工方式、结构造型及细度等分类。由于精梳和精纺纱线要比普梳和粗纺纱线细致、均匀，所以，相应的精梳织物和精纺织物也要比普梳织物和粗纺织物细腻、光洁、织纹清晰，且精梳和精纺纱线可制得较为轻薄、细腻、柔软的织物；纱线的粗细直接影响织物的厚薄和细腻程度，低特（高支）纱织物通常因其纱线细、捻度高而比高特（低支）纱织物具有轻薄、细腻、光洁、飘逸等丝绸般的触感和风格。不同结构造型纱线的织物特征见表5-4。

表5-4　不同纱线结构的织物类别及特征

| 类别名称 | 主要特征 | 典型品种举例 |
|---|---|---|
| 单纱织物 | 全部由单纱织成的织物。其特点是比线织物柔软，毛羽多，光泽相对偏暗，强度低 | 巴里纱、细布、纱府绸、纱卡其、纱华达呢等 |
| 全线织物 | 全部由股线织成的织物。其主要特点是比同类单纱织物结实、硬挺、光洁度好 | 全线府绸、全线卡其、毛华达呢、高密全线织物等 |
| 半线织物 | 由单纱和股线交织而成的织物，机织物一般都是股线作经，单纱作纬。主要特点是比同类织物其股线方向强度高，悬垂性差，挺实 | 半线卡其、半线府绸等 |
| 花式线织物 | 由各种花式线制成的织物。主要特点是根据各种花式线的不同，布面形成丰富多彩的肌理效果，颇具装饰性 | 竹节织物、结子线织物、圈圈线织物、彩点呢等 |
| 长丝织物 | 以天然长丝或化学长丝织成的织物。主要特点是比同类短纤维织物手感滑爽，光泽明亮，布面光洁，纹路清晰 | 电力纺、素绉缎、涤丝纺等 |

### 三、不同构造形式的织物类别及特征

第三章中已经介绍，根据构造形式（结构和织造方法）的不同，织物主要分为机织物、针织物和非织造布三大类。各大类织物的主要特征见表 5 – 5。

**表 5 – 5　不同构造形式的织物类别及特征**

| 类别名称 | 织物主要特征 |
|---|---|
| 机织物 | 结构稳定，且能够达到较高的紧密程度，织物强度高，耐磨；形态稳定性好，耐洗而不易变形；表面平整，可直接褶裥、缝裥，可斜剪。弹性和透气性不如针织物，易产生极光，易起皱，延伸性较小，且不能直接成形。适宜做外套 |
| 针织物 | 质地松软、多孔、透气、抗皱，同时还具有良好的贴身性、延伸性、弹性和悬垂性，因此能适应人体各部位的形状。是制作内衣、紧身衣和运动服的最佳面料。此外，针织物还具有成形性，如绒线衫、袜子、手套等。但针织物保形性和尺寸稳定性差，易变形，线圈易弯斜，挺括性差，强度低，易起毛起球和勾丝，结构易脱散，某些织物还易产生卷边现象，难裁剪 |
| 非织造布 | 产品的花色品种不如机织物和针织物，且多数产品的悬垂性、弹性、强伸性、不透明度、质感等方面也与服装用布的要求有一定的距离，主要用于服装衬料、絮料等 |

纺织业通常以此方法先将织物分成大类，然后在各大类中再以组织结构（组织、密度、紧度）、幅宽、纤维材料类别、纱线类型、染整工艺等因素分类，详见附录一～附录九。就服装工作者而言，了解和认知这些常用织物（衣料）的具体特征是非常重要的。

### 四、不同染整加工的织物类别及特征

根据不同的外观风格和内在性能的需要，各类织物都有原色、漂白、染色、印花、色织及整理加工之分。表 5 – 6、表 5 – 7 给出了不同染整加工织物和特种涂料花布的类别及特征。特种涂料花布是指具有夜光、珠光、银光、反光、变色、仿钻石、泡沫、起绒等特种性能的涂料花布，是较为新颖的衣料品种。它是由特种涂料和普通的印花工艺加工而成。

**表 5 – 6　不同染整加工的织物类别及特征**

| 类别名称 | 主要特征 |
|---|---|
| 原色布 | 未进行印染加工的本色布 |
| 漂白织物 | 将坯布经练漂加工后所获得的织物。色泽洁白、布面匀净 |
| 染色织物 | 将坯布进行匹染加工，产生均匀着色的织物。以单色为主。但在毛织物中，为了染色均匀，提高布面质量，也有采用纤维染色、毛条染色或纱线染色而制成的素色染色织物 |
| 色织物 | 指纱线染色后再织造的织物。其图案色彩一般比印花织物更清晰 |
| 印花织物 | 坯布经过练漂加工后，使染料或颜料在织物上产生花纹的织物。根据加工方法的不同，有一般的坯布印花织物、花色朦胧的纱线印花（印经）织物和花纹立体、透明的烂花织物等 |
| 整理织物 | 常指经过对外观风格或功能性整理的织物。例如碱缩泡泡纱、轧纹布、褶皱布、水洗布、防雨布、阻燃织物、防辐射织物等 |

表5-7 特种涂料花布

| 名称 | 特 征 | 应用性 |
|---|---|---|
| 夜光花布 | 用具有蓄光功能的夜光涂料印制而成。余辉的发光时间20min左右。在激发源照射下，黑暗中能显示晶莹的色泽和花纹。也可利用白天和黑夜不同的荧光效应，进行昼夜转换图案，得到特殊的艺术效果 | 夜间安全服、特种职业（军警、交通、消防、环卫、矿井、影院等）服装、时装等 |
| 金光花布 | 用金粉印制的织物。有高贵、华丽之感。铜锌合金粉末涂料易氧化而使金色变暗淡，不耐高温，且易与活性染料形成络合物造成变色。而金色钛膜涂料可使金光耐氧化、不变色 | 时装等 |
| 银光花布 | 用银粉印制的织物。有华丽之感，并防止强光、紫外光和射线对人体的伤害。铝粉涂料的缺点同以上铜锌合金粉末涂料。而银色钛膜涂料可使银光耐氧化、不变色，具有很好的坚牢度和较长时间的银色光 | 普通服饰、时装、登山服、太空服等 |
| 珠光花布 | 采用模拟天然珍珠光泽的材料印制而成。曾用真正的珍珠粉末、鱼鳞中提取的鸟粪素以及无机铝盐做材料，现各国广泛采用以云母为核心的铣钛型钛膜涂料。例如国产的珍珠印花浆，具有很高的坚牢度 | 时装、普通服饰等 |
| 发泡花布 | 在涂料和高温处理中产生立体效应的花布。属化学性发泡产品。隆起的花纹表面平滑，内部有无数孔穴 | 时装、普通服饰等 |

# 第三节　服用织物风格类别及特征

织物的材质风格感虽然没有色彩、图案那样醒目和直观，但对服装风格和造型的设计尤为重要，对服装加工工艺也有很大的影响。

## 一、织物风格的心理认知

织物在服装的审美性上扮演着十分重要的角色，它是诱发设计师创作灵感的重要源泉之一。服装设计的第一步往往是对材料的感性认识（审美性）和理性评价（功用性和经济性）。因此，设计师除了需要对织物的风格及功能特点有足够的认识之外，还要对织物的审美性有较深的理解。风格感的审美评价是通过视觉与触觉来体验的。视觉传达的风格感则包括色彩、图案、组织纹理、光泽度、透明度等方面，触觉（手感）的体验包括如轻/重、光滑/粗糙、柔软/硬挺、温暖/凉爽、平整/凹凸、蓬松/结实等。设计师通过织物所传递的视觉和触觉效应，感受织物风格所具有的独特表情，产生相应的联想并由此拓展设计，然后选择合理且经济的服装加工工艺。

除了了解服装材料的形态、性能、加工方法等因素之外，从心理感觉材料是十分重要的。美国心理学家 C. E. 奥斯古特曾用"语义微分法"（Semantics Differential）的心理学实验来测定语言中的语义象征程度，又称 SD 分类法。即将人们因对事物的感觉刺激而引起的心理反应用排列对比的方法加以测定分析，对事物的价值、力量及活动性等引起人们心理反应的因子进行客观分析和评价，从而找出相应的心理评价体系。这一心理实验不仅用于语言学的研究，而且在色彩学、造型学、音乐等感官效应测定领域研究中广泛应用。其基本方法为：将诸如明与暗、硬与软、厚与薄等反义词置于评价尺度的两端，将其中划分 5 ~ 7 段心理评定尺度，从而对评定对象进行相应等级的心理评价。

因此，运用 SD 分类法，可以将织物风格感觉给予相应的心理定位，取得相应的织物风格分类概念。图 5 - 1 运用尺度法对织物单项材质风格进行了对应性认知分析。但是，织物的材质风格往往具有多元性，所以，可用坐标法展示其多重风格特征。图 5 - 2 运用坐标系统建立了面料材质的平面与立体、轻薄与厚重的系统认知概念。用同样方法亦可对材料的粗糙与细腻、硬与软等概念进行认知分析。

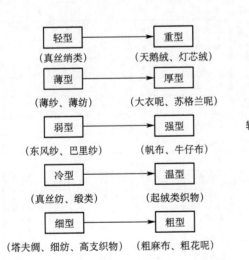

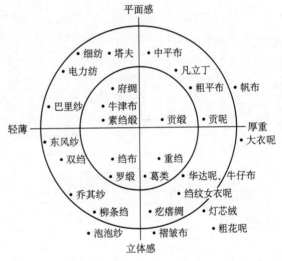

图 5 - 1 织物单项材质风格尺度法认知分析　　　图 5 - 2 织物多项材质风格坐标法认知分析

## 二、材质风格的精神感度

在进行商品市场计划和细分客层时，通常将服装分为前卫、都市、古典、民族、浪漫、优雅、运动休闲和中性等风格。着装是一种文化、精神、流行及市场的体现。而作为服装材料的织物，同样存在不同风格的精神感度，见表5 - 8。但不同社会地位及文化背景的人群对服装和衣料的精神感度，对时尚的理解、接受能力及价值观均有所不同。

表 5－8　织物材质风格的精神感度

| 衣料风格 | 衣料名称 | 浪漫 | 男性 | 优雅 | 休闲 | 都市 | 古典 | 前卫 | 民族 | 衣料风格 | 衣料名称 | 浪漫 | 男性 | 优雅 | 休闲 | 都市 | 古典 | 前卫 | 民族 |
|---|---|---|---|---|---|---|---|---|---|---|---|---|---|---|---|---|---|---|---|
| 凹凸起绉 | 双绉 | ● | | ● | | | | | | 柔软 | 绒布 | ● | | | | | | | |
| | 杨柳绉 | ● | | | | | | | ● | | 起绒织物 | ● | | | | | | | |
| | 女衣呢 | ● | | ● | | | | | | | 羊绒 | | | ● | | | | | |
| | 泡泡纱 | ● | | | | | | | ● | 硬挺 | 帆布 | | | | ● | | | | |
| | 定形褶布 | | | | | | ● | | | | 防雨布 | | | | ● | | | | |
| | 四维呢 | | | ● | | | | | | | 板丝呢 | | ● | | | | ● | | |
| | 马裤呢 | | ● | | | | ● | | | | 塔夫绸 | | | ● | | | | | |
| | 灯芯绒 | | | | | | ● | | | | 薄纺 | | | ● | | | | | |
| 平整 | 平布 | | | | ● | | | | | 薄透 | 巴里纱 | ● | | | | | | | |
| | 细纺 | ● | | | | | | | | | 雪纺纱 | ● | | | | | | | |
| | 府绸 | | ● | | | | | | | | 烂花绒 | ● | | | | | | | |
| | 凡立丁 | | ● | | | | | | | | 透空布 | ● | | | | | | | |
| | 牛津布 | | ● | | | | | | | 厚重 | 麦尔登 | | ● | | | | ● | | |
| | 电力纺 | ● | | | | | | | | | 大衣呢 | | ● | | | | ● | | |
| | 塔夫绸 | ● | | | | | | | | | 双面呢 | | ● | | | | | | |
| 光泽 | 素绉缎 | ● | | ● | | | | | | | 粗花呢 | | ● | | | | ● | | |
| | 贡缎 | | | ● | | | | | | 实质 | 卡其 | | ● | | ● | | | | |
| | 羊绒 | | | ● | | | | | | | 牛仔布 | | ● | | | | | | |
| | 皮革 | | | | | | | ● | | | 帆布 | | | | ● | | | | |
| | 金属涂层 | | | | | | | ● | | | 华达呢 | | ● | | | | ● | | |
| | 金丝绒 | | | ● | | | ● | | | | 防雨布 | | ● | | | | | | |
| | 金银织锦 | | | | | | | | ● | | 粗平布 | | | | | | | | ● |
| | 霓虹布 | | | | | | | ● | | | 绵绸 | | | | | | | | ● |
| 起毛起绒 | 长毛绒 | ● | | | | | | | | 粗犷 | 双宫绸 | ● | | | | | | | |
| | 天鹅绒 | | | ● | | | ● | | | | 麻织物 | | | | | | | | ● |
| | 平绒 | | | | | | ● | | | | 大条丝绸 | | | | | | | | ● |
| | 麂皮绒 | | | | | | ● | | | | 疙瘩织物 | | | | | | | | ● |
| | 法兰绒 | | | | | | ● | | | | 粗花呢 | | ● | | | | | ● | |
| | 线材起绒 | ● | | | | | | | | | 霍姆斯本 | | ● | | | | | ● | |

## 三、织物风格类别及特征

采用不同的纤维原材料、纱线造型、构造方式或染整工艺，织物所展示的材质风格及其对服装的加工性能和使用性能也就不同。除服装功能所需之外，其设计和选用在一定程度上受流行趋势及使用场合的约束。根据 SD 法的原理，织物的材质风格可分为立体与平整、光亮与暗淡、粗犷与细腻、柔软与硬挺、厚实与薄透等大类。

### （一）织物的立体感

织物实属三维立体之物，但由于其厚度远远小于其长度和宽度，故可视为片状平面体。

织物的立体感是指由于纱线、组织及后整理工艺，使织物表面呈现或平整、或起绉、或凹凸起皱、或产生凸条等立体视觉效应。这种不同肌理的视觉效应不仅有助于服装不同风格和造型设计，而其相应的摩擦性、保暖性、耐污性等对服装的缝制工艺、服用性能及保管性能均有直接的影响。

### （二）织物的光泽感

织物的光泽感主要指人体视觉对织物不同光泽的反映。构成织物的各因素对此都有直接的影响，如棉、麻纤维以及平纹组织的光泽较为暗淡，桑蚕丝、醋酯丝、加捻丝的光泽柔和漂亮；有光黏胶人造丝、金属丝、三角异形丝等原料，平经平纬（不加捻的长丝），缎纹组织，丝光、轧光等后整理等都可增加织物的光泽感。织物的光泽感往往与表面光滑度联系在一起，其设计与选用受流行趋势及使用场合的约束较为明显。

### （三）织物的粗犷感

织物的粗犷感主要指人体对织物粗犷或细腻效果所产生的感官效应，它对服装缝制工艺、服用时的视觉效果和皮肤触感舒适性等有较大的影响。与光泽感相似，其设计与选用较多地受流行趋势、个人喜好及服装功能的影响。一般工艺条件下，长丝、超细纤维、低特（高支）纱以及缎纹织物比较光滑、细腻，而由条份不均匀的棉麻高特纱、双宫丝、大条丝、疙瘩形花式纱线、变化组织等构成的织物会产生不同程度的粗犷感。

### （四）织物的刚柔感

织物的刚柔感通常被分为柔软和硬挺两大类，它是织物的刚柔性对人体感官的反映。织物的刚柔性是指织物的抗弯刚度和柔软度，织物抵抗其弯曲方向形状变化的能力称抗弯刚度或硬挺度，它常来评价其相反的特性——柔软度。

织物的抗弯刚度决定于组成织物的纤维与纱线的抗弯性能及结构，并随织物厚度的增加而显著增加。纤维细、纱线细、摩擦系数小、组织点少、密度紧度小，则弯曲刚度小，手感柔软；针织物由于线圈结构，其柔软性比机织物好；纯毛织物的弯曲刚度较涤/腈、涤/黏织物小，故柔软性较好；相对而言，麻类织物的柔软性较差。此外，织物的染整工艺如松式染整和柔软整理都有助于提高织物的柔软性，反之，紧式染整方式和硬挺整理则有助于增加硬挺度。

服装款式和风格的实现需要织物有一定的刚柔性和悬垂性，而织物的悬垂性与刚柔性紧密相关。所以，织物的刚柔感对服装造型设计起着非常关键的作用。一般来说，内衣织物需要良好的柔软性，外衣织物则需一定的硬挺度或悬垂性以体现服装造型。

### （五）织物的厚实感

织物的厚实感是服装选料中最为直接和重要的感官因素之一，它对服装的季节定位起决定性作用。厚度是影响织物保暖性的重要指标，对织物的强度也有积极的作用。织物的蓬松或质实不仅影响服装的保暖性，而且对皮肤产生完全不同的触感。此外，织物厚实感对服装造型及服装缝制工艺影响甚大。织物的厚、薄、松、实度主要与组成织物的纱线粗细、结构设计及后整理工艺有关，如粗纱线、重组织等有助于增加织物的厚度；起绒组织、后整理缩绒、拉毛等则有助于增加织物的蓬松度。一般来说，真丝类织物较轻薄，毛类织物较厚重。织物的厚度可用织物厚度仪来测量，但通常采用目测方法。织物材质类别及特征见表5-9。

表5-9　织物的材质类别及特征

| 风格概念 | 风格类别 | 特　征 | 典型织物 |
|---|---|---|---|
| 立体感 | 平整 | 采用平经、平纬，或条份均匀的弱捻纱线，大多为平纹组织和纬平针组织，且结构较为紧密的织物。布面平整、细腻、质感较为朴实 | 细平布、细纺布、府绸、高密度斜纹布、凡立丁、派力司、鲍别林、驼丝锦、电力纺、塔夫绸、纬平针织物等 |
| 立体感 | 绉类 | 采用绉组织、易收缩线型、后整理呢毯整理工艺等方法使织物表面产生较为细腻、无规则的起绉效应，手感富有弹性，穿着不贴身，透气性好 | 绉布、绉纹布、绉纹女衣呢、双绉、乔其绉、碧绉、顺纤绉（柳条绉）、特纶绉、苔绒绉、重绉、花绉、精华绉、和服绸、鬼绉、留香绉等 |
| 立体感 | 凹凸起皱 | 以易收缩纱线、双层袋组织、织造送经量控制、后整理化学处理或机械轧纹等方法，织物表面呈现富有立体感的凹凸起皱花纹，但有耐久性和暂时性之分 | 泡泡纱、树皮绉、轧纹布、褶皱布、冠乐绉、凹凸绉、绉缩布、热定形褶皱布等 |
| 立体感 | 凸条 | 采用凸条组织、起绒组织、不同粗细的纱线、配置不同的组织和密度或后整理轧纹等方法，织物表面呈现明显或较为明显的凸条效应 | 麻纱、罗布、罗缎、灯芯绒、经条呢、巧克丁、马裤呢、文尚葛、四维呢、缎条绉、凸条绸、轧纹布、罗纹针织物、双反面针织物等 |
| 光泽感 | 光感 | 采用具有不同光感的原料、纱线线型、织物组织及丝光或轧光等后整理，织物表面呈现不同风格和亮度感的光泽感。光滑、细腻、夸张，给人以扩张的感觉，适宜晚礼服 | 细纺、贡缎、贡呢、羊绒、洋纺、电力纺、塔夫绸（绢）、柞丝绸、薄缎、素绉缎、桑波缎、有光纺、美丽绸、人丝羽纱、人丝软缎、金银人丝织锦缎、醋丝缎、拷花布、蜡光布、轧光布、金属涂层织物、驼丝锦等 |
| 光泽感 | 暗淡 | 采用棉纱、麻纱、䌷丝等光泽较为暗淡或线密度不匀的短纤维纱线，易产生漫反射的变化组织，或经磨绒等后整理，使织物光泽较为暗淡，风格朴实 | 粗平布、绵绸等 |
| 粗犷感 | 粗犷 | 采用条份不均匀的高特纱线或疙瘩形花式纱线、变化组织等方法，织物具有粗犷、松散、质朴和稳重感 | 粗平布、粗斜纹布、竹节布、结子布、巴拿马布、麻布、仿麻布、粗花呢、粗服呢、松结构织物、杭纺、双宫绸、绵绸、大条丝绸、鸭江绸、疙瘩绸、装饰布、手工编织物等 |
| 粗犷感 | 细腻 | 采用细而均匀的纱线，如精纺低特纱和超细纤维等，往往配置较高的密度，使织物细腻、精致 | 塔夫绸、细纺布、织锦缎、驼丝锦等 |

续表

| 风格概念 | 风格类别 | 特　征 | 典型织物 |
|---|---|---|---|
| 刚柔感 | 柔软 | 采用抗弯刚度低的纤维如毛、丝、棉、黏纤、细纤维或超细纤维等，较低的紧度，长浮组织或针织组织，拉绒、拉毛整理、柔软整理等方法，织物具有柔软和温和的质感，悬垂性相对较好 | 细平布、黏纤织物、细纺布、细斜纹布、黏胶哔叽、绒布、水洗布、超细美丽奴花呢、精纺女衣呢、法兰绒、啥味呢、松结构女式呢、羊绒、洋纺、绢丝纺、真丝斜纹绸、真丝缎、素绉缎、人丝软缎、醋丝缎、乔其绒、金丝绒、天鹅绒、桃皮绒、人造毛皮、法兰绒针织物、驼绒针织物、毛巾布等 |
| 刚柔感 | 硬挺 | 采用抗弯刚度大的纤维、纱线和组织如麻纱线、捻线、交织点多的组织，高紧度织制，硬挺或涂层等后整理，织物具有坚硬、挺括的风格 | 波拉呢、夏布、苎麻汗衫、麻布、生纺、尼龙纺、塔夫绸、防雨涂层布、帆布等 |
| 厚实感 | 薄透 | 用透孔组织、细纱线、捻线、低紧度等方法，织物轻薄、透明，透气性好。主要有绡类、纱类和薄纺类织物等 | 巴里纱、烂花布、爽丽纱、洋纺、蝉翼纱、东风纱、乔其纱、缎条绡、锦玉纱、雪纺绸、蕾丝、经编网眼织物、经编花边织物等 |
| 厚实感 | 厚重 | 采用高特纱线、多重、多层组织或后整理缩绒、拉毛等工艺。织物具有较厚的厚度和良好的保暖性和强度 | 灯芯绒、双面女衣呢、麦尔登、海军呢、制服呢、学生呢、大衣呢、毛毡、填芯织物、双面提花针织布等 |
| 厚实感 | 质实 | 常用较粗的纱线和高紧度的设计方法织制而成。织物紧密、结实、质朴、耐用 | 华达呢、卡其、牛仔布、灯芯绒、平绒、帆布、粗服呢、防雨布等 |
| 厚实感 | 起毛起绒 | 采用花式纱线、起绒组织或后整理工艺，织物表面呈现或耸立或平卧的绒毛或绒圈，有平素、提花和印花，手感丰厚、柔软，蓬松，保暖性好 | 灯芯绒、平绒、仿麂皮织物、雪尼尔织物、人造毛皮、骆驼绒、乔其绒、金丝绒、天鹅绒、起绒针织物、毛圈针织物、毛巾布、经编起绒、经编毛圈等 |

　　由表5-9可知，有些材质感是相互关联的，如细腻的织物往往有较好的光泽，而粗犷的织物其光泽较暗淡等。这说明织物往往具有多种材质风格的综合效应。例如，灯芯绒织物既有厚重、质实感，又有凸条和起绒效应；乔其纱既薄透，又具绉效应；洋纺既薄透、柔软、又有亮丽的光泽；塔夫绸既平整、细腻、硬挺、又有柔和的光泽；细纺布既平整、细腻、柔软、又有丝般光泽；软缎既柔软又有较强烈的光泽；绵绸、粗平布既粗犷，光泽又暗淡；大多麻类织物既硬挺又粗犷，等等。

## 第四节　服用织物其他类别及特征

　　除了从材料构成学角度和织物材质风格分类之外，服装业往往将织物分为民族传统织物、功能性织物、男装面料、女装面料、童装面料、春夏面料、秋冬面料等。

### 一、民族传统服用织物

与织物有关的民族传统织物有靛蓝花布、蜡防花布、壮锦、傣锦、苗锦、蜀锦、宋锦、云锦、氆氇、高山花布、舒库拉绸等。

#### （一）靛蓝花布

用靛蓝染料印染而成的蓝白花布，称靛蓝花布或蓝印花布。是我国民间传统印花织物，汉代已有这类印花技术，明清时曾在民间大量流行。图案常取材于花卉、人物及传说故事等，花型一般粗犷有力。自从机器印染发展后，手工蓝印花布的产量已大为减少，但因色牢度好，且具有朴实的乡土风格，仍有其特定的市场价值。

#### （二）蜡防花布

采用蜡染（古称"蜡缬"）技术生产的纯棉花布，称为蜡防花布。如今在我国布依族、苗族、瑶族、仡佬族等少数民族中仍很流行。这种用蜡液手工绘制图案、并由蜡膜龟裂和染液渗透而产生的冰纹，使蜡染织物具有精细、别致的风格。蜡防花布图案通常取材于花卉，除蓝底白花外，已发展可染多种色泽。多用作衣裙面料、被面及制作背包等。在非洲流行的蜡防花布，套色较多，蜡纹精细，布的正反面深浅一致，图案取材于贝壳、禽鱼和几何图案等，富有非洲民族特色。现有用机器印花仿制的蜡防花布，生产效率高，但冰纹效果较差。

#### （三）壮锦

壮锦是我国广西壮族的传统手工织锦。壮锦以棉线或麻线平纹织地，粗而无捻的彩色真丝起纬花，纹样多为菱形几何图案，色彩对比强烈，具有浓艳粗犷的艺术风格。幅宽仅33cm左右，用作衣裙面料、被面、台布及制作背包等。

#### （四）傣锦

傣锦是我国傣族生产、使用，具有傣族风格的纺织品。傣锦以苎麻为原料，在腰机上用挑花方法织制而成。织幅不宽，长度也有限。常以较细的苎麻线并配以平纹组织织地，以较粗的染色苎麻纱和纬浮的形式显示菱形细纹花，色调和谐，常以棕色和黑色调配，质地坚牢硬挺，多用作被面和装饰。

#### （五）苗锦

苗锦是我国苗族的民族织锦。采用彩色经纬丝和变化斜纹组织（如人字斜纹、菱形斜纹或复合斜纹等）交织成小型几何纹样，并以纬丝起花，采用多把小梭子织造。常用来镶嵌衣领、衣袖或作其他装饰。

#### （六）蜀锦、宋锦、云锦

蜀锦、宋锦、云锦分别原产于我国的四川、江苏和南京，起源于唐宋，被誉为中国的三大名锦。采用真丝为原料，多色经与多色纬交织成多彩、华丽、精致的图案，是艺术和技术有机结合的纺织精品。多用于民族服装（如旗袍）、装饰等。

#### （七）氆氇

氆氇是我国藏族人民手工纺织的毛织物和以此做成的长袍、围裙的统称。氆氇的生产历史悠久，相传为唐代文成公主进藏时带去的先进纺织工具和生产技术，及当地生产的羊毛精工纺织成 $\frac{2}{2}$ 斜纹类毛织物。木织机手工织制的氆氇织幅为33cm左右，经密10～12根/cm，纬密 13~14 根/cm。色织毪氇的经纱为本色羊毛，纬纱的配色多达 9 色。毪氇一般手感硬挺密实，色泽丰富，除斜纹组织外，还有平纹、缎纹等，质地或细密或粗厚，或光面或绒面。20 世纪 60 年代以机械化生产后，毪氇的产量和质量有很大的提高。

**（八）高山花布**

高山花布是我国台湾高山族人民以苎麻、毛、棉纱为原料手工织成的色织布。布面常织有或夹绣各种简单的几何图案，如图 5-3 所示。大多配以红、桃红、黄、青、蓝等浓艳强烈的色彩。用于制作民族服装，或作为衣片料，或用作额带、胸衣、衣领、袖口、腰带和裙边等。

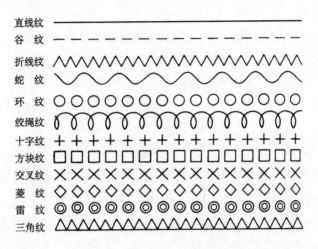

图 5-3　高山花布常用花纹图案

**（九）舒库拉绸**

舒库拉绸是我国维吾尔族和中亚一带民族服装和装饰用的丝织物，又名爱的丽斯绸或和田绸。其特点是用扎结染色的经丝并配以经面缎纹或斜纹组织织成。纹样大多为长方形或其他几何图案，具有简练、朦胧的效果。

**二、功能性服用织物**

用于服装的功能性织物有起防护作用的抗静电织物、阻燃织物、防辐射织物、抗紫外线织物，可适应气候变化的防水透湿织物、防风拒水织物，以及具有卫生保健功能的防污织物、抗菌消臭织物、负离子织物等。功能性衣用织物通常是在化纤纺丝过程中或织物后整理中混入相应的聚合物或高分子化合物，使得织物具有某些特殊功能。具体产品介绍详见第一章第三节和第四章第四节内容。

**三、其他类别织物**

服用织物还以织造设备和花纹效果、厚度和重量、价格和品质、使用对象、季节等方法分类。例如平素织物、小花纹织物、大提花织物，轻薄织物、中厚织物、厚重型织物，高档、中档、低档织物，童装、女装、男装织物，春夏季、秋冬季织物，等等。

# 第五节　服用织物识别

除了了解服用织物的品种类别、纤维组成、风格和性能特征之外，服装工作者应对服用织物的品质等级、构成方式、正反面、经纬向等具有相当程度的识别能力。

## 一、织物品质识别

选择织物不仅应考虑其用途和价格，往往更重要的是根据触觉和视觉确认产品品质。确认织物品质时应关注下列问题：

（1）根据织物品质标示，识别其品质等级。

（2）用手做触摸、捏紧、放松等试验，检验织物的平整度、起皱、回弹等手感情况。

（3）检查布面是否有疵点，轻薄、光泽类织物要尤为注意。

（4）检查确认织物的织纹、色条、色格及布边等是否有歪斜现象。

（5）起毛织物要确认其表面绒毛是否均匀，并用手轻压布面试探其回复性。

（6）染色织物要特别注意其色均匀度、色牢度和色差等。

（7）印花织物要确认其套版是否准确，色彩的渗透性和色牢度是否达到要求。

（8）根据产品的用途来确认织物在不同光源（太阳光、白炽灯、日光灯）下的色相变化。

（9）检查织物是否有后整理加工留下的异味或水渍等。

## 二、织物类别识别

织物类别可根据各类织物的结构特点加以识别，具体方法有：

（1）机织物由经纬纱线垂直交织而成。织物伸长能力很小，不易变形。除特殊结构的绞纱织物外，其纵横向纱线可被一根根地抽出。

（2）针织物由线圈相互串套而成。织物纵横方向的变形能力较大。除了布面有线圈纹理之外，如在布端横向能拆出连续不断纱线的即为纬编针织物；不能拆出纱线的为经编织物。

（3）非织造布是由纤维堆积及其相互间的缠绕、黏合或外加纱线固定的形式构成。布面可见纤维网状结构，强度差，可拆出纤维。

## 三、织物正反面识别

在服装生产过程中若不能严格分清织物的正反面，则会造成色、光、织纹等差错，直接影响服装质量。织物正反面的识别可参考以下要点：

（1）一般织物正面平整光洁、织纹清晰、细致、疵点较少、色泽较好。

（2）用股线织制的斜纹织物一般正面为右斜，而用单纱织制的斜纹织物常为左斜。

（3）缎类织物的正面光泽较好且布面平滑。

（4）重经、重纬及双层织物，其正面原料较好，密度较高。

（5）纱罗织物的正面孔眼清晰，绞经突出。

（6）表面有装饰效应（如凹凸、起毛、闪光、提花、印花等）的织物，装饰感强、花纹清晰的为正面。

（7）毛巾织物以毛圈密度大的为正面。

（8）针织物的正面，圈柱在圈弧之上。纬平针织物，表面平整且线圈呈纵向条纹的为正面，表面呈横向波纹状的为反面；罗纹、双反面等织物在组织上无正反面，一般以相对光洁的为正面；经平织物的正面一般为线圈向纵向延伸，而反面特征为线圈向左右延伸。

（9）有后整理加工痕迹的常为正面，如经磨毛处理、防水处理、起毛加工的面料的正反面都有明显的差异。

（10）一般织物正面布边光洁整齐，无梭织机的反面布边有纱线的切端形成的纤维。

（11）每匹布的卷装表面为反面，内销产品商标贴在匹头的反面，匹尾反面盖有出厂日期和检验印章，外销产品则相反。

（12）双面织物的正反面可按消费者需要而定。

## 四、织物经纬向识别

不同构造形成了织物经纬向不同的效应和性能。所以，服装排料和裁剪时，必须分清织物的经纬向。通常根据以下几方面加以识别：

（1）与布边呈平行的方向为经向。

（2）一般织物（特别是单层织物），其经密大于纬密。

（3）通常经纱较细，纬纱较粗。

（4）经过上浆的为经纱，纬纱不上浆。

（5）条状图案的织物，条状方向大多为经向。而对于格子图案的织物，格子线条中较长的一方通常为经向。

（6）交织织物一般经纱原料较好，强力较高；股线和单纱交织的织物，一般经纱为股线，纬纱为单纱。

（7）纱罗织物，相互扭绞的是经纱。

（8）对于起毛织物，顺毛方向为经向。

（9）从织物表面织疵来看，筘路、经柳和稀弄为经向疵点，而亮丝、稀路是纬向疵点。

## ✽ 专业术语

| 中　　文 | 英　　文 | 中　　文 | 英　　文 |
|---|---|---|---|
| 机织物 | Woven Fabric | 针织物 | Knitgoods |
| 非织造布 | Nonwoven | 棉织物 | Cotton Fabric |
| 毛织物 | Wool Fabric | 丝织物 | Silk Fabric |

续表

| 中　文 | 英　文 | 中　文 | 英　文 |
|---|---|---|---|
| 麻织物 | Bast Fabric | 化纤织物 | Chemical Fabric |
| 交织织物 | Mixed Fabric | 单纱织物 | Single Yarn Fabric |
| 全线织物 | Full Thread Woven Fabric | 半线织物 | Semi-thread Fabric |
| 花式线织物 | Fancy Fabric | 长丝织物 | Filament Fabric |
| 单面织物 | Single-faced Fabric | 双面织物 | Reversible Fabric |
| 原色织物（布） | Gray Goods | 漂白织物 | Bleached Fabric |
| 染色织物 | Dyed Fabric | 色织物 | Yarn-dyed Fabric |
| 印花织物 | Printed Fabric | 平素织物 | Plain Color Fabric |
| 提花织物 | Jacquard Fabric | 整理织物 | Finishing Fabric |
| 平纹织物 | Plain Cloth | 斜纹织物 | Twill Cloth |
| 缎纹织物 | Stain and Sateen Cloth | 单层织物 | Single Fabric |
| 双层织物 | Two-layer Fabric | 经编织物 | Warp-knitted Fabric |
| 纬编织物 | Weft-knitted Fabric | 平针织物 | Jersey |
| 罗纹织物 | Rib Fabric | 窄幅织物 | Narrow Fabric |
| 宽幅织物 | Broad Width Fabric | 双幅织物 | Double Width Fabric |
| 春夏面料 | Spring Summer Fabric | 秋冬面料 | Autumn Winter Fabric |
| 女装面料 | Suit-dress Fabric | 男装面料 | Menswear |
| 童装面料 | Children Dress Fabric | 民族传统织物 | National Traditional Fabric |
| 功能性织物 | Functional Fabric | 材质风格 | Texture and Style |

## ✲ 学习重点

1. 各类服用织物特征。
2. 织物材质风格的类别及特征。
3. 织物的识别。

## ✲ 思考题

1. 服用织物如何分类。
2. 什么是棉织物、毛织物、丝织物、麻织物和化纤织物，各自的主要特点是什么。
3. 什么是纯纺织织物、混纺织物和交织织物，各自的主要特点是什么。
4. 单纱织物、全线织物、半线织物、花式线织物和长丝织物的概念及其主要特点。
5. 何谓单面织物和双面织物？
6. 高特（低支）纱织物和低特（高支）纱织物有何区别？
7. 织物按结构的不同分为哪几类，各自的特点是什么？

8. 毛织物通常分为哪几类，各类的特点是什么？

9. 丝织物通常分为哪几类，各类的特点是什么？

10. 平布、府绸、麻纱、细纺布、卡其、贡缎、绒布、灯芯绒、平绒、泡泡纱、牛仔布、牛津布、烂花布、防绒布、帆布、凡立丁、派力司、哔叽、华达呢、啥味呢、马裤呢、花呢、女衣呢、驼丝锦、制服呢、麦尔登、素绉缎、双宫绸、电力纺、双绉、乔其纱、塔夫绸、绵绸、乔其绒、织锦缎、夏布、亚麻细布、汗布、罗纹针织物等常用服装面料的主要特征。

11. 民族传统织物的种类及特点。

12. 常用功能性服用织物的种类及特点。

13. 原色织物（布）、漂白织物、染色织物、色织物、印花织物、平素织物、提花织物的特点及区别。

14. 如何使用 SD 分类法，对织物的材质风格进行单项对比定位（尺度法）和多项定位（坐标法）等认知分析。

15. 织物材质风格的分类及其特点。

16. 如何识别织物的类别？

17. 如何识别织物的正反面？

18. 如何识别织物的经纬向？

19. 如何利用视觉和触觉识别织物的品质？

# 专业理论与分析认知——

## 服用裘皮与皮革

> **课程名称：** 服用裘皮与皮革
>
> **课程内容：** 裘皮和仿裘皮
>
>   皮革和仿皮革
>
> **课程时间：** 2 课时
>
> **教学目的：** 裘皮和皮革是服装的主要材料之一。本章从动物毛皮构造入手，引导学生了解裘皮和皮革的概念，掌握裘皮和皮革、仿裘皮和仿皮革的类别、特征及常用识别方法。
>
> **教学方式：** 实物、图片、多媒体讲授和认知分析。
>
> **教学要求：** 1. 掌握本章专业术语概念。
>
>   2. 掌握服用毛皮和皮革的类别及特征。
>
>   3. 掌握仿裘皮和仿皮革的类别及特点。
>
>   4. 了解裘皮与仿裘皮、皮革与仿皮革的识别方法。

# 第六章　服用裘皮与皮革

自远古时代起，裘皮和皮革就成为人类服装和服饰的主要材料之一。最初，人类使用毛皮只是出于生存的本能。现在，由于其优良的品质和宝贵的资源，裘皮和皮革服装被视为珍品。但动物与人类密不可分，保护动物是人类的职责。本章所涉及的动物毛皮均为教学研究所用。

同时，近年来基于生态与环保的考虑，人造毛皮和人造皮革已大量开发并进入服装业。它不但在外观上与真皮相仿、服用性能优良，而且降低了皮革制品的成本，有利于保护生态环境，并给服装的缝制工艺和保管带来极大的方便。

## 第一节　裘皮和仿裘皮

### 一、裘皮

经鞣制加工后的动物毛皮称为裘皮。裘皮花纹自然，绒毛丰满、密集，皮板密不透风，故有柔软、保暖、透气、吸湿、耐用、华丽高贵的特点，既可做面料，又可充当里料和絮料。

#### （一）动物毛皮构造及鞣制

**1. 动物毛皮构造**

动物毛皮的组成如表6－1、图6－1所示。

由表6－1、图6－1可知，动物毛皮由皮板和毛被两部分组成。动物毛皮皮板的最上层是表皮层，然后是真皮层和皮下组织。真皮层是皮板的主要部分，毛皮结实与否、强韧与否以及弹性的好坏主要取决于这一部分。毛被由针毛、绒毛和粗毛组成。针毛生长数量少、较长，呈针状、鲜丽而富有光泽，弹性较好；绒毛的数量较多，短而细密，呈浅色调的波卷；粗毛的数量和长度介于针毛和绒毛之间，其上半段像针毛，下半段像绒毛，弯曲的状态有直、弓、卷曲、螺旋等。针毛和粗毛在展现毛被外观毛色和光泽的同时，起到防水的作用。绒毛的结构使毛皮表面形成静止空气层，热量不易散失。绒毛密度、厚度越大，毛皮的防寒性能越好。

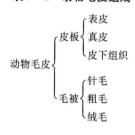

表6－1　动物毛皮组成

动物毛皮 ┬ 皮板 ┬ 表皮
　　　　　│　　　├ 真皮
　　　　　│　　　└ 皮下组织
　　　　　└ 毛被 ┬ 针毛
　　　　　　　　　├ 粗毛
　　　　　　　　　└ 绒毛

**2. 动物毛皮鞣制**

直接从动物体上剥下来的毛皮称为生皮，湿态时很容易腐烂，干燥后则干硬如甲，而且怕水，易生虫，易发霉发臭。经过鞣制等处理，才能形成具有柔软、坚韧、耐虫、耐腐蚀等良好服用性能的裘皮和皮革。

裘皮和皮革的鞣制方法经历了以下过程：最初用动物油脂、骨髓等涂在生皮上，再经日晒和揉搓；后来用烟熏处理、槲树皮汁浸渍，用石灰浸渍原料皮进行脱毛，并用食盐和明矾进行鞣革；19世纪中发明了"铬鞣法"，使制革工业进入了工业化大生产，从而奠定了制革工业的科学基础；随着近代化学工业的发展和各种用于皮革的染料、涂饰剂和助剂的生产，裘皮和皮革的品质和装饰性得到进一步提高。

动物毛皮的鞣制过程有以下三道工序：

（1）准备工序。准备工序主要包括浸水、洗涤、削里（去肉）、毛被脱脂、浸酸和软化等。其目的是清除毛被上的油污和其他脏物，去除皮板上的浮肉、浮油、可溶性蛋白质和皮张防腐的药物，使皮板水分含量达到70%~75%，以适合下道工序。

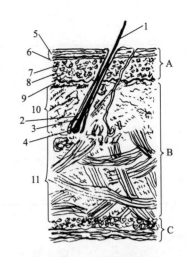

图6-1 动物毛皮组成

1—毛干 2—毛囊 3—毛根 4—毛球
5—角质层 6—透明层 7—粒状层
8—棘状层 9—基底层 10—乳头层
11—网状层
A—表皮 B—真皮 C—皮下组织

（2）鞣制工序。将毛被放入鞣液中，使其充分吸收鞣剂以改善毛皮的质量。鞣制工序对被毛的影响不大，但鞣制后的皮板对化学品和水、热作用的稳定性大大提高，降低了变形，增强了牢度。

（3）染色与整理工序。为了使加工后的毛坯皮板坚固轻柔，毛被光洁艳丽，或使低级的毛皮具有高级的外观，有的毛皮需经染色、修补或改进毛色处理。毛皮染色可用专用染料，但由于物理结构的不同，很难使毛纤维与皮板同时获得浓重的色泽。毛皮染色方法分浸染、刷（涂）或喷染两种方式，前者可使毛纤维与皮板同时染色，后者仅使毛纤维染色。

毛皮的整理包括加油、干燥、洗毛、拉软、皮板磨里和毛被整理等工序，一般在染色后进行。

### （二）毛皮种类及特征

#### 1. 毛皮种类

在我国，皮张可以制裘的动物有80余种，并且以人工饲养的皮毛兽为主。毛皮按动物生长的不同环境可分为家畜毛皮、野兽毛皮和海兽毛皮；按动物成长的不同时段分为胎毛、小毛和大毛。而服装通常根据毛被的特点、品质和价值将毛皮分为小毛细皮、大毛细皮、粗毛皮、杂毛皮四大类型，如表6-2所示。

表6-2 毛皮种类、特点及用途

| 类型 | 名 称 | 毛皮特点 | 用 途 |
|---|---|---|---|
| 小毛细皮 | 黄狼皮、海龙皮、扫雪皮、黄鼬皮、艾虎皮、猸子皮、灰鼠皮、银鼠皮、麝鼠皮、花地狗皮、海狸鼠皮、旱獭皮、水貂皮等 | 属高级毛皮类，毛短，细密柔软而富有光泽 | 高档华贵的毛皮帽、长短大衣等 |

续表

| 类型 | 名　称 | 毛皮特点 | 用　途 |
|---|---|---|---|
| 大毛细皮 | 狐皮、貉皮、獾皮、狸子皮、青猺皮等 | 毛长、张幅大的高档毛皮 | 帽子、长短大衣、斗篷等 |
| 粗毛皮 | 羊毛皮、狗皮、狼皮等 | 毛长、张幅较大的中档毛皮 | 帽子、长短大衣、坎肩、褥垫等 |
| 杂毛皮 | 猫皮、兔皮等 | 皮质较差、产量较多的低档毛皮 | 衣、帽及儿童大衣等 |

**2. 主要毛皮的特征**

（1）海龙皮。海龙属水栖毛皮兽，体长 2331～2664mm，尾长 333mm。毛皮中脊呈黑褐色，黑针毛中夹有白针毛，绒毛呈青棕色，底色清晰尖亮，腹色较浅。毛被的峰尖粗厚致密，有很好的抗水性，割开后可向四面扑毛。皮板坚韧，弹性大，可纵横伸缩，耐穿耐用。张幅较大，价值昂贵。

（2）扫雪皮。扫雪别名白鼬、石貂，体长 400mm，尾长 60～100mm。毛皮中脊呈黑棕色，针毛呈棕色，绒毛乳白或灰白，冬毛纯白，但尾巴总是黑色。皮板鬃眼比貂皮细，毛被的针毛峰尖长而粗，光泽好，绒毛丰厚。上品张幅在 0.028 平方米（0.3 平方英尺）以上。

（3）黄鼬皮。黄鼬别名黄鼠狼，背毛为棕黄色，腹色稍浅，尾毛蓬松；针毛峰尖细软，有极好的光泽，绒毛短小稠密，整齐的毛峰和绒毛形成明显的两层；皮板坚韧厚实，防水耐磨。产于东北的张幅大，绒毛丰厚；产于华北、中南的毛被稀薄，张幅小。适合制作裘皮服装、皮领、服装镶边。

（4）艾虎皮。艾虎别名地狗，体长 300～450mm，尾长 70～150mm。毛被的特点是，针毛和绒毛都比较细软，毛质厚度不大，呈鱼白色或橘黄色；前腿十字骨以下部位突然显出黑色、油润、柔软的峰毛，其中夹杂有较长的定向毛；脊部的针毛比绒毛长一倍多，但不稠密，能透出绒毛的优美色泽。

（5）猸子皮。猸子又名鼬獾，体长 380～400mm，尾长 150～180mm。背呈棕灰色，由青、灰、白形成色相，带有青翠阴影，肩至腹部为白色。毛干的基部和毛尖为白色，毛干的中部为灰棕色。针峰较粗，底绒细软。拔掉粗、针毛后，绒毛呈青白色。皮板柔软，坚韧有拉力。甲级品皮张幅 在 0.074 平方米（0.8 平方英尺）以上。

（6）灰鼠皮。灰鼠体长 230～270mm，尾长比身长大一倍多。脊部呈灰褐色，腹部呈白色。毛多绒厚，毛密而蓬松。周身的丛毛随季节变化明显，冬季皮板丰满，夏季毛质明显稀短。

（7）银鼠皮。银鼠体长 150～250mm，尾长 17～20mm。皮色如雪，润泽光亮，无杂毛，针毛和绒毛近齐，皮板绵软灵活，起伏自如，尾尖有黑尖毛。

（8）麝鼠皮。麝鼠别名水耗子、青眼貂，体长 235～300mm，尾长 205～270mm，水陆两栖。其背毛由棕黄色渐至棕褐色，毛尖夹有棕黑色，毛基及腹侧毛均为浅灰色。皮厚绒足，针毛光亮，尤以冬皮柔软滑润，品质优良，经济价值略次于水獭皮。

（9）花地狗皮。花地狗又名虎鼬、臭鼬，体长 120～400mm，尾长 120～175mm。毛被花纹斑驳显目：背脊部以黄白色为主，布满褐色或浅棕色斑纹；腹部和四肢为黑褐色；尾毛基部为深褐色、尖为白色、形成棕面浮白的外观。皮板轻软柔韧，毛色艳丽，富有装饰性，但资源较少，因而珍贵。

（10）海狸鼠皮。海狸鼠体长约 435mm，尾长约 350mm。背毛呈黑褐色，腹毛棕灰色，底毛上有较长的针毛，且间杂棕黑或棕黄两种色泽的毛尖，毛长绒厚，但色泽不一。拔针后的商品皮称海狸绒皮，色匀绒密，质量上乘。

（11）旱獭皮。旱獭别名塔尔巴干、土拨鼠，体长 360～460mm，尾长 110～120mm。毛皮中脊呈褐色，毛色分三层（毛根黑、毛干灰、毛尖褐黄），腹侧毛色略浅。秋獭皮板上因附有大量脂肪，毛足绒厚，板壮坚韧，春獭皮质较好。

（12）水貂皮。水貂属水陆两栖动物，体长 400～600mm，尾长 150～200mm。毛皮脊部至尾基处为黑褐色，尾尖呈黑色。峰毛光滑、柔软、润泽，绒毛稠密，皮板坚硬、轻便，是一种珍贵的细毛皮品种，有"裘皮之王"的美称。适宜制作翻毛大衣、皮帽、夹克、披肩、斗篷及围巾等。

（13）狐皮。狐狸的皮板、毛被、颜色、张幅等因地而异。南方产的狐狸皮张幅较小，毛绒短粗，色红黑无光泽，皮板寡薄干燥；北方产的狐狸皮品质较好，毛细绒足，皮板厚软，拉力强，张幅大，脊色红褐，嗉灰白；红狐皮毛色棕红，光泽艳丽，毛细绒厚柔软灵活；沙狐皮背毛呈暗棕色（夏皮毛色淡红），腹下与四肢内侧为白色，尾尖呈灰黑色。一般将产于内蒙一带的沙狐称东沙狐，其张幅大，毛细绒足，毛色灰黄；产于西北一带的沙狐称西沙狐，其张幅小，毛粗绒密，毛色草黄，上品张幅在 0.120 平方米（1.3 平方英尺）以上。沙狐皮的张幅较红狐皮小，且毛的弹性、耐磨性、色泽都不如红狐皮，故价值低于红狐皮。狐皮适宜制作大衣、皮帽、皮领及围巾等。

（14）貉子皮。貉子别名狗獾，体长 500mm，尾长 100mm。脊部呈灰棕色，有间接竹节纹或黑色，针毛峰尖粗糙散乱，颜色不一，暗淡无光。拔掉针毛后的貉子皮称貉绒皮，其绒毛如棉，细密优美，皮板厚薄适宜，坚韧耐拉。可制作裘皮大衣、皮褥、皮帽及皮领等。

（15）獾皮。獾子体长约 500mm，尾长约 100mm。背部针毛长、光亮且呈三色（根基白色，毛干棕色，毛尖白色），绒毛灰白稠密，背毛蓬松，皮板坚韧，保暖耐磨，张幅较大。若拔掉针毛可得獾绒皮。

（16）狸子皮。狸子又名豹猫，体长 540～650mm，尾长大于体长的 1/3。南狸的品质一般优于北狸，毛纤维呈三色（基部灰色，中部白色，尖端黑色），毛峰光泽好，周身花点黑而明显，底色呈黄褐色，毛绒细密，常拔针后使用。其花斑如镶嵌的琥珀，绚丽夺目。北狸皮板厚实，毛高绒厚，防寒性极好。上品张幅在 0.167 平方米（1.8 平方英尺）以上。

（17）青猺皮。青猺又名花面狸，体长 500～600mm，尾长 440～540mm。背脊毛呈深棕灰色，粗毛的基部深灰色、尖部深棕色，针毛的基部棕色、尖部黑色，腹侧毛为灰白色，尾梢与足部均为黑色。皮质坚韧，毛绒厚软蓬松。上品张幅在 0.120 平方米（1.3 平方英尺）

以上。可制作长短大衣、皮帽等。

（18）羊皮。服装用羊皮主要有绵羊皮、山羊皮和羔皮三类。

绵羊皮：毛纤维呈弯曲状、黄白色，皮板坚实柔软。蒙古羊皮板厚，张幅大，含脂多，纤维松弛而粗直，毛被发达；西藏羊毛长绒足，花弯稀少，弹性大，光泽好；新疆细毛羊皮厚薄均匀，纤维细密多弯，弹性和光泽好，周身毛同质同量；滩羊毛呈波浪式花穗，毛股自然，花绺清晰，光泽柔软，不板结，皮板薄韧。

山羊皮：毛纤维半弯半直，皮板张幅大，柔软坚韧。针毛可用以制笔，拔针后的绒皮用以制裘，未拔针的山羊皮一般用作衣领或衣里。

羔皮：指绵羊羔的毛皮。滩羊羔皮毛绺多弯，色泽光润，皮板绵软；湖羊羔皮毛细而短，波浪形卷曲清晰，光泽如丝，毛根无绒，皮板轻软；三北羔皮毛卷曲，光泽鲜明，皮板结实耐用；青种羊羔皮又称草上霜，毛被无针毛，整体绒毛长 9～15mm，毛形下扣，左右卷成螺旋状圆圈，每簇毛中心形成微小的圆孔隙，绒毛碧翠，绒尖洁白，如青草上覆一层玉霜，是一种奇异而珍贵的毛皮。

（19）狗皮。狗皮特点是毛厚板韧，皮张前宽后窄，颜色甚多。南方狗毛绒平坦，个大板薄，黄色居多；北方狗毛大绒足，峰毛尖长，针毛毛根贯穿真皮，皮板厚壮，拉力强，以杂色居多。

（20）狼皮。狼的体长 1000～1600mm，尾长 350～500mm。毛长、绒厚、有光泽，毛色随地区变化较大，有棕灰、淡黄或灰白，皮板肥厚坚韧，保暖性很强。甲级皮张幅在 0.390 平方米（4.2 平方英尺）以上。不仅可以作为垫、褥防潮保暖，也可以制作短皮大衣、皮帽及皮领等。

（21）猫皮。猫的品种较多，以北方猫皮的质量为好。其特点是颜色多样，斑纹优美，由黑、黄、白、灰等多色组成，毛被上有时而间断、时而连续的斑点、斑纹或小型色块片断，针毛细腻润滑，毛色浮有闪光，暗中透亮。

（22）兔皮。兔皮毛色较多，以黑、白、青、灰为主。北方兔的毛色多为白色，毛绒厚而平坦，色泽光润，皮板柔软；力克斯兔的全身均为同质绒毛，以驼色居多，毛呈细小螺旋状，皮板壮实；青紫蓝兔毛被具有天然色彩，皮张幅大，毛绒丰厚；安哥拉兔毛被洁白蓬松无针毛，毛长 60～80mm。

**（三）裘皮品质与性能**

裘皮质量的优劣，取决于原料皮的天然性质和加工整理的质量，而前者尤为重要。除了前部分介绍的不同毛皮兽具有不同外观和品质特点之外，即使同一种类的毛皮兽，由于其捕获季节、生活环境、性别、年龄和部位的差异，其毛皮的质量也有所不同。裘皮的品质和性能可从以下方面来衡量：

**1. 毛被疏密度**

裘皮的御寒能力、耐磨性和外观质量都取决于毛被的疏密度。毛密绒足的毛皮价值高而名贵，如水獭、水貂就因毛密绒足而比旱獭、黄鼬名贵。细毛羊皮周身的毛同质、同量，剪绒后得到的毛被平整细腻、绒毛丰满；而山羊毛皮相对稀疏且粗，拔针后的绒毛皮价值较低。

除绵羊皮外，一般都是冬季产的毛皮峰尖柔、底绒足、皮板壮、品质最好，见表6-3。

表6-3 产皮季节与毛皮质量

| 名称 | 背部毛绒 | 皮板 | 尾巴 |
|---|---|---|---|
| 冬皮 | 长而密、灵活、光亮 | 呈白色、柔韧 | 毛较长、蓬松有光泽 |
| 秋皮 | 毛平齐、较短、有新生短针毛 | 呈青色、较厚 | 毛较短或平伏未散开 |
| 春皮 | 毛干枯、有勾曲或脱绒现象 | 呈红色、较硬厚 | 毛枯干有脱绒 |
| 夏皮 | 毛稀短 | 干燥薄弱 | 毛细尖 |

在一张毛皮中，不同部位（图6-2）毛被的品质有差异。一般来说，肩部及体侧毛最好，因其细长且生长密度大；背部毛稍稀略粗；颈部和腹部毛比体侧毛较粗，经常被杂草污染；臀部毛较粗长，有草刺及黏结。

**2. 毛被颜色与色调**

毛被的颜色与色调决定了裘皮的价值。野生毛皮兽可以根据毛被的天然花色区别毛皮的种类和品质档次（稀有名贵或普通粗劣）。毛被的颜色有暗、有淡，同一动物的毛被也往往有不同的色调，通常毛皮的中脊部位色泽较深，花纹明显，由脊部向两肋，颜色逐渐变浅，腹部最浅。

在裘皮生产中经常采用染色的手段使低级毛仿制高级毛皮，其毛被的花色及光泽越接近天然色调，裘皮的价值就越高。

**3. 毛纤维长度**

毛被中毛纤维的长度决定了裘皮的御寒能力，毛长绒足的裘皮防寒效果最好。裘皮服装生产中常根据使用的部位及功能，确定所要求的毛纤维长度，选择合适的裘皮品种。

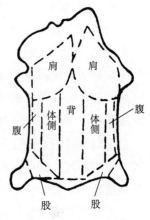

图6-2 兽皮的部位

**4. 毛被光泽**

毛被的光泽决定于毛纤维鳞片层的构造、针毛的质量以及皮脂腺分泌的油润程度。纤维越粗，光泽越强；纤维越细，反光较小，光泽柔和。一般，栖息在水中的毛皮兽毛绒细密，光泽油润；栖息在山中的毛皮兽毛厚、针亮、板壮，毛被的天然色彩比较优美；混养家畜的毛被受污含杂较多，毛纤维比较粗糙，光泽较差。

**5. 毛被弹性**

毛被的弹性由原料毛被的弹性和加工方法所决定。弹性差的毛被经压缩或折叠后，被弯曲的毛被需很长时间才能回复，甚至不能完全回复，这会使裘皮表面毛向不一，影响外观。毛被弹性越大，弯曲变形后的回复能力就越好，毛纤维蓬松而不易成毡。一般来说，有髓毛的弹性比无髓毛小且不易染色，秋季毛的弹性比春季毛大，澳毛的弹性比新疆细羊毛大。

**6. 毛被柔软度**

毛被的柔软度取决于毛纤维的长度、细度以及有髓毛与无髓毛的数量之比。毛细而长，其毛被就柔软，如细毛羊皮、安哥拉兔皮；短绒发育好的毛被光润柔软，如貂皮、扫雪皮；

粗毛数量多的毛被半柔软，如猸子皮、艾虎皮；针粗毛硬的毛被硬涩，如獾皮、春獭皮等。一般成年兽的毛皮被毛丰满柔软，老年兽的毛被退化变脆。服装用的裘皮以毛被柔软为上乘。

### 7. 毛被成毡性

毛被的成毡现象是毛纤维在外力作用下散乱纠缠的结果。毛纤维的鳞片结构、卷曲现象及易拉伸变形是其主要因素。细而长、天然卷曲强的毛被成毡性强，这对裘皮的质量是不利的。

### 8. 皮板厚度

皮板的厚度决定着裘皮的强度、御寒能力和重量。皮板厚度因毛皮兽的种类、性状、部位以及毛皮防腐加工手段而异：随兽龄的增加而增加；公兽皮通常比母兽皮厚；脊背部和臀部最厚，两肋和颈部较薄；毛皮加工前用盐腌防腐者，皮板厚度变化不大，用干燥和盐干防腐者，皮板厚度大大减小。

### 9. 毛被与皮板的结合强度

毛被与皮板的结合强度由皮板强度、毛纤维与皮板的结合牢度、毛纤维的断裂强度所决定。

皮板的强度取决于皮板厚度、胶原纤维的结构特性和紧密性、脂肪层和乳头层的厚薄等因素。例如，绵羊皮的毛被虽然稠密，但由于其表皮薄，胶原纤维束细且不够紧密等，故其皮板的抗张强度较低。相对而言，山羊皮板的强度较高。

毛纤维的断裂强度与其皮质层的发达程度等因素有关。例如，皮质层发达的水獭皮强度较皮质层不发达的兔皮高，肥皮板毛的断裂强度比瘦皮板高，冬皮毛的强度比夏皮毛高，湿毛强度比干毛高。

毛纤维与皮板的结合牢度取决于动物种类、毛囊深入真皮中的程度、真皮纤维包围毛囊的紧密程度以及生皮的保存方法。厚板毛皮较薄板毛皮好，秋季毛皮较春季毛皮好。原料皮在保存时保持干燥不变质，可以防止毛纤维与皮板结合牢度的下降。

此外，毛皮加工过程中的不当还容易造成裘皮成品的种种缺陷，从而影响裘皮的外观、性能及使用。

## 二、仿裘皮

随着人类环保意识的增强和纺织技术的进步，仿裘皮（人造毛皮）得以较大的发展。它具有质地轻巧、光滑柔软、保暖性好、不怕霉菌、虫蛀的优点。不仅可简化毛皮服装的制作工艺，且制品轻软，色彩丰富，结实耐穿，可水洗、皂洗，易于保管，且价格较一般天然毛皮低。

人造毛皮是仿兽皮织物的总称，外观类似动物毛皮，典型品种如长毛绒（又称海虎绒或海勃龙）等。人造毛皮由底布和表面绒毛两部分组成，底布为机织或针织织物，绒毛通常分为两层：外层是光亮粗直的刚毛（针毛），内层是细密柔软的短绒，也有将纤维成卷以仿羊羔皮外观。人造毛皮适宜制作大衣、帽子、衣领等。

### （一）针织人造毛皮

针织毛皮既有天然毛皮的外观，又有良好的弹性、透气性和保暖性，花色繁多，适用性广。由于构造方式的不同，针织人造毛皮有纬编、经编和缝编之分。

纬编人造毛皮是在针织机上采用长毛绒组织织成。通常用（31.3～25）tex×2（32公支/2～40公支/2）腈纶或氯纶、黏胶纤维为起毛纱（线），18tex（32英支）涤纶、锦纶或棉做地纱（线）。起毛纤维的一部分与地纱编织成圈，而纤维的端头突出在织物的表面形成约为3～15mm绒毛，如图6－3所示。由于绒毛在线圈中呈"V"型固结，且针织底布延伸度较大，因此，必须在底布背面涂以黏合剂，使底布定形，不至于掉毛。这种利用纤维直接喂入而形成的针织人造毛皮，可以留在织物表面长短不一的纤维形成针毛和绒毛结构。长度较长、支数较低、颜色较深的纤维为针毛；长度较短、支数较高、颜色较浅的纤维为绒毛。此外，通过调整不同纤维的比例并仿造天然毛皮的花色进行配色，可以使毛被的结构更接近天然毛皮。

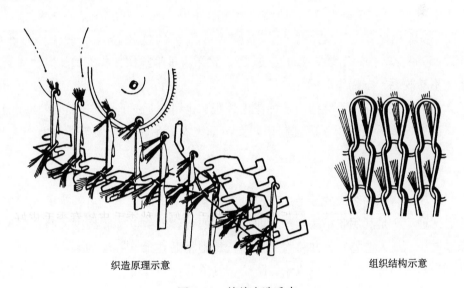

织造原理示意　　　　　　　　　　组织结构示意

图6－3　纬编人造毛皮

纬编人造毛皮主要有素色平剪绒、提花平剪绒和仿裘皮绒。素色平剪绒毛面平整，主要作为冬服衬里以及一般女装和童装的面料；提花平剪绒外观美丽，可作为一般服装面料；仿裘皮绒高雅逼真，主要作为高档女装面料。

经编人造毛皮系双针床拉舍尔（Raschel）经编织物，绒纱和地纱通过6把梳栉导入织针，双针床的间距形成织物绒毛的高度，编织后的双层织物经剖绒机剖割分成上下两幅单层绒织物。人造毛皮的底布采用涤纶低弹长丝织制，绒经纱分刚毛和绒毛两层，并以"W"型固结于底布。刚毛选用7.8～17dtex（7～15旦）异形有光腈纶，绒毛选用3.3～5.6dtex（3～5旦）高收缩腈纶。织物经热定形工艺，幅宽稳定。后整理时先经钢丝刷毛将纱线捻度解开，再经烫光、剪毛等工艺，使产品毛丛松散，绒面平整、光洁、细柔。

缝编法人造毛皮是毛圈缝编组织，一般用纤维网、纱线层或地布作为基组织，经缝编制得。由浮起的经编线延展线形成线圈，然后经拉绒或割圈等形成毛绒。缝编毛绒的毛高为8~25mm，重量为450~550g/m²，有较好的尺寸稳定性和保暖性，成本较低，适宜制作冬季男女服装的衬里等。

### （二）机织人造毛皮

机织人造毛皮采用经起绒组织经双层分割法织制而成。如图6-4所示，地经分成上、下两部分，上层地经与纬线交织成上层织物，下层地经与纬线交织成下层织物。绒经则位于间隔一定距离（两倍绒毛高度）的两层织物之间，交替地与上、下层纬线交织。织物经割绒工序，形成两幅经起绒（毛）织物。

图6-4　机织人造毛皮构成示意

机织人造毛皮的底布一般以棉、棉型混纺或毛纱（线）为原料，地经线密度为28tex×2~36tex×2（21英支/2~16英支/2），地纬线密度为18tex×2~28tex×2（32英支/2~21英支/2），毛绒常采用腈纶、羊毛、氯纶、黏胶等纤维纺的低捻精纺纱线，一般线密度为31.3tex×2~50tex×2（32公支/2~20公支/2）。底布为重平组织，起毛绒经以"W"型固结在底布上，不易脱毛，布幅稳定。

机织人造毛皮可用花色毛经织出各种花色外观，也可以通过印花工艺在织物表面达到仿真效果，属高档人造毛皮织物，适宜制作妇女冬季大衣、冬帽和衣领等，但生产工艺较长，品种更新较慢。

### （三）人造卷毛皮

人造卷毛皮是将织物表面的绒毛加工成卷毛形态，以形成仿羊羔皮外观的人造毛皮。其形成方法有两种：一是利用胶粘法生产，即在相应的装置下将以黏胶纤维或腈纶纤维为原料的纤维条卷烫加工成人造卷毛，并将卷毛条一行行地粘贴在涂有胶液的基布上，最后，经加热滚压和适当修饰即可；二是对以涤纶、腈纶、氯纶等化学纤维为原料的针织人造毛皮进行热收缩定形处理而成。人造卷毛皮以黑白色为主，表面形成类似天然的花缩花弯，柔软轻便，有独特的风格，既可作为面料，又可作为填料。

### （四）人造毛皮与天然毛皮识别

由于人造毛皮通常由腈纶纱线交织而成，因此，天然毛皮与人造毛皮的识别方法比较简便。例如，先在毛皮服装上揪下一根毛纤维，用火点燃，熔化并发出一股塑料气味的，就是人造毛皮；若是产生烧头发气味的，可认定为天然毛皮。再如，撩开毛纤维，人造毛皮纱线交织现象明显，呈织物形状；而天然毛皮则由3~4根毛纤维均匀地分布在皮板的每一毛囊中。

人造毛皮与天然毛皮的识别要点：

（1）人造毛皮的底布是由纱线交织而成的针织物或机织物，而天然毛皮的毛被是由毛纤维深入真皮之中，反面则是由非常细微的蛋白质纤维构成的绒面动物皮板（图6-5）。

（2）天然毛皮遇火呈现天然蛋白质纤维的燃烧现象，而人造毛皮则大多为化纤的燃烧现象。

（3）人造毛皮的毛根和毛尖一样粗细，而天然毛皮的毛根粗于毛尖。

（4）人造毛皮轻于天然毛皮。

机织人造毛皮正反面　　　　　　　　　　天然毛皮正反面

图6-5　机织人造毛皮与天然毛皮的区别

# 第二节　皮革和仿皮革

## 一、皮革

经过加工处理的光面或绒面动物皮板称为皮革。天然皮革由非常细微的蛋白质纤维构成，手感温和柔软，有一定强度，且具有良好的吸湿透气性和染色牢度，主要用作服装和服饰面料。不同的原料皮经过不同的加工方法，可获得不同的风格和性能。例如，铬鞣的光面和绒面革柔软丰满，粒面细腻；表面涂饰后的光面革可以防水；经过染整处理后的皮革还可得到各种色泽和肌理效果。在服装设计和制作中，可将皮革的条块通过编结、镶拼或与其他纺织材料组合，既可获得较高的原料利用率，又具有花色多变的特点。此外，由于其纤维密度高，皮革裁剪和缝制后缝线不会产生起裂等问题。

### （一）皮革种类及特征

天然服用革多为铬鞣的猪皮、牛皮、羊皮、鹿皮、蛇皮革等，厚度为0.6~1.2mm。皮革按用途可分为鞋面革、服用革、鞋里革和手套革等；按动物皮的种类可分为家畜革、野生动物皮、鱼蛇皮、禽鸟皮等。家畜革一般指黄牛皮、水牛皮、牦牛皮、马皮、驴皮、猪皮、狗皮、山羊皮和绵羊皮等；野生动物皮指羚羊皮、麝皮、野猪皮和袋鼠皮等；鱼蛇皮有蜥蜴皮、蛇皮、鲨鱼皮、蛙皮等；禽鸟皮有鸵鸟皮、鸡爪皮等。服用皮革的主要品种及特征见表6-4。

**表6-4 服用皮革主要品种及特征**

| 品种名称 | 表面结构特征 | 性能特征 | 主要用途 |
|---|---|---|---|
| 猪皮革 | 毛孔圆而粗大且较深、稀少，倾斜伸入革内，明显的三点织成一小撮，粒面凹凸不平 | 透气性比牛皮好，较耐折、耐磨，缺点是皮质粗糙，弹性差 | 鞋、衣料、皮带、箱包、手套等 |
| 牛皮革 | 各部位皮质差异较大。黄牛革表面毛孔呈圆形，直伸入革内，毛孔密而均匀，排列不规则；水牛革表面毛孔比黄牛革稀少，皮质较松弛，不如黄牛革丰满细致 | 耐磨耐折，吸湿透气性较好，粒面磨光后亮度较高。其绒面革的绒面细密，是优良的服装材料 | 衣料、鞋、皮带、手套、箱包等 |
| 羊皮革 | 山羊皮皮身较薄，皮面略粗糙毛孔呈扁圆形斜伸入革内，粗纹向上凸，几个毛孔成一组呈鱼鳞状排列；而绵羊皮表皮薄，革内纤维束交织紧密 | 山羊皮粒面紧密，有高度光泽，透气、柔韧、坚牢。绵羊皮手感滑润，延伸性较好，但强度稍差，不耐拉扯 | 衣料、鞋、帽、手套、背包等 |
| 麂皮革 | 毛孔粗大稠密，皮面粗糙，斑疤较多 | 皮质厚实，坚韧耐磨，绒面细密，柔软光洁，吸湿透气性较好。不适合制正面革，但制成毛绒革质量最好 | 衣料、鞋、帽、背包等 |
| 蛇皮革 | 表面有明显的易于辨认的花纹，脊色深，腹色浅 | 粒面致密轻薄，弹性好，柔软，耐拉折 | 服装的镶拼、箱包等 |

服用革按其加工方式主要有正面革和绒面革两种。正面革也称全粒面革（头层革），其表面保持原皮所拥有的天然毛孔和粒纹，从粒纹特征可以分辨原皮的种类和皮质。绒面革是经过磨绒处理的皮革，除了需要绒面外观之外，实际生产中往往将皮面质量不好的原皮加工成绒面革。为了提高原料皮的利用率，通常将比较厚的生皮用剖层机剖成若干层，带粒面的为头层革，其下依次称为二层革、三层革。服用绒面革的特征见表6-5。

**表6-5 服用绒面革品种及特征**

| 品种名称 | 特征 |
|---|---|
| 羊皮绒面革 | 皮质比较疏松、柔软 |
| 猪皮绒面革 | 正面绒毛细短，反面绒毛粗长 |
| 牛皮绒面革 | 绒面比较粗糙 |
| 麂皮绒面革 | 绒面细腻、柔软、光洁，皮质厚实、坚韧耐磨，质量最好 |

在众多的动物皮革中，牛皮革的使用量最大。它不仅皮质结实耐用，而且张幅亦比较大，便于裁制，价格经济实惠。

**（二）皮革加工**

不同用途的皮革，其加工的方法有所不同。但总的来说，生皮加工成皮革也如同毛皮一样，需要经过准备、鞣制和整理这三道工序。

**1. 准备工序**

准备工序包括浸水、脱毛、膨胀、片皮、消肿、软化、浸酸等。其主要作用是去除原料皮上所有对制革无益的成分，如生皮上的毛被、表皮和皮下脂肪等，保留必要的真皮组织，并使它的厚度和结构达到制革工艺的要求。经过准备工序处理后取得的皮层称为裸皮。

**2. 鞣制工序**

鞣制工序主要包括预鞣、鞣制和复鞣。将裸皮浸在鞣液中，使皮质和鞣剂充分结合，以改变皮质的化学成分，固定皮层的结构。通过鞣制工序，胶原纤维在结构上发生变化，即从生皮（原皮）转化为可以长久保存的、具有使用功能的皮革。采用不同鞣料及方法鞣制的皮革，其服用性能有所不同。

**3. 整理工序**

整理工序通常先进行湿态整理（包括水洗、漂洗和漂白、削匀、复鞣、填充、中和、染色、加脂等），然后进行干态整理（包括平展与晾干、干燥、磨革、涂饰和压花等）。它是对皮革做进一步加工，以改善其外观。

皮革染色的方法有浸染、刷染、喷染和轧染。浸染法是将整张皮革在染浴中浸染，可以机械化操作；刷染和涂染法是将皮革平铺在案桌上，将染液在其表面均匀地刷（涂）染或喷染，可以手工或半机械化操作，对大幅面或只要求一面染色或不能在转鼓机上染色的皮革可用此法，较为经济，但染料的溶解性及操作技术要求较高；类同织物的轧染，皮革轧染法可连续染色并与浸染法一样可缩小由于皮革的天然缺陷造成的瑕疵，还可节约能源。用于皮革的染料因皮革的品种和染色要求而异。一般而言，正面革染色只要求粒面着色浓厚，而绒面革则要求染透，使革的内部也有浓郁的色泽，且能经得起染色后的再次磨绒。对毛、革两面用绒面革而言，毛被应尽可能保持天然色调，而反面的绒面皮板应被染透，且上色均匀。

**（三）皮革品质及其评定**

**1. 皮革的品质要求**

皮革的品质与动物的种类、年龄、性别、部位以及鞣制加工方法有关。各种动物的皮及不同鞣制加工方法的品质特征前文已述，皮革品质与动物年龄的关系可以牛皮革为例，如成牛（两岁以上）的皮质厚实、牢固、较硬；小牛（一岁左右）的皮质为上等；而乳牛（六个月左右）的皮质柔软而细腻，为高价皮革。

与毛皮类似，同一张皮革中不同部位的质地和收缩量也是有差异的。皮革品质与动物部位的关系如下：

背部：也称为正身，褶细，纤维紧绷，拉伸小，是最好的部位。

腹部：纤维柔软但褶粗而大，容易拉伸。

腿窝：腿内侧或大腿部分，非常容易拉伸，松弛有褶皱。

头部：硬而且伤处多，表面粗糙且光泽差，孔也多。

腿部：与头部质地相同，面积小。

皮革质量的优劣、适用性如何，对于皮革服装的选料和缝制影响很大。通常要求革的单位面积重量轻，革身丰满柔软、平整有弹性和延展性，无不良气味，具有较好的强度、透气性、吸湿排湿性和化学稳定性，厚薄均匀，颜色一致，染色牢度好，光面革要求革面光洁细致，绒面革要求革面有短密而均匀的绒毛。

**2. 皮革的质量评定**

皮革质量由其外观和内在质量综合评定。服用革的价值在很大程度上体现在外观质量上，其指标主要有身骨（整体挺括程度）、软硬度、表面光滑细腻程度及皮面伤残等，主要依靠感官检验；内在质量主要取决于其化学、物理性能指标，QB/T 1872—2004 服用皮革标准提出了具体的指标要求，即含水量、含油量、含铬量、酸碱值、抗张强度、延伸度、撕裂强度、缝裂强度、崩裂力、透气性、耐磨性等。其中，撕裂强度是保证皮革服装正常穿着的一项重要强度指标，根据QB/T 1872—2004 规定：服装用羊皮革撕裂强度≥11N，牛马皮革撕裂强度≥13N，其他小动物皮撕裂强度≥9N。

## 二、仿皮革

仿皮革（人造皮革）由于拥有近似天然皮革的外观，且造价低廉，已被服装业和市场所接受。以往，人们把PVC涂层的革称为人造革，PU涂层的革称为合成革，目前，我国将人造革、合成革统称为人造皮革。早期生产的人造皮革是用聚氯乙烯涂于织物形成的人造革，服用性能较差。近年来开发了聚氨酯合成革品种，使人造皮革的质量得以显著改进。特别是基材用非织造布，面层用聚氨酯多孔材料仿造天然皮革结构和组织的合成革，具有良好的服用性能。

### （一）聚氯乙烯人造革

人造革是一种外观、手感类似天然皮革的塑料制品。聚氯乙烯人造革是用聚氯乙烯树脂、增塑剂和其他辅助剂组成混合物后涂敷或贴合在纺织基材上，再经过相应的加工、整理工艺制成的。根据塑料层结构的不同，可分为普通革和泡沫人造革两种。后者是在普通革的基础上，将发泡剂作为配合剂，使聚氯乙烯树脂层中形成许多连续的、互不相通、细小均匀的气泡结构，从而使人造革手感柔软，有弹性，与天然皮革相近。

聚氯乙烯人造革在着色时先将颜料与增塑剂组成色浆，再加入配制好的胶料充分搅拌，使着色剂在胶料中均匀分散，这种有色胶料涂刮到基布上就形成了色泽均匀的人造革。

与天然皮革相比，聚氯乙烯人造革质轻，柔软，强度和弹性好，耐污易洗，耐用性较好，不燃烧，不吸水，变形小，不脱色，对穿用环境的适应性强。由于人造革的幅宽由基布所决定，因而比天然皮革张幅大，且厚度均匀，色泽纯而匀，便于裁剪缝制，质量容易控制。但人造革的透气、吸湿等性能不如天然皮革，因而制成的服装鞋靴舒适性、卫生性较差。

### （二）聚氨酯合成革

合成革是模仿天然皮革的物理结构和使用性能织制的塑料制品。聚氨酯合成革由底布和微孔结构的聚氨酯面层所组成。按底布的类型可分为非织造布底布、机织物底布、针织物底布和多层纺织材料底布（非织造布与机织物或针织物复合）合成革。

以非织造布为底布的合成革主要由三层材料和结构组成，即用聚氨酯弹性体溶液浸渍的纤维质底基、中间增强层以及微孔弹性聚氨酯面层。其中，中间增强层是一层薄型棉织物，用来将微孔层与纤维质底布隔开，以提高材料的抗张强度，降低伸长率。而微孔弹性聚氨酯面层的厚度较小，形成合成革的外观，并决定着合成革的物理化学性能。

以机织物或针织物为底布的合成革主要以棉或锦纶为材料，并涂敷相应的聚氨酯弹性体而成。服装用合成革主要采用聚氨酯溶液涂层，厚度为 0.12 ~ 0.15mm，并可以使多层涂层成形。聚氨酯溶液涂于底布主要有正涂和反涂两种方法（图 6-6）。

**1. 正涂法**

直接在织物上涂敷聚氨酯涂层的方法。其底布一般使用短绒织物。

**2. 反涂法**

使成形的聚氨酯薄膜与织物底布贴合在一起，经过加热成膜、表面修饰等整理工序，便可获得多种外观的合成革。

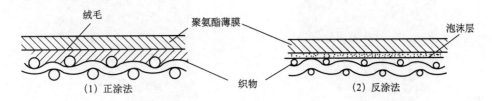

图 6-6　合成革的正、反涂法

聚氨酯合成革的性能主要取决于聚合物的类型和涂敷涂层的方法、各组分的组成、底布的结构等。其服用性能特别是强度、耐磨性、透水性、耐光防老化性等优于聚氯乙烯人造革，且柔软有弹性，表面光滑紧密，可以着多种颜色和进行轧花等表面处理，品种多，仿天然皮革效果好。

**（三）人造麂皮**

人造麂皮又称仿麂皮或仿绒面皮。服装用人造麂皮既要有麂皮般细密均匀的绒面外观，又要有柔软、透气、耐用的性能。人造麂皮的形成主要有以下两种方法：

**1. 聚氨酯合成革表面磨绒**

将以棉纤维或超细纤维为原料的非织造布用聚氨酯溶液浸渍，然后在其上涂敷 1mm 厚的用吸湿性溶剂制备的聚合物与颜料的混和溶液，成膜后再经表面磨绒处理。人造麂皮具有很好的弹性和透水性，且易洗，是理想的绒面革代用品。

**2. 织物植绒**

利用织物植绒的方法仿制人造麂皮（详见第三章植绒织物及其构造部分）。

目前，人造麂皮从外观和手感上都已达到以假乱真的程度，且透气、吸湿等舒适性已大大超越前两种人造革。

**（四）再生革**

传统的制革过程会产生大量的固体废弃物，皮革制品的加工生产过程中也会产生各种革屑和边角废料。再生革就是利用皮革的边角废料粉碎成皮纤维，与黏胶剂或树脂与其他助剂混合，压制成型，再经表面涂饰等加工而成的产品。

通常，再生革中的皮纤维越长，其性能越稳定；原料中的长纤维越多，产品的物理性能越好。如果产品中含有过多的碎皮屑，则其强度和整体性就会受到影响，物理性能和耐用性能就会大打折扣。由于再生革是利用皮革废料生产的产品，因此成本较低，但其坚牢度、抗水性、耐用性和卫生性能不如天然皮革，所以，多用作服装辅料。

### （五）人造皮革与天然皮革识别

天然皮革是以动物皮为原料加工而成，其形状不规则，厚薄不均匀，或多或少地存在一些伤残。正面革有清晰的毛孔和花纹，皮革横断面各层的纤维粗细变化很大，背面是由蛋白质纤维构成的绒面动物皮板。而人造皮革大多由化学混合物涂敷或贴合在纺织基材上构成，因此表面均一，质地均匀，表层为塑料涂层，反面（底布）是由纱线交织而成的针织物、机织物或由纤维集合而成的非织造布（图6-7）。

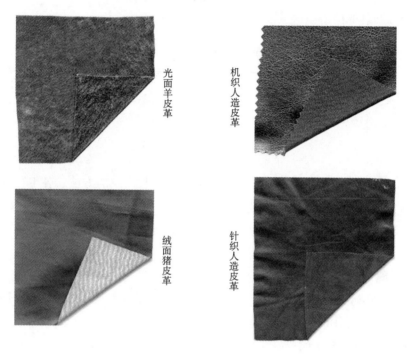

图6-7　人造皮革和天然皮革的区别

## ✳ 专业术语

| 中　文 | 英　文 | 中　文 | 英　文 |
| --- | --- | --- | --- |
| 裘皮 | Fur | 毛皮 | Fur/Peltry |
| 鞣制 | Tannage | 紫貂皮 | Sable Fur |
| 水獭皮 | Otter | 水貂皮 | Mink Skin |
| 狐皮 | Fox Fur | （绵）羊皮 | Sheep Fur |
| 狗皮 | Dog Skin | 猫皮 | Cat Fur |
| 兔皮 | Rabbit Fur | 仿裘皮 | Artificial Fur |
| 针织人造毛皮 | Knitted Bonded Fur | 机织人造毛皮 | Woven Bonded Fur |
| 人造卷毛皮 | Man-made Curling Fur | 皮革 | Leather |
| 猪皮革 | Pig Skin | 牛皮革 | Cattle Leather |

续表

| 中　文 | 英　文 | 中　文 | 英　文 |
| --- | --- | --- | --- |
| 羊皮革 | Sheep Skin | 麂皮革 | Chamois Leather |
| 蛇皮革 | Snake Skin | 绒面革 | Blushed Leather |
| 仿皮革 | Imitation Leather | 聚氯乙烯人造革 | PVC Artificial Leather |
| 聚氨酯合成革 | Polyurethane Synthetic Leather | 人造麂皮 | Suede-like Fabric |
| 再生革 | Regenerated Leather | | |

## ✴ 学习重点

1. 服用毛皮和皮革的类别及特征。
2. 影响裘皮和皮革品质的因素。
3. 仿裘皮和仿皮革的类别及特征。
4. 裘皮与仿裘皮、皮革与仿皮革的识别。

## ✴ 思考题

1. 毛皮、毛被、皮板、裘皮、皮革的概念及区别。
2. 裘皮、皮革的风格与性能特征。
3. 服用毛皮的类别及特征。
4. 衡量裘皮品质和性能的因素。
5. 仿裘皮的类别及特征。
6. 服用皮革的种类及特征。
7. 皮革的品质要求和品质评定指标。
8. 影响皮革品质的因素。
9. 仿皮革的类别及特征。
10. 区分裘皮与仿裘皮的方法。
11. 牛皮、羊皮和猪皮的外观风格。

## 服用辅料

**课程名称：** 服用辅料

**课程内容：** 衬料和垫料

里料和填料

线类材料和紧扣材料

装饰材料和标识材料

**课程时间：** 2 课时

**教学目的：** 辅料是服装的重要组成部分。通过本章学习，引导学生了解各类辅料的作用、类别和特点，掌握并合理地选用辅料，使其在外观、性能、质量和价格等方面与面料配伍。

**教学方式：** 实物、图片、多媒体讲授和认知分析。

**教学要求：** 1. 掌握本章专业术语概念。

2. 掌握各类辅料的作用、类别和特点、质量要求。

3. 掌握各类辅料与服装及其面料的配伍性。

# 第七章　服用辅料

服装辅料，虽然在服装中处于"辅助"地位，但却是服装必不可少的组成部分。随着人们对服装品质和审美要求的日益提高，面辅料配伍的要求越来越高。与面料一样，辅料的装饰性、舒适性、保健性、加工性、耐用性、保管性、功能性及经济性直接关系到服装的装饰性、实用性及舒适性，影响着服装的结构、工艺、质量、价格、销售等。所以，辅料也是服装的重要材料。了解辅料的有关知识，正确地掌握和选用辅料，并在外观、性能、质量和价格等方面与面料合理配伍，是服装设计和生产中不可忽视的问题，也是服装工作者所必备的专业基础素质。

根据辅料的基本功能和在服装中的使用部位，服用辅料主要包括衬料、垫料、里料、填料、线类材料和紧扣材料等。

## 第一节　衬料和垫料

衬料是用于面料和里料之间起定形、补强和保形等作用的材料。垫料则是指为了保证服装造型要求并修饰人体体形的材料。两者作为服装的骨骼和支撑，可满足服装对造型和结构等方面的要求。

### 一、衬料

早期，人们使用的衬料是以麻布和棉布为主体的第一代衬料。20世纪30~50年代，由于西服的传入和中山装的提倡，我国开始生产和使用被称为第二代衬料的马尾衬和黑炭衬。20世纪60~70年代，第三代经树脂整理的衬料经历了从开始生产到逐步完善的过程。从20世纪80年代至今，第四代黏合衬的开发和利用可谓是在世界范围内服装工业的一次技术革命，以黏代缝的工艺手段简化了服装缝制加工工艺，并赋予服装更为优异的造型性能和保形性能。

当今，数字化技术、等离子技术、微胶囊技术和纳米技术等已经在衬布行业得到应用，涌现出了功能性衬布、生态型衬布和可水洗透气毛衬等高性能衬布产品。

#### （一）衬料作用

衬是服装的骨骼和支撑，它对服装有以下几方面的作用：

**1. 使服装获得理想的造型**

在不影响面料手感风格的前提下，由于衬的硬挺和弹性，可使服装平挺、宽厚或隆起，赋予服装理想的曲线和立体造型。

**2. 保持服装结构形态和尺寸的稳定**

服装前襟、袋口、领口在穿着时易受力拉伸和变形，袖窿、领窝等部位在服装加工过程中易产生变形，衬料的牵制可保证服装形态与尺寸的稳定。

**3. 使服装折边清晰平直**

在服装的折边（如袖口、下摆）以及开衩（袖衩、背衩）等处用衬，可使折边更加挺直，折线分明。

**4. 提高服装的抗皱能力**

在领子和门襟等处用衬，可使服装平挺并抗皱，这对薄型面料更为突出。

**5. 增加服装的丰满感和保暖性**

服装用衬后增加了厚度，因而增加了服装的丰满感和保暖性。

**6. 对服装局部具有加固补强作用**

由于衬料的缝合或黏合，加固并增加了服装的局部强度。此外，用衬使服装增加了保护层，面料不至于被过度拉伸，耐穿性提高。

**7. 改善服装的加工性**

真丝面料的易滑移性、单面薄型针织物的卷边性等在服装制作过程中使面料不易握持，加工难度大，用衬后可提高可加工性。

### （二）衬料类别与特点

衬的分类通常以使用原料、方式、部位，底布构造、厚薄和重量等为依据，见表 7 – 1。

表 7 – 1　常用衬的类别

| 分类方法 | 类　别 |
|---|---|
| 按使用原料 | 棉衬、麻衬、毛衬（黑炭衬、马尾衬）、化学衬（化学硬领衬、树脂衬、热熔衬）、纸衬等 |
| 按使用方式 | 热熔黏合衬、非热熔衬 |
| 按衬的厚薄和重量 | 厚重型（160g/m² 以上）、中厚型（80～160g/m²）、轻薄型（80g/m² 以下） |
| 按衬的底布（基布） | 机织衬、针织衬、非织造衬 |
| 按使用部位 | 服用衬（包括衣衬、领衬、腰衬、牵条衬）和鞋靴衬等 |

**1. 各类原料衬特点**

如表 7 – 1 所示，衬料按其原料的不同分为棉衬、麻衬、毛衬（黑炭衬、马尾衬）、化学衬（化学硬领衬、树脂衬、热熔衬）、纸衬等。原材料不同，衬的结构和加工方法有所不同，其性能、特点及适用性也不同，见表 7 – 2。

表 7 – 2　各类原料衬的特点

| 名　称 | 特　点 | 适用性 |
|---|---|---|
| 棉　衬 | 采用中、低支平纹本白棉布，不加浆剂处理，手感柔软 | 各类传统加工方法的服装，特别适用于挂面、裤腰等部位 |

续表

| 名 称 | 特 点 | 适用性 |
|---|---|---|
| 麻 衬 | 用纯麻、麻混纺平纹布制成或纯棉粗平纹布涂树脂胶仿制而成，有较好的硬挺度和弹性 | 以麻为原料的麻衬是高档服装用衬，而仿麻衬是西装、大衣的主要用衬 |
| 黑炭衬 | 以棉或棉混纺纱线作经，牦牛毛或山羊毛与棉或人造棉的混纺纱线作纬而织成的平纹布。纬向弹性好 | 高档服装的胸衬 |
| 马尾衬 | 棉或棉混纺纱作经，马尾鬃作纬，手工织成。弹性很好，但幅宽很小，产量少 | 高档服装用衬 |
| 树脂衬 | 在纯棉或涤/棉平纹布上浸轧树脂胶而制成。有较好的硬挺度和弹性，但手感板硬 | 主要用于衬衣领衬或特殊需要的部位，目前多被黏合衬所取代 |
| 纸 衬 | 有麻纸衬等，质感柔韧，起防止面料磨损和使折边丰厚平直的作用 | 目前已逐步被非织造衬所取代，但仍在轻薄和尺寸不稳定的针织面料的绣花部位上使用，以保证花型的准确 |

### 2. 不同部位用衬特点

常用的部位用衬有腰衬、牵条衬和领带衬等。

（1）腰衬。腰衬是用于裤腰和裙腰的条状衬布，起硬挺、防滑和保形的作用。腰衬按用途可分为中间型腰衬和腰头装饰衬（又称腰里）两类。

①中间型腰衬用于裤腰面料和里料之间，主要起硬挺、补强和保形作用，分黏合型和非黏合型。中间型腰衬是将树脂衬通过切割机裁成条状，其面密度有 $160g/m^2$、$220g/m^2$、$250g/m^2$ 等，每卷长约为 50m，宽 2.4~4.0cm。

②腰头装饰衬用于西裤裤腰的内侧，起装饰、保形和防滑作用，分普通型、防滑型和涂层型三种。

普通型腰头装饰衬由树脂衬和口袋布缝制而成，衬宽约 5cm，是目前应用最广的一类。

防滑型腰头装饰衬由树脂衬、织带条和涤棉口袋布等材料缝制而成，其织带条宽约 3cm，由涤纶或涤棉混纺纱织成，凸起并起防滑作用。由于织带条较硬，现多改为商标织带，同时起装饰和宣传品牌作用。

涂层型腰头装饰衬由树脂衬和口袋布缝制而成，并在表面涂上聚氨酯。聚氨酯涂层凸起可起防滑作用，但穿着不够舒适。新型的腰头装饰衬是在织物表面进行静电植绒，有防滑、装饰效果，穿着舒适感也比较好，是一种较有发展前途的腰头装饰衬。

（2）牵条衬。牵条衬又称嵌条衬，是中高档毛料服装和裘皮服装必要的配套用衬。针对服装制作和使用过程中，往往因易变形部位的受力变形而影响服装质量的现象，在手工制作高档服装时，常在袖窿、领窝等弧线部位添缝一窄条嵌条衬加以牵制和固定。常用的宽度有10mm、15mm、20mm 等。

（3）领带衬。领带衬是由羊毛、化纤、棉和黏胶纤维纯纺或混纺、纯织或交织成织物，再经煮练（棉类）、起绒和树脂整理而成。用于领带内层，起补强、造型和保形作用。

领带衬要求手感柔软，富有弹性，水洗后不变形等性能。我国过去长期以黑炭衬、树脂衬、毛麻衬代用，直到20世纪90年代才开发了领带衬产品。

**3. 热熔黏合衬特点**

热熔黏合衬简称黏合衬，是将热熔胶涂于底布（基布）上制成的衬。它起源于欧洲，1952年英国人坦纳（K. Tanner）采用聚乙烯为原料，以撒粉的方法涂在织物上制成黏合衬布。由于使用时不需缝制加工，而是以熨烫工艺使黏合衬与面料（或里料）黏合，不仅简化了工艺，而且使服装成品挺括、轻盈、美观而富有弹性，因此，黏合衬被作为现代服装生产的主要衬料。

黏合衬通常按底布种类、热熔胶种类以及用途分类。

（1）不同底布的黏合衬。黏合衬按底布种类可分为机织黏合衬、针织黏合衬和非织造黏合衬等，所占比例约为：机织物30%，针织物10%，无纺织物60%，各类黏合衬的特点见表7-3。

表7-3 不同底布黏合衬的特点

| 类别 | 特点 |
|---|---|
| 机织黏合衬 | 常用纯棉或棉与化纤混纺的平纹机织物，经纬密度相近，各方向受力稳定性和抗皱性较好，价格较高。多用于中、高档服装 |
| 针织黏合衬 | 分为经编衬和纬编衬。经编衬大多采用涤纶或锦纶长丝经编针织物和以纯棉或粘胶纤维为衬纬纱的衬纬经编针织物。其性能类似于机织黏合衬，有较好的弹性和尺寸稳定性，多用于针织和弹力服装。纬编衬采用锦纶长丝纬编针织物涂热熔胶而制成，弹性较好，多用于薄型女装 |
| 非织造黏合衬 | 常用原料有黏胶纤维、涤纶、锦纶、腈纶和丙纶等，以涤纶和涤纶混合纤维为多。黏胶纤维非织造衬价格低，但强度较差；涤纶非织造手感较柔软；锦纶非织造衬有较大的弹性 |

（2）不同热熔胶的黏合衬。黏合衬按热熔胶的种类可分为聚乙烯（PE）热熔胶黏合衬（包括高密度聚乙烯衬和低密度聚乙烯衬）、聚酰胺（PA）热熔胶黏合衬、聚酯（PET或PES）热熔胶黏合衬、乙烯醋酸乙烯（EVA）及其改性（EVAL）热熔胶黏合衬、聚氯乙烯（PVC）热熔胶黏合衬等。常用热熔胶黏合衬的性能及应用见表7-4。

表7-4 不同热熔胶黏合衬的性能及应用

| 热熔胶名称 | 熔点范围（℃） | 耐洗涤性 水洗 | 耐洗涤性 干洗 | 抗老化性 | 熔点指数（g/10min） | 用途 |
|---|---|---|---|---|---|---|
| 聚酰胺 | 90~130 | 尚可 | 优良 | 好 | 15~60 | 应用广泛，包括经有机硅树脂整理的面料 |
| 高密度聚乙烯 | 125~136 | 优良 | 尚可 | 好 | 8~20 | 经常高温水洗而很少干洗的服装 |
| 低密度聚乙烯 | 100~120 | 尚可 | 差 | 好 | 70~200 | 暂时性黏合，常用于衬衣领衬 |
| 聚酯 | 115~125 | 较好 | 较好 | 好 | 18~30 | 经常洗涤的服装 |
| 乙烯—醋酸乙烯 | 70~90 | 差 | 差 | 好 | 70~150 | 暂时性黏合，特别适用于裘皮服装 |
| 皂化乙烯—醋酸乙烯 | 100~120 | 优良 | 尚可 | 好 | 60~80 | 用于裘皮、鞋帽和装饰用衬以及对热敏感的织物用衬 |
| 聚氯乙烯 | 100~120 | 较好 | 尚可 | 略差 | — | 防雨服 |

**注** 熔融指数越高，说明热熔胶的热流动性越好，有利于热熔胶对织物的浸润和扩散。但指数过高，则会产生热熔胶渗透织物的现象。熔点低的热熔胶，可在较低的温度下黏合，不会损伤衣料并避免起镜面、收缩和变色。

一般来说，用于黏合衬的热熔胶要求有较低的熔融温度和好的黏合能力，以便不损伤面料并有较高的黏合牢度。

（3）不同用途的黏合衬。不同类型服装以及服装的不同部位对黏合衬的要求不尽相同。服装生产中，通常根据黏合衬对不同服装类型的适应情况，将其分为衬衫衬、外衣衬、便服衬和裤裙衬等；根据黏合衬对服装不同部位的适应情况，将其分为主衬、加强衬、嵌条衬和双面衬等。不同用途黏合衬及其特点见表7－5。

表7－5　不同用途黏合衬及其特点

| 服装类别 | | 用衬部位 | 用衬类别 | 黏合类型 |
|---|---|---|---|---|
| 外衣 | 西服、套装、夹克、职业装、大衣等 | 前身、挂面、领内贴边、后身 | 主衬 | 永久性黏合 |
| | | 袋口、袋盖、腰、领口、门襟、袖口、贴边、袖窿、止口 | 补强衬、嵌条衬、双面衬 | 永久性黏合及暂时性黏合 |
| 裤、裙 | 裤子、裙子 | 袋口、腰、里襟、小件 | 补强衬、嵌条衬 | 暂时性黏合 |
| 衬衫 | 男女衬衫 | 翻领、领座、门襟、袖口 | 主衬、补强衬 | 永久性黏合 |
| 便服 | 工作服、运动衫、宽松衫 | 领、门襟、袖口、袋口 | 补强衬 | 暂时性黏合 |

（4）黏合衬质量评定。黏合衬的质量直接影响服装质量和使用价值。黏合衬质量评定主要包括其内在质量（如剥离强度、水洗和熨烫后的尺寸变化、水洗和干洗后的外观变化、吸氯泛黄和耐洗色牢度等）和外在质量（如布面疵点等）。具体要点如下：

①与不同面料的黏合应达到一定的剥离强度，在使用期限内不脱胶。

②能在适宜的温度下与面料压烫黏合。

③经压烫后，不会影响织物手感或损伤面料，色泽无变化。

④耐水洗和干洗。

⑤水洗缩率和压烫热收缩率要小，经水洗和热压黏合后具有较好的保形性。

⑥压烫后，面料和衬布的表面无渗胶现象，并保持较好的手感、弹性与硬挺度。

⑦较好的随动性和弹性，能适应服装各部位软、中、硬不同手感的要求。

⑧良好的可加工性，裁剪时不沾污刀片，衣片切边不粘连，缝纫时机针滑动自如，不沾污机针针眼。

⑨良好的抗老化性能，在储存期内黏合强度不变，无老化泛黄现象。

**（三）衬料选择与使用**

衬料选择的要点是与其面料配伍。不仅要使服装造型具有美观性，而且要考虑缝制工艺的可行性，易加工性及服装使用的耐久性。由于面料、衬料品种繁多，各自的性能及品质也不尽相同，所以，衬料的选择具有一定的难度。对初学者而言，除了认真参考生产厂家提供的样品及其规格、性能等资料之外，还应重视样品的试验，以取得与商品设计相一致的造型效果，且在黏合物完全冷却和干燥后对黏合效果进行检验和确认。

选用衬料应考虑的具体因素如下：

**1. 服装面料性能**

一般来说，衬料应与服装面料在颜色、重量与厚度、悬垂性、收缩性等方面配伍。如厚重类面料要用厚衬；丝绸面料要用轻、柔、薄的丝绸衬；合成纤维面料用合成纤维衬，针织面料用针织衬等；而起绒面料，或经防油、防水整理的面料以及热缩性很高的面料，对热和压力敏感，应采用非热熔衬；羊毛等湿热稳定性较差的面料，衬料尤其要考虑湿热状态下收缩性的一致。

**2. 服装造型与设计**

衬料对服装造型和款式有较大的影响，因而可根据需要考虑用衬料辅助完成造型设计。例如，以衬料辅助领子、袖口和腰部的挺括造型，以较厚的衬料辅助外衣胸部的丰满造型。

**3. 生产设备及条件**

衬料与面料黏合的方式要考虑到黏合设备及工艺条件，如适用幅宽、加热加压形式、加热温度、时间等。在选定黏合机的时候，对湿膨胀率变化较大的面料，要避免使用连续滚压式黏合机，避免粘衬部分与未粘衬部分的交接处出现皱纹现象。

**4. 服装洗涤性**

应考虑面料与衬料在洗涤、熨烫等方面的配伍性。对需要经常水洗的服装，应选用耐水洗的衬料，而需干洗的服装应考虑耐干洗的衬料。

**5. 价格与成本**

服装衬料的价格直接影响到服装价格和成本。因此，在达到服装质量要求的前提下，可选择较为低廉的衬料。

## 二、垫料

就服装用垫的部位来分，垫料主要有肩垫、胸垫和领垫，此外还有袖山垫、臀垫和袋（兜）垫等。

### （一）肩垫

肩垫又称垫肩，随西服的诞生而产生，用来修饰人体肩形或弥补人体肩形"缺陷"。前者称为修饰型肩垫，后者称为功能型肩垫。

**1. 肩垫类别与特点**

肩垫的类别见表7-6，常用肩垫的特点及用途见表7-7。

表7-6　肩垫分类

| 分类方法 | 类　别 |
|---|---|
| 按材料分类 | 棉及棉布垫，海绵及泡沫塑料垫，羊毛、化纤下脚料针刺垫等 |
| 按使用方式分类 | 活络式、固定式 |
| 按造型分类 | 齐头、圆头 |
| 按厚度分类 | 厚型、薄型 |
| 按成型方式分 | 热塑型（定形）肩垫、缝合型（车缝）肩垫、穿刺缠绕型（针刺）肩垫、切割型（海绵）肩垫、混合型肩垫 |

表7-7 常用肩垫的特点及用途

| 类　别 | 特　点 | 用　途 |
| --- | --- | --- |
| 针刺肩垫 | 以棉絮或涤纶絮片、复合絮片为主要原料，辅以黑炭衬或其他衬料用针刺的方法复合成形的肩垫。耐洗性和耐热压烫性能好，尺寸稳定，经久耐用。普通针刺肩垫价格适中，纯棉针刺绗缝肩垫档次较高 | 普通针刺肩垫广泛应用于各类职业服，纯棉针刺绗缝肩垫多用于高档西服、制服及大衣等 |
| 定形肩垫 | 使用EVA粉末，将涤纶针刺棉、海绵、涤纶喷胶棉等材料通过加热复合定形模具复合在一起而制成的肩垫。富有弹性并易于造型，具有较好的耐洗性能，形状、品种较多 | 多用于插肩服装、时装、女套装、风衣、夹克、羊毛衫等 |
| 海绵肩垫 | 将海绵切削成一定形状，再黏合成形。弹性好，制作方便，价格较低，可作为大众化肩垫产品。为了改善其耐洗性，往往在其上包缝经编布或其他机织纱布 | 多用于女衬衫、时装、羊毛衫等 |

随着辅料的不断发展，海绵肩垫和喷胶棉肩垫由于易变形变色，正被逐渐淘汰，而非织造布肩垫和棉花肩垫由于其优良的性能，日益成为市场的主流。总之，人们越来越倾向于追求造型时尚、贴肩、表面光洁、质轻、边薄、耐洗、耐搓、安全环保的肩垫。

**2. 肩垫质量要求和选用**

肩垫应有一定的牢固性、耐用性，弹性要适度，表面不得起毛、起层、起球或呈毛圈状。肩垫凸面应呈自然的弧形，同一副肩垫的厚度相差不大于1.5mm。

肩垫的选用应根据服装种类、款式特点和流行趋势等。例如，平肩服装选用齐头肩垫，插肩服装一般选用圆头垫肩；厚重面料选用尺寸较大的肩垫，轻薄的面料选用尺寸较小的肩垫等。

**（二）胸垫**

胸垫又称胸绒、胸衬，它分为胸垫衬和乳胸垫衬两类。胸垫衬主要用于西服、大衣等服装的前胸夹里，使服装立体感强、造型美观、保形性好。胸垫衬分类见表7-8。乳胸垫衬主要是用于弥补人体胸部造型的不足，在罩杯的下杯或侧下杯增加棉袋、水袋、气袋等，使其更具丰满感。

早期的胸垫衬材料大多为较低级的纺织品，后来逐步发展到用毛麻衬和黑炭衬等，目前已广泛使用非织造布。特别是针刺技术的应用，使非织造布胸垫衬具有多项优越性：重量轻（$100 \sim 160 \text{g/m}^2$）、裁剪后切口不脱散、保形性良好、回弹性良好、洗涤后不收缩、保暖性好、透气性好、对方向性要求低和价格低廉等。

表7-8 胸垫衬的分类

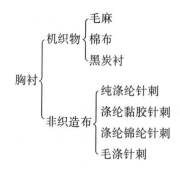

### （三）领垫

领垫又称底领绒或领底呢，是高档服装（如西服、大衣、军警服及其他制服）领里的专用材料。领底呢代替面料及其他服装材料做领里，可使衣领平展、面里服帖、造型美观、弹性增加，便于服装裁剪、缝制及整理定形，适合批量服装生产，洗涤后缩率小且不走形。

领底呢的分类见表 7-9。其产品有多种颜色和厚度，刚度和弹性极佳。常用幅宽为 90~95cm，单位面积质量为 100~260g/m²。

**表 7-9 领底呢的分类**

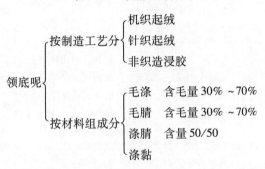

# 第二节 里料和填料

里料，俗称夹里布或里子，它是指用于部分或全部覆盖服装背里的材料。在面、里料之间的填充材料称填料（或称絮料）。两者往往配套使用，赋予服装保暖、保形及其他特殊功能作用。

### 一、里料

### （一）里料作用

里料对服装的作用有以下方面：

（1）使服装不易起皱，并使服装外轮廓稳定。

（2）覆盖服装接缝及其他暴露的辅料，并使皮肤有良好的触感，穿脱方便。

（3）补充吸湿性较差的面料带来的穿着缺陷。

（4）面里料之间产生的空气层使服装具有相应的保暖层。

（5）防止人体排泄的汗渍等直接引起面料损伤。

（6）对服装面料，尤其是起绒类面料起保护作用，防止面料因反面摩擦产生起毛、脱绒现象。

（7）对透明面料起内衣作用，同时可产生由色彩、纹样及质感之间相互衬托的艺术效果。

### （二）里料种类

里料按其使用原料可分为天然纤维（棉、真丝等）里料、化学纤维（涤纶、锦纶、黏胶纤维、醋酯纤维等）里料、混纺（涤/棉等）和交织（黏胶纤维与醋酯纤维等）里料；按服装工艺可分为活络式（活里）和固定式（死里）里料。按原料分类的里料及其特点见表7－10，按服装工艺划分的里料及其特点见表7－11。

表7－10 按原料分类的里料及其特点

| 类别 | 代表品种 | 主要优点 | 主要缺点 | 适用性 |
|---|---|---|---|---|
| 棉布里料 | 纯棉平布等 | 透气性、吸湿性好，穿着舒适，有各种重量和色泽，可手洗、机洗和干洗，且价格低 | 不够光滑，且易皱 | 婴幼、儿童服装及中低档夹克等 |
| 真丝里料 | 真丝斜纹绸等 | 光滑、美观、质轻而柔软，吸湿透气性好，穿着舒适 | 易皱，耐机洗性差，强度较低，价格较高，且由于太光滑、裁口边易脱散，服装加工较困难 | 高档服装，尤其是丝绸或夏季薄毛料服装 |
| 涤纶、锦纶长丝里料 | 涤丝纺、尼丝纺等 | 光滑、挺括、洗涤方便、坚牢、易保管、价格较低 | 吸湿、透气性差，易产生静电，舒适性差 | 除夏季服装之外的一般性服装，尤其是风雨衣 |
| 黏胶纤维、醋酯纤维里料 | 人丝软缎、美丽绸、人造棉布、富纤布等 | 柔软、价格较低，长丝里料光滑而富丽 | 湿强低，缩水率大，不耐机洗，易皱。短纤里料光滑性差 | 短纤里料适用于中低档服装；长丝里料适用于中高档服装。但都不适用于经常水洗的服装 |
| 铜氨长丝里料 | 斜纹男装里料、塔夫绸女装里料、膝盖绸 | 穿着顺滑、结实耐磨、具有优良的吸湿放湿性能、抗静电性和生物降解性 | 易形成水渍 | 高档服装，需干洗 |
| 涤棉混纺里料 | 涤棉布等 | 吸水、坚牢、价格适中，适应各种洗涤方法 | 不够光滑 | 适应一般服装，常用于夹克及有防风要求的服装 |
| 醋酯纤维、黏胶纤维类交织里料 | 羽纱等 | 质轻而柔软，较光滑 | 湿强较低，缩水率较大，不耐机洗，易皱，裁口边易脱散 | 不常洗涤、非特薄型的各种服装，尤其是毛料西服、大衣、外套、夹克、毛皮大衣等 |

表7－11 按服装工艺划分的里料及其特点

| 名称 | 主要特点 |
|---|---|
| 固定式 | 面料和里料缝合在一起，不能脱卸。一般适于西装、中山装、夹克等 |
| 活络式 | 不经缝合，而是用纽扣或拉链等方式把面料和里料连在一起。根据需要，可以将活里拆卸下来，便于单独洗涤 |

**（三）里料选择与使用**

里料的选择要点是其性能、颜色、质量、价格等与面料配伍。具体如下：

（1）里料的悬垂性、缩水率、耐热性、耐洗涤性、强力、厚度、重量等性能应与面料性能配伍。

（2）里料的颜色应与面料的颜色相协调，并有较好的色牢度。

（3）里料的档次应与面料档次配伍。

（4）里料应光滑、轻软、耐用。有蓬松感、易起毛起球、易产生静电和有弹性的织物不适宜作里料。

（5）里料应弥补面料的缺点。例如，对易产生静电的面料，要选择易导电的里料，否则不但影响穿着，而且由于里料的起皱影响面料的平整。

（6）选择相对容易缝制的里料。

（7）在不影响服装整体效果的情况下，可适当考虑低价格的里料。

## 二、填料

服装用填料按原材料的不同可分为纤维材料（如棉花、丝绵、动物绒、化纤絮填料等）、天然毛皮和羽绒、泡沫塑料、混合絮填料、特殊材料填料等；按材质形态的不同分为絮类和材类，絮类填料包括棉絮、丝绵、羽绒、骆驼毛、骆驼绒、羊毛等，材类填料包括绒衬、天然毛皮、人造毛皮、泡沫塑料、腈纶棉、喷胶棉、中空棉等；按材料加工方法可分为热熔棉、针刺棉、喷胶棉等；按构成形式主要有絮类和各类合成絮片等。

**（一）不同原材料的填料特点**

**1. 棉絮填料**

棉絮价廉、舒适，新棉絮和日晒后的蓬松棉絮因充满空气而十分保暖。但棉絮弹性差，受压后弹性和保暖性降低，水洗后难干且易变形。因而广泛用于婴幼、儿童服装及中低档服装。

**2. 动物绒絮填料**

羊毛和驼绒是高档的保暖填充料。其保暖性、弹性、透湿性、透气性都较好，但易毡结和虫蛀，可混以部分化纤以增加其耐用性和易保管性。由羊毛或毛与化纤混纺制成的人造毛皮，也是较好的高档保暖填料。

**3. 丝绵絮填料**

丝绵是指用下茧、蛹衬等加工而成的薄片绵张，有手工和机制两类，前者是袋形，后者是方形，都是高档的御寒絮填料。丝绵质感轻软、光滑，保暖性、弹性、透湿透气性都很好，且拉力强。

**4. 化纤絮填料**

化纤絮填料有洗涤方便，耐用性、保管性好，品种丰富，价格较低，但透湿透气性较差等特点。化纤絮填料中保暖性能较好且应用较广的有"腈纶棉"和"中空棉"。前者有人造羊毛之称，质轻而保暖；后者由于纤维中的多孔现象，使得纤维本身具有很好的保暖性能。

**5. 天然毛皮填料**

由于天然毛皮的皮板密实挡风，而毛被中又储有大量的空气，因此，即使是普通的中低档毛皮，仍是高档御寒服装的絮填料。

**6. 羽绒絮填料**

羽绒絮填料主要是鸭绒，也有鹅、鸡、雁等毛绒。羽绒质轻，导热系数很小，蓬松性好，保暖性很好。但由于资源受限制，价格昂贵，所以，羽绒适用于高档服装和时装等。用羽绒做絮填料时，应注意羽绒的卫生消毒、外围包覆材料的紧密度以及防止羽绒下坠影响服装造型等。

**7. 泡沫塑料填料**

泡沫塑料有许多储存空气的微孔，蓬松、轻而保暖。用泡沫塑料做絮填料的服装挺括而富有弹性，裁剪加工也简便，价格便宜。但由于不透气，穿着舒适性和卫生性差，且易老化发脆，通常只用于一般的救生衣等。

**8. 混合絮填料**

为了充分发挥各种材料的特性并降低成本，往往将不同的材料混合制成絮填料，典型的有采用 70% 驼绒和 30% 腈纶，以及 50% 羽绒和 50% 细旦涤纶的混合絮填料。合成纤维的加入如同在天然毛绒中增加了"骨架"，可使絮填料更加蓬松，进一步提高保暖性，同时，改善了絮填料的耐用性和保管性，并降低了成本。

**9. 特殊材料的填料**

为使服装达到某种特殊功能而采用的特殊絮填料。例如，使用消耗性散热材料作为填充材料，或在服装的夹层中，使用循环水或饱和碳化氢，以达到服装的防辐射目的；在织物上镀铝或其他金属镀膜（太空棉），作为服装的絮填夹层，以达到热防护目的；采用甲壳质膜层（合成树脂与甲壳质的复合体）作为服装的夹层，以迅速吸收人体身上汗水为目的；此外，还有将药剂置入贴身服装中，用以治病或保健，等等。

**（二）各类絮片特点**

絮片是一种由纺织纤维构成的蓬松柔软而富有弹性的片状材料，属非织造布类。它具有原材料丰富，规格参数容易控制，易裁剪、易缝制、易保养且物美价廉的特点。按照国家标准，目前常见的保暖絮片可分为热熔絮片、喷胶棉絮片、金属镀膜复合絮片、毛型复合絮片、远红外棉复合絮片等，各类絮片的构成特点和常用规格见表 7 - 12。由于材料和加工方法的不同，各类絮片的性能也有所不同。各类絮片的性能比较见表 7 - 13。

表 7 - 12　常用絮片的构成及规格

| 类别 | 特点 | 常用规格 |
|------|------|----------|
| 热熔絮片 | 以涤纶纤维为主，用热熔黏合工艺加工而成的絮片 | 幅宽（144 ± 20）cm，单位面积质量 200g/m²、150g/m²，每卷长度（40 ±2）m |
| 喷胶棉絮片 | 以涤纶短纤维为主要原料，经梳理成网，对纤网喷洒液体黏合剂，再经热处理而成的絮片 | 单位面积质量有 40g/m²、60g/m²、80g/m²、100g/m²、120g/m²、140g/m²、160g/m²、180g/m²、200g/m²、220g/m²、240g/m²、260g/m²、280g/m²、300g/m² 等 |

续表

| 类别 | 特点 | 常用规格 |
|---|---|---|
| 金属镀膜复合絮片 | 俗称太空棉、宇航棉、金属棉等。以纤维絮片、金属镀（涂）膜为主体原料，经复合加工而成 | |
| 毛型复合絮片 | 纤维絮层为主体的多层复合结构材料，因其原料、结构、加工工艺不同有多种类型。例如羊毛复合絮片、毛涤复合絮片、驼绒（非织造布膜）复合絮片等 | 幅宽有 100cm、150cm、180cm、200cm、220cm 等，常用单位面积重量有 60g/m²、80g/m²、100g/m²、120g/m²、160g/m²、200g/m²、250g/m²、350g/m²、400g/m² 等 |
| 远红外棉复合絮片 | 由远红外纤维构成的多功能产品。除具有毛型复合絮片的特征外，还具有加速人体的微循环，促进人体的血液循环，增进新陈代谢，加强免疫能力，以及抗菌除臭，高效吸湿、透湿、透气等特性 | |

表 7 – 13　各类絮片的性能比较

| 絮片名称 | 保暖性 | 透湿性 | 透气性 | 强力 | 耐洗性 | 耐磨性 | 缩水性 | 应用范围 | 原料来源 | 价格 |
|---|---|---|---|---|---|---|---|---|---|---|
| 热熔絮片 | 较好 | 好 | 好 | 一般 | 差 | 差 | 差 | 少 | 多 | 低 |
| 喷胶棉絮片 | 较好 | 好 | 好 | 一般 | 一般 | 差 | 差 | 少 | 多 | 稍低 |
| 毛型复合絮片 | 好 | 一般 | 一般 | 好 | 差 | 较好 | 差 | 多 | 较少 | 贵 |
| 远红外棉絮片 | 好 | 好 | 好 | 好 | 好 | 好 | 好 | 多 | 少 | 稍贵 |
| 太空棉絮片 | 较好 | 差 | 差 | 好 | 较好 | 好 | 好 | 少 | 较少 | 稍贵 |

从表 7 – 13 可知，远红外棉絮片的保暖性、穿着舒适性、耐用性等性能最好，且具有一定的保健功能，应用范围广，但原料来源少，价格较贵；毛型复合絮片保暖性好，穿着舒适性和强度较好，应用范围广，但耐洗性及洗后缩水性差，价格最贵；太空棉的保暖性和耐用性都较好，但因透湿、透气性差，不能满足人们对穿着舒适性和卫生性的需求；而热熔絮片和喷胶棉的保暖性和穿着舒适性较好，且资源丰富，价格便宜，但耐用性差，是一般性的保暖材料。

# 第三节　线类材料和紧扣材料

线类材料是指连接服装衣片及用于装饰、编结和特殊用途的材料。紧扣材料主要包括纽扣、拉链、绳带、钩环和尼龙搭扣等。线类材料和紧扣材料在发挥连接或紧扣功能的同时，均起到一定的装饰作用。

## 一、线类材料

线类材料按照其使用功能的不同，可以分为缝纫线、工艺装饰线和特种用线。

## （一）缝纫线

缝纫线泛指缝合纺织材料、塑料皮革制品和缝订书刊等所用的线，通常经并、捻、煮练、漂染等工艺加工而成，必须具备可缝性、耐用性和外观质量。缝纫线有工业用、家庭用、机用和手工用之分。缝纫线的材料有天然纤维型，如棉、麻、丝等；化学纤维型，如涤纶、锦纶、维纶、丙纶等；混合型，如涤棉混纺、涤棉包芯等。工业用缝纫线由于消耗量大的特点，一般每卷线的容量在500m以上。家用每卷线的容量在100~500m之间不等。手缝线则为20~100m之间。机用缝纫线通常为Z向加捻，线性粗细均匀，表面光滑结实，可适应高速缝纫机的走线速度。手缝线多为S向加捻，较机用线松而软。缝纫线使用的单纱通常为7.3~65tex（9~80英支），股线数通常为2~9股，最高达12股。本章主要介绍服装用缝纫线。

### 1. 天然纤维缝纫线

天然缝纫线主要有棉、丝缝纫线。其特点是有较高的拉伸力，尺寸稳定性好，有较好的耐热性，能承受200℃以上的高温，适用于高速缝纫机与耐久的烫压，但弹性与耐磨性较差，且难以抵抗潮湿与细菌的危害，有丝光、蜡光和无光等品种。丝线的光泽、强度和耐磨性优于棉线，但因其价格高而逐渐被涤纶长丝所代替。常用天然缝纫线类别及特征见表7-14。

**表7-14　常用天然缝纫线类别及特征**

| 名　称 | 加工方法 | 性能特征 | 基本用途 | 主要规格 | |
|---|---|---|---|---|---|
| | | | | Tex×股数、(Tex×股数)×并捻股线数 | 英支/股数、股数/旦×并捻股线数 |
| 棉手工线 | 纺纱后加入少量润滑油 | 拉伸强度差，纱支粗 | 一般用于手缝、包缝、线丁、扎衣样，缝皮子等 | 29×3<br>19.5×3 | 20/3<br>30/3 |
| 棉丝光线 | 精梳棉纱线经烧毛与碱液丝光处理 | 外观丰满富有光泽，强度较手工线强 | 适用于中、高档棉制品的机缝线 | 7.5×3<br>7.5×4<br>10×3<br>10×4<br>12×6<br>14×3<br>19.5×2 | 80/3<br>80/4<br>60/3<br>60/4<br>50/6<br>42/3<br>30/2 |
| 棉蜡光线 | 棉线经过练染、上蜡处理 | 线表面光滑而硬挺，捻度稳定耐磨性强 | 适于硬挺面料、皮革及需高温整烫的衣物缝纫 | 14×3<br>14×5<br>18×5 | 42/3<br>42/5<br>32/5 |
| 丝手缝线 | 采用2.33tex（21旦）蚕丝加捻处理后，将若干根线合并而成 | 线体较粗，富于光泽，有相当强度，耐磨性好，价值高 | 适应于高档毛料的手工锁眼、缲边及丝绸服装的手工缝纫 | (2.33×9)×2<br>22.42×2<br>（绢纺）<br>(2.33×3)×2<br>(2.33×16)×3<br>（锁眼线） | 9/21旦×2<br>26/2（绢纺）<br>3/21旦×2<br>16/21旦×3<br>（锁眼线） |

续表

| 名 称 | 加工方法 | 性能特征 | 基本用途 | 主要规格 | |
|---|---|---|---|---|---|
| | | | | Tex×股数、<br>（Tex×股数）×<br>并捻股线数 | 英支/股数、<br>股数/旦×<br>并捻股线数 |
| 丝机缝线 | 采用 2.33tex（21<br>旦）蚕丝加捻处理<br>后，将若干根线合并<br>而成 | 线体与棉机缝线相<br>似，富于光泽，有相<br>当的强度与耐磨性，<br>价值高 | 适应于各种丝织物<br>及其他高档服装的机<br>缝或手缝 | （2.33×4）×3<br>（2.33×4）×2<br>（2.33×7）×3<br>（缉线）<br>（2.33×16）×3<br>（缉线） | 4/21旦×3<br>4/21旦×2<br>7/21旦×3（缉线）<br>16/21旦×3（缉线） |

**2. 合成纤维缝纫线**

合成纤维缝纫线的主要特点是拉伸强度大、水洗缩率小、耐磨，对湿度和细菌有较好的抵抗性。由于其原料充足、价格低廉，是目前服装缝制中运用最为广泛的缝纫线。其中，涤纶缝纫线因强度高、耐磨、耐化学性好，价格经济，故在合成纤维缝纫线中占主导地位。常用合成纤维缝纫线的性能及用途见表7-15。

表7-15 常用合成纤维缝纫线的性能及用途

| 名称 | 加工方法 | 性能特征 | 基本用途 | 主要规格（Tex×股数、<br>股数/旦、英支/股数） |
|---|---|---|---|---|
| 涤纶长丝<br>缝纫线 | 以涤纶长丝为<br>原料制成 | 强度高、光泽好、柔<br>软、可缝性好、线迹挺<br>括、物理与化学性能稳<br>定、耐磨而不霉变 | 缝制拉链、皮鞋、皮制品、<br>滑雪衫、手套等 | 83dtex×3（3/75旦）<br>111dtex×3（3/100旦）<br>167dtex×3（3/150旦） |
| 涤纶低弹<br>丝缝纫线 | 由有光涤纶变<br>形长丝制成 | 光泽、弹性较好，其余<br>同上 | 适宜弹性织物，如针织涤纶<br>外衣、腈纶运动服、锦纶滑雪<br>衫等，也能替代蚕丝缝纫线 | 122dtex×2（2/110旦） |
| 涤纶短纤<br>维缝纫线 | 由涤纶短纤维<br>制成 | 柔软、强力高、耐磨<br>性好 | 各种薄型涤/棉、化纤织物 | 7.5 tex×3（80 英支/3） |
| | | | 涤/棉布、花布及各种薄型<br>化纤织物 | 8.5tex×3（70 英支/3） |
| | | | 各类棉、涤/棉、化纤包括<br>中长织物 | 10tex×3（60 英支/3） |
| | | | 涤卡及较厚的混纺、中长<br>织物 | 12tex×3（50 英支/3） |

续表

| 名称 | 加工方法 | 性能特征 | 基本用途 | 主要规格（Tex×股数、股数/旦、英支/股数） |
|---|---|---|---|---|
| 锦纶复丝缝纫线 | 由锦纶6或锦纶66复丝制得 | 弹性、光泽好，手感滑爽、柔软 | 妇女胸衣包缝、内衣裤、被褥、制伞、提包、手套等 | 56dtex×3（3/50旦）<br>78dtex×3（3/70旦） |
| | | | 化纤服装、羊毛衫、皮鞋、皮手套等 | 100dtex×9（9/90旦）<br>117dtex×9（9/105旦） |
| 锦纶透明缝纫线 | 由透明锦纶丝制成，有无色、浅烟色、深烟色三种 | 与面料的配色性较好，弹性好，耐拉耐磨，不易断裂，但丝质较硬，对衣料材质的适应面不广 | 缝制针织外衣、套装、泳衣、提包、皮革制品、商标标签等 | 133dtex×1（1/120旦）<br>167dtex×1（1/150旦）<br>233dtex×1（1/210旦） |
| 锦纶弹力缝纫线 | 由锦纶6或锦纶66的变形长丝制成 | 蓬松而有弹性，耐磨 | 主要用于缝纫中伸缩性较大的弹性织物，如针织物、胸罩、内衣裤、泳衣、长筒袜、紧身衣裤等 | 78dtex×2（2/70旦）<br>122dtex×2（2/110旦） |
| 维纶缝纫线 | 由纯维纶纱制成 | 吸湿、耐磨性较好，除浓酸和热酸外能耐一般的酸，耐碱，不霉不蛀，价格低廉。但耐湿热性较差，易发生软化和皱缩现象，且染色性较差 | 民用包缝、钉扣、缝制被褥等 | 30tex×4（19.5英支/4） |
| | | | 各种服装包缝（三线包缝） | 13tex×2（45英支/2）<br>17tex×2（34.5英支/2） |
| 涤/棉缝纫线 | 由涤棉混纺纱制成，混纺比一般为65/35 | 强度比棉线高、耐磨性好，一般可适应速度达4000r/min的工业缝纫机，缝纫针脚平挺，缩水率仅1%左右 | 薄型高档棉织物，涤/棉衬衣、针织品包缝 | 8.5tex×3（70英支/3） |
| | | | 针织棉毛衫裤、内衣裤、化纤织物 | 10tex×3（60英支/3） |
| | | | 卡其、灯芯绒及其他厚型织物 | 13tex×3（45英支/3） |
| 涤棉包芯缝纫线 | 以涤纶复丝为芯纱，外包棉纱（棉含量为15%~40%）制成 | 强力几乎接近涤纶，耐热性同棉纱，柔软，缩水率在0.5%以下，适应5000~7000r/min的高速缝纫 | 主要用于高速缝制厚型棉织物和化纤织物，也可用于一般缝制 | 11.8tex×2（50英支/2）<br>12tex×2（48英支/2）<br>12.5tex×2（47英支/2）<br>13tex×2（45英支/2） |

**3. 缝纫线、面料及针号的关系**

在实际应用中，往往需根据具体的面料选择相应的缝纫线和针号。缝纫线、面料及针号的关系见表7-16。

表 7 – 16　缝纫线、面料及针号的关系

| 面料 | 棉线 | 混纺线 | 化纤线 | | | 适用针号（#） |
| | | | 涤纶线 | 锦纶线 | 维纶线 | |
| | tex（英支） | | | | | |
| 各种府绸、细布、丝绸及薄型织物 | 7.5×2（80/2）<br>10×3（60/3） | 10×3（60/3） | 8×3（75/3）<br>8.5×3（70/3）<br>10×3（60/3） | 10×3（60/3） | — | 9～11 |
| 灯芯绒、卡其、毛巾布、塑料布、薄尼龙 | 14×2（42/2） | 13×3（45/3） | 12×3（50/3） | 9×3（65/3）、<br>7.5×3（75/3） | 16×2（37/2） | 12～14 |
| 人造革、皮革制品 | 18×3（32/3）<br>10×6（60/6） | — | — | 16.5×3（35/3） | — | 16 |
| 各种厚绒布、薄帆布、皮革及各种厚呢绒 | 18×5（32/5）<br>18×6（32/6）<br>14×6（42/6） | — | — | 9×6（65/6） | 29×4（20/4） | 18～19 |
| 帆布、中型皮革或人造革制品 | 18×9（32/9） | — | — | 16.5×6（35/6） | — | 21～23 |
| 大型皮革或厚人造革制品 | 28×12（21/12） | — | — | 16.5×9（35/9） | 20×9（20/3×3） | 25 |

### （二）工艺装饰线

工艺装饰线指具备显著装饰功能的线材，主要包括绣花线、编结线和镶嵌线三类，根据各自不同的特点应用于服装及装饰用品，具体内容参见第二章相关部分。

## 二、紧扣材料

### （一）纽扣

纽扣最初是专用于服装连接的扣件。早期的纽扣主要是石纽扣、木纽扣，后来发展到带纽扣、布纽扣。如今，千姿百态的纽扣层出不穷，特别是激光雕刻制扣机的出现，使制扣与文字、图案雕刻紧密结合在一起，不仅实现了制扣、雕刻的高度自动化，而各种造型和精细的图案充分体现了扣子作为服饰品的重要装饰功能。

#### 1. 纽扣种类及特点

纽扣的种类很多，通常按其结构和使用材料分类：按结构的不同可分为有眼纽扣、有脚纽扣、揿扣和其他纽扣等，见表 7 – 17；按其所用材料的不同可分为合成纽扣（如树脂、ABS 注塑及电镀、尿醛树脂、尼龙、仿皮及其他塑料扣等）、天然纽扣［如真贝、木材及毛竹、椰子壳和坚果、石头、陶瓷和宝石及其他（如骨角扣）等］、金属纽扣（如金、银、铜、镍、钢、铝扣等）及组合纽扣（如 ABS 电镀—尼龙件组合、ABS—电镀金属件组合、ABS 电镀—树脂件组合、ABS 电镀—环氧树脂滴胶组合、ABS—人造水钻组合、ABS—人造珍珠组合及免

缝纽扣和功能纽扣等）等。常用纽扣的材料类别及其特点见表7-18。

**表7-17　常用纽扣的结构类别及其特点**

| 类别名称 | 特　点 | 用　途 |
|---|---|---|
| 有眼纽扣 | 分为暗眼扣和明眼扣。暗眼扣有凹形扣、装甲扣。明眼扣在扣子中间有2个或4个等距离的眼孔。有不同的材料、颜色和形状 | 各类服装 |
| 有脚纽扣 | 在扣子的背面有一凸出扣脚，脚上有孔。其材料常用金属、塑料或用面料包覆 | 一般用于厚重类和起毛类面料的服装，以保证服装的平整 |
| 揿扣（按扣） | 分缝合揿扣和用压扣机固定的非缝合揿扣。一般由金属或合成材料（聚酯、塑料等）制成。固紧强度较高 | 工作服、童装、运动服、休闲服、不易锁扣的皮革服装以及需要光滑、平整而隐蔽的扣紧处 |
| 其他纽扣 | 用各类材料的绳、饰带或面料制带缠绕打结，制成扣与扣眼，如盘扣等，有很强的装饰效果 | 民族服装 |

**表7-18　常用纽扣的材料类别及其特点**

| 类别名称 | 特　点 | 用　途 |
|---|---|---|
| 金属扣 | 由黄铜、镍、钢、铝等材料制成，常用的是电化铝扣，类似黄铜扣。轻而不易变色，并可冲压花纹和其他标志等。而在塑料扣上镀铬或镀铜的金属膜层扣，质轻而美观且富丽闪烁感 | 常用于牛仔服及有专门标志的服装。电化铝扣不宜用于轻薄及常洗的服装，以防服装受损；金属膜层扣则不易损伤服装，是常用的纽扣之一 |
| 塑料扣 | 用聚苯乙烯过塑而成，可制成各种形状和颜色。耐腐蚀，价格便宜，但耐热性差，表面易擦伤 | 多用于低档女装和童装 |
| 胶木扣 | 用酚醛树脂加木粉冲压制成，价格低廉，耐热性好，但光泽差 | 低档服装的主要用扣 |
| 电压扣 | 用尿醛树脂加纤维素冲压而成，有多种色泽。强度和耐热性较好，且不易变形，价格便宜 | 多用于中、低档女装和童装 |
| 有机玻璃扣 | 用聚甲基丙烯酸甲酯加入珠光颜料，制成棒材或板材，经切削加工而成。色泽鲜艳，极富装饰性 | 一度曾作为高档扣，现已逐渐被树脂纽扣所取代 |
| 树脂扣 | 以不饱和聚酯加颜料制成板材或棒材，经切削加工及磨光而成。颜色五彩缤纷，光泽自然，耐洗涤，耐高温，价格较贵 | 近年来多用于高档服装 |
| 衣料扣 | 用各种面料、革料包覆缝制而成，如包扣、盘扣等。可使服装高雅而谐调，但表面易磨损 | 多用于女装和民族服装 |
| 贝壳扣 | 用贝壳制成。有珍珠般的光泽，耐高温洗烫，但质地硬脆易损 | 常用于男女衬衫和贴身内衣，染色贝壳扣为高档时装扣 |
| 其他扣 | 木质扣、玻璃扣、骨质扣等 | 现较少使用 |

### 2. 纽扣选用

纽扣的材料、形状尺寸、颜色和数量是服装设计的内容之一。实际选用时主要考虑与服装风格相协调。例如，纽扣的颜色要与面料颜色统一谐调，或与服装主色调呼应；纽扣的材质与面料材质相协调，轻柔的面料要选用轻薄的纽扣；服装明显部位用扣的形状要统一，大小要有主次；纽扣的性能和价格与面料的性能和档次匹配，等等。

为了控制扣眼的尺寸和调整锁扣眼机，应准确测量纽扣的最大尺寸，非正圆形的纽扣测其最大直径。纽扣的大小尺寸，国际上以莱尼（LINE）来度量（1 莱尼 = 1/40 英寸）。纽扣的大小型号有国际统一和生产厂自主制定之分。例如树脂纽扣在国际上有统一的型号系列，常见的有 $14^\#$、$16^\#$、$18^\#$、$24^\#$、$28^\#$、$32^\#$、$34^\#$、$36^\#$、$40^\#$、$44^\#$、$54^\#$等。纽扣型号与纽扣外径尺寸之间的关系为

$$纽扣外径 = 纽扣型号 \times 0.635mm$$

### （二）拉链

拉链是一个由两条柔性的、可互相啮合的单侧牙链所组成，可重复开启、闭合的连接件。作为服装的扣紧材料，不仅简化了服装加工工艺，方便了使用操作，并对服装起着装饰的作用。所以，拉链与纽扣一样，都是实用服饰品。

### 1. 拉链种类及特点

拉链常按其结构形态、拉链牙材质及规格型号进行分类。

（1）拉链结构形态分类及特点。拉链的结构形态有闭尾拉链（常规拉链）、开尾拉链（分离拉链）、隐形拉链（隐蔽式拉链）等，见图 7 – 1、表 7 – 19。

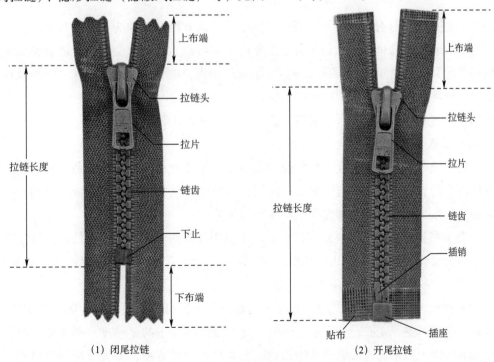

（1）闭尾拉链　　　　（2）开尾拉链

图 7 – 1　拉链的结构

表 7 – 19　常用结构形态拉链的特点和用途

| 拉链名称 | 特　点 | 用　途 |
|---|---|---|
| 闭尾拉链 | 一端或两端闭合 | 一端闭合用于裤子、裙子和领口等，两端闭合用于口袋等 |
| 开尾拉链 | 两侧牙链完全分开 | 用于前襟全开和可装卸衣里的服装 |
| 双头开尾拉链 | 有两个拉头，可从任意一端打开或闭合 | 用于长过臀以下的长大衣、加长羽绒服等 |
| 隐形拉链 | 线圈牙链很细，在服装上不甚明显 | 用于旗袍、裙子等薄型女装 |

（2）拉链链牙材质分类与特点。按链牙材质分类是拉链的基本分类，见表 7 – 20。

表 7 – 20　常用材质拉链的类别与特点

| 类别名称 | 特　点 | 用　途 |
|---|---|---|
| 金属拉链 | 用铝、铜、镍、锑等金属压制成牙后经喷镀处理。颜色受限制，但很耐用。可更换个别损坏的牙齿 | 厚实的制服、军服、防护服、皮衣、滑雪衣、羽绒服、牛仔服等 |
| 塑胶拉链 | 链牙由聚酯或尼龙熔融状态的胶料注塑而成。质地坚韧，耐水洗，多色，较金属拉链柔软，牙齿不易脱落 | 运动服、夹克、针织外衣、羽绒服、工作服等普遍采用 |
| 涤纶、尼龙拉链 | 用聚酯或尼龙丝作为原料制成线圈状的链牙。质地轻巧，耐磨而富有弹性 | 轻薄类服装和童装 |

（3）拉链规格型号分类与特点。两侧牙链啮合后的宽度尺寸即为拉链的规格，其计量单位为毫米（mm），是拉链中最有特征的、重要的技术参数。拉链的型号由拉链规格、链牙厚及单侧底带的宽度（带单宽）等技术参数所决定。所以，型号又是拉链形状、结构及性能的综合反映。通常号数越大，则拉链牙齿越粗，扣紧力越大。

我国生产的各种拉链的型号、规格、链牙厚及带单宽见附录十。

**2. 拉链性能和质量要求**

拉链的性能和质量要求通常包括各类强力指标、尺寸外观质量、颜色色差和牢度、环保等四方面。它们直接关系到拉链的强力、耐用性、使用功能的可靠性及拉链的适用范围，并与服装的实用性、相容性、装饰性和经济性密切相关。

（1）强力指标。强力指标决定了拉链的适用范围和耐用程度。拉链在使用、洗涤和整烫等过程中均会受到各种力的作用，如果有一个强力指标不合格，则整条拉链就可能被报废。这一点在 8#、10# 等大规格拉链中尤为突出。

（2）外观尺寸质量。通常，对拉链外观的要求是：链牙排列整齐、饱满，不弯斜扭曲，啮合良好，色泽鲜艳、光亮，无疵点。同时，外形要求有一定的平整度、平直度并限制一定的长度偏差。以上因素均会影响到拉链开启、闭合是否灵活方便，自锁性能是否可靠，以及零件组合是否牢固。目前国内外对拉链外观质量和基本尺寸都有相应的品级标准。

（3）色差及牢度。色泽的优劣可以直接判断拉链的质量等级。通常，拉链的底带、链牙、缝合线与服装面料之间的色差要小。同时，拉链的色牢度至少要达到 3~4 级的标准，以防止拉链颜色移染服装面料。

（4）环保性能。拉链在日常生活中可能会直接或间接接触到人体皮肤，这就要求拉链或拉链组件不仅不含有偶氮、镍，最好还要通过 Oeko – Tex Standard 100 的认证，使各种重金属、苯、氯含量等均达到标准范围。

**3. 拉链选择和应用**

拉链的选用应根据服装的用途、使用保养方式、服装面料的材质风格、性能和颜色以及使用部位等因素选择相应的结构形态、材质和型号。在我国，一般而言，材质不同而型号相同的拉链，其规格尺寸及强力都不相同。而链牙材质相同的拉链，型号越大，其对应的规格尺寸和强力也越大。所以，考虑拉链的强力时，应首选拉链的型号。而在英国、日本等国，由于偏重拉链的用途，直接按拉链的强力性能等级分类。每一强力重量级别，对各种不同材质的拉链都普遍适用，这是与我国行业标准的不同之处。拉链的选用可参考表7 – 21 ~ 表 7 – 23。

**表 7 – 21　闭尾拉链的型号与用途**

| 链牙材质 | 型号（#） | 用途范围 |
|---|---|---|
| 金　属 | 2 | 女装、童装、恤衫、裙、衬衫、手袋等 |
|  | 3、4、5 | 牛仔裤、西裤、大衣、袋口、浴袍、鞋靴等 |
|  | 7、8、10 | 行李袋、皮手袋等 |
| 塑　胶 | 3、4、5 | 衫袋、袖口、手袋等 |
|  | 8、10 | 行李袋、晨楼袋口等 |
| 尼　龙 | 1、2、3 | 女装、童装、恤衫、裙、衬衫、女裤、套装、袋口、袖口等 |
|  | 4、5 | 浴袍、手袋、鞋靴、背包、行李袋等 |

**表 7 – 22　开尾拉链的型号与用途**

| 链牙材质 | 型号（#） | 用途范围 |
|---|---|---|
| 金　属 | 2、4、5 | 男装恤衫、大衣、夹克、运动服、雨衣等 |
|  | 7、8、10 | 大衣、睡袋、航空套装等 |
| 塑　胶 | 3、4、5 | 夹克、大衣、罩衣、雨衣等 |
|  | 8、10 | 人衣、晨楼、劳保服装等 |
| 尼龙聚酯 | 2 | 男装恤衫、衬衣、罩衣等 |
|  | 4、5 | 夹克、大衣、套装、劳保服装等 |
|  | 8、10 | 大衣、睡袋、航空套装、劳保服装等 |

表7-23　拉链型号与服装适用范围表

| 用途 ＼ 型号（#） | 2 | 3 | 4 | 5 | 6 | 8 |
|---|---|---|---|---|---|---|
| 女内衣、裤、裙 | ● | ● | | | | |
| 西装裤、童装 | ● | ● | ● | | | |
| 休闲服 | | | ● | ● | | |
| 工作服、训练服、牛仔服 | | | | ● | ● | |
| 帽、手套、箱包内袋、鞋子 | | ● | ● | | | |
| 皮包、箱包外袋、靴子、夹克 | | | | ● | ● | |
| 滑雪衫、羽绒服 | | | | ● | ● | ● |
| 呢大衣、皮大衣 | | | | | ● | ● |
| 对应日本拉链强度性能等级 | 超轻量级 UL | 轻量级 L | | 中量级 M | | 中重量级 MH |

### （三）绳带、钩环及搭扣

**1. 绳带**

绳类由多股纱或线捻合而成，直径较粗，按其制作方式可分为编织、拧绞和编绞三类。用于服装上的绳类产品具有固紧和装饰作用，如运动裤上的腰带绳、连帽服装上的帽绳和风衣上的腰节绳等。

带类一般指宽度在0.3～30cm的狭条状或管状织物，它广泛应用于服装和服饰品。常见品种有松紧带、罗纹带、针织彩条带、缎带和滚边带等。

**2. 钩和环**

挂钩是指安装于服装经常开闭之处的一种连接件，多由金属制成，由左右两件组成。主要有领钩、裤钩。其中领钩又称为风纪扣，由一钩与一环构成，一般用于立领领口处，其特点是小巧、隐蔽、使用方便。裤钩有两件一副与四件一副之分，一般用于裤腰及裙腰处。

环是一种可调节松紧的金属件，多为双环结构，常用的有裤环、拉心环、腰夹等。使用时一端固定双环，另一端通过条带套拉调节松紧，常用于裙、裤、风衣、夹克的腰间。

**3. 搭扣**

搭扣多为以尼龙为原料制成的粘扣带，多用于需要方便而能快速扣紧或开启的服装部位，如消防员服装的门襟扣、作战服的搭扣、婴幼儿服装的搭扣、活动垫肩的黏合、袋口的黏合等，其宽度规格有16mm、20mm、25mm、38mm、50mm、100mm不等。

# 第四节　装饰材料和标识材料

除了上述介绍的辅料之外，还有一些以装饰为主的花边和珠片等服装装饰材料，以及以识别引导为主的服装标识材料等。

### 一、装饰材料

#### （一）花边

花边是指作为嵌条或镶边装饰用的带状材料，在女式内衣、晚装、礼服和童装中应用较多。花边按工艺方法可分为机织花边、经编花边、刺绣花边和编织花边（具体构造见第三章）；按原料可分为人造丝花边（通常以平纹织地、缎纹起花的纯棉花边，花型丰富、光泽柔和）、涤纶花边（经热轧成裥、再缝制包缝而成）、锦纶花边（轻薄透明、色彩丰富）和腈纶花边（带身柔软）等。

#### （二）缀饰材料

缀片、珠子是服装服饰的缀饰材料，因其极强的装饰性而广泛应用于女装、婚礼服、晚礼服、舞台服装及时装中，使服装造型靓丽、魅力四射。

缀片大多是圆形、水滴型的光亮薄片，片上有孔，一般采用各种颜色的塑料或金属制成。珠子有人造珠和天然珠之分，多为圆形或接近圆形的几何体。使用时，用丝线将它们串起来，镶嵌于服装上。

### 二、标识材料

服装标识材料是指用以识别服装品牌、价格、质量保证及和保养方法等方面信息的材料，其主要作用是品牌区分识别、监督质量、指导消费和广告宣传等。服装标识材料根据文字或图案的形成方式，主要有织标（提花织造而成的织带）和印标（织带上印刷而成）两类；根据内容和用途，又可分为主标识材料、尺码标识材料、成分与使用标识材料等。

**1. 主标识材料**

主标识材料即服装的品牌与标志，常缝合在上装领口或者下装腰头处。

**2. 尺码标识材料**

尺码标识材料用以标明服装号型规格，多位于主标下方或侧旁，也有在侧缝处的。

**3. 成分与使用标识材料**

成分与使用标识材料标示服装面、辅料所用原料及比例，并指导消费者对服装进行正确的洗涤、熨烫、干燥和保管的方法及注意事项。常位于上装的侧缝或门襟处，裤子袋口等处。

## ✲ 专业术语

| 中　　文 | 英　　文 | 中　　文 | 英　　文 |
| --- | --- | --- | --- |
| 辅料 | Accessories | 衬料 | Interlining |
| 黑炭衬 | Hair Interlining | 马尾衬 | Horsehair Cloth |
| 树脂衬 | Resin Padding Cloth | 纸衬 | Paper Padding |
| 腰衬 | Belting | 牵条衬 | Tape |
| 领带衬 | Necktie Lining | 黏合衬 | Fusible Interlining |
| 里料 | Underlying Fabric | 垫料 | Cushioning Material |

续表

| 中　文 | 英　文 | 中　文 | 英　文 |
|---|---|---|---|
| 肩垫 | Shoulder Pad | 胸垫 | Bust Form |
| 领底呢 | Under Collar Felt | 填料 | Padding |
| 絮片 | Wadding | 缝纫线 | Sewing Thread |
| 工艺装饰线 | Skeinning Thread for Art Trimming Purpose | 纽扣 | Button |
| 拉链 | Zipper | 挂钩 | Hook |
| 环 | Ring | 搭扣 | Agraffe |
| 商标 | Brand | 标志 | Mark |
| 花边 | Lace | 松紧带 | Elastic Braid |
| 罗纹带 | Ribbed Band | 缀片 | Sequin |
| 珠子 | Beads | | |

## ✲ 学习重点

1. 服装辅料的类别。
2. 各类辅料的作用、类别和特点、质量要求。
3. 各类辅料与服装及其面料的配伍性。

## ✲ 思考题

1. 简述服用辅料及其主要内容。
2. 试述服用衬料的类别、特点及其适用性。
3. 简述服用垫料的种类及其分别适用于哪些服装。
4. 简述服用里料的作用及其分类。
5. 简述填（絮）料是如何分类的。
6. 简述服装扣紧材料种类及其特点。
7. 试述服用装饰材料的品种及其作用。
8. 试统计自己服装上所使用的辅料，并评述其在穿着过程中的作用与特点。

# 参考文献

[1] 吴微微，全小凡．服装材料及其应用[M]．杭州：浙江大学出版社，2000.

[2] 姚穆．纺织材料学[M]．2 版．北京：纺织工业出版社，1990.

[3] 于伟东．纺织材料学[M]．北京：中国纺织出版社，2006.

[4] 王革辉．服装材料学[M]．北京：中国纺织出版社，2006.

[5] 陈东生，甘应进．新编服装材料学[M]．北京：中国轻工业出版社，2001.

[6] 阿瑟·莱斯，等．织物学[M]．北京：中国纺织出版社，2003.

[7] 朱松文．服装材料学[M]．3 版．北京：中国纺织出版社，2001.

[8] 周璐瑛．现代服装材料学[M]．北京：中国纺织出版社，2000.

[9]《纺织品大全》(第 2 版) 编辑委员会．纺织品大全[M]．2 版．北京：中国纺织出版社，2005.

[10] Menachem Lewin. Handbook of Fiber Science and Technology：Volume Ⅲ：High Technology Fibers，Parts A-D[M]．New York：Marcel Decker, Inc. , 1985 (Part A)，1989 (Part B)，1993 (Part C)，1996 (Part D).

[11] Adanur, S. Wellington Sears. Handbook of lndus-trial Textiles[M]．Pennsylvania：Technom-ic Publishing Company，1995.

[12] Warner, S. B. Fiber Science[M]．New Jersey：Prentice Hall, Inc. , 1995.

[13] Iavner, J. Woven Fabric and Yarn Analysis[M]．New York：Fashion Institute of Technology，1992.

[14] Spencer, D. J. Knitting Technology[M]．New York：Pergamon Press，1989.

[15] Tay, G. A. Fundamentals of Weft Knitted Fabrics[M]．New York：Fashion Institute of Technology，1996.

[16] Rivlin, J. The Dyeing of Textile Fibers：Theory and Practice[M]．Philadelphia：Philadelphia College of Textiles and Science，1993.

[17] American Chemical Society. High -Tech Fibrous Materials：Composites[M]．New York：John Wiley & Sons, Inc. , 1991.

[18] 成瀬信子．基础被服材料学[M]．3 版．东京：日本文化出版局，1997.

[19] 服装文化协会．服装大百科事典 (上卷、下卷) [M]．增补版．东京：日本文化出版局，1990.

[20] 文化女子大学被服构成学研究室．被服构成学[M]．东京：日本文化出版局，1995.

[21] 一见辉彦．アパレル素材の知识[M]．大阪：フミション教育社出版，1998.

[22] 中国大百科全书总编辑委员会 (纺织卷) 编辑委员会．中国大百科全书 (纺织卷) [M]．北京：中国大百科全书出版社，1984.

[23] 朱新予．中国丝绸史 (通论) [M]．北京：纺织工业出版社，1992.

[24] 陈维稷．中国纺织科学技术史 (古代部分) [M]．北京：科学技术出版社，1984.

[25] 周启澄．纺织科技史导论[M]．上海：东华大学出版社，2003.

[26] 王曙中．高科技纤维概论[M]．上海：中国纺织大学出版社，1999.

［27］ 邢声远. 纺织新材料及其识别［M］. 北京：中国纺织出版社，2003.

［28］ 杨建忠. 新型纺织材料及应用［M］. 上海：东华大学出版社，2003.

［29］ 张怀珠. 新型服装材料学［M］.3 版. 上海：东华大学出版社，2004.

［30］ Cook, J. G. Handbook of Textile Fibres［M］. England：Merrow, Technical Library, 1984.

［31］ Hall, D. M. Practical Fiber Identification［M］.2nd ed. Alabama：Auburn University Press，1982.

［32］ Moncrieff, R. W. Man-made Fibres［M］.7th ed. New York：John Wiley & Sons, Inc.，1987.

［33］ Oxtoby, E. Spun Yarn Technology［M］. London：But-terworths, 1987.

［34］ Von Bergen, W. Wool Handbook［M］.3rd ed. New York：John Wiley & Sons, Inc.，1982.

［35］ 周惠煜，曾保宁. 花式纱线开发与应用［M］. 北京：中国纺织出版社，2002.

［36］ 杨静. 服装材料学［M］. 北京：高等教育出版社，2007.

［37］ Gioella, D. Profding Fabrics：Properties, Performance and Construction Techniques［M］. New York：Fairchild Publications, Inc.，1981.

［38］ 浙江丝绸工学院，苏州丝绸工学院. 织物组织与纹织学（上册）［M］. 北京：纺织工业出版社，1990.

［39］ 天津纺织工学院. 针织学（第三分册　经编）［M］. 北京：纺织工业出版社，1989.

［40］ 天津纺织工学院. 针织学（第一分册　纬编）［M］. 北京：纺织工业出版社，1986.

［41］ 李晓春. 纺织品印花［M］. 北京：中国纺织出版社，2002.

［42］ 林杰. 染整技术（第四分册）［M］. 北京：中国纺织出版社，2005.

［43］ 范雪荣. 纺织品染整工艺学［M］. 北京：中国纺织出版社，2006.

［44］ 阎克路. 染整工艺学教程（第一分册）［M］. 北京：中国纺织出版社，2005.

［45］ American Association of Textile Chemists and Colorists. Basics of Dyeing and Finishing［M］. North Carolina：Research Triangle Park，1991.

［46］ American Association of Textile Chemists and Colorists. Dyeing Primer［M］. North Carolina：Research Triangle Park，1986.

［47］ Flick, E. W. Textile Finishing Chemicals：An Industrial Guide［M］. New Jersey：Noyes Publications, Inc.，1990.

［48］ Jacobi, G. and A. Lahr. Detergents and Textile Washing［M］. New York：VCH Publications, Inc.，1987.

［49］ Lee, E. W. Printing on Textiles by Direct and Transfer Techniques［M］. New Jersey：Noyes Data Corp.，1986.

［50］ Needles, H. L. Textile Fibers, Dyes, Finishes, and Processes：A Concise Guide［M］. New Jersey：Noyes Publications, Inc.，1986.

［51］ Olson, E. S. Textile Wet Processes：Preparation of Fibers and Fabrics［M］. New Jersey：Noyes Publications，1983.

［52］ Trotman, E. R. Dyeing and Chemical Technology of Textile Fibers［M］.6th ed. New York：John Wiley & Sons, Inc.，1984.

［53］ 宋心远，沈煜如. 新型染整技术［M］. 北京：中国纺织出版社，1999.

［54］ 张洵栓. 染整概论［M］. 北京：纺织工业出版社，1989.

［55］ 吴雪刚，曹承露. 纺织工业实用手册［M］. 北京：纺织工业出版社，1990.

［56］ 陈丽华. 服装材料学［M］. 沈阳：辽宁美术出版社，2006.

［57］ 朱远胜. 服装材料应用［M］. 上海：东华大学出版社，2006.

［58］ 濮微. 服装面料与辅料［M］. 北京：中国纺织出版社，1998.

［59］ 孔繁薏. 中国服装辅料大全［M］.2 版. 北京：中国纺织出版社，2008.

［60］ 王树林. 服装衬布与应用技术大全［M］. 北京：中国纺织出版社，2007.

［61］ 陈继红，肖军. 服装面辅料及服饰［M］. 上海：东华大学出版社，2003.

［62］ 戚嘉运. 纺织品的应用科学［M］. 上海：上海科学技术出版社，1982.

［63］ 安达市三，系日谷秀章. アパレルテザインにねける素材分类の基础的手法の整理. アパレル研究［J］. 日本アパレル产业振兴ヤニタ出版，1987，6：58-60.

［64］ 东京妇人子供服工业组合技术委员会. 失败しなアパレル素材选び［M］. 东京：东京妇人子供服工业组合技术委员会，1998.

［65］ 蒋高明. 针织学［M］. 北京：中国纺织出版社，2012.

［66］ 戴维·J. 斯潘塞. 针织学［M］.3 版. 北京：中国纺织出版社，2007.

［67］ 西鹏. 高技术纤维概论［M］. 北京：中国纺织出版社，2012.

# 附录

## 附录一 棉织物的主要类别及特征

| 类 别 | | 特 征 | 适用范围 |
|---|---|---|---|
| 平纹织物 | 平布 Plain Cloth | 平纹组织，经、纬线密度接近或相等，结构紧密，表面平整。纱线用32tex及以上（18英支及以下）、布重150~200g/m²的为粗平布，又称粗布，其布面粗糙，手感厚实，坚牢耐用，原料多为低等级棉或棉混纺纱；纱线用31~21tex（19~28英支）、布重100~150g/m²的为中平布；纱线用19~10tex（29~59英支）、布重80~100g/m²的为细平布；细平布质地细薄、布面均匀、手感柔软，经纬线密度多为42tex（14英支）和58tex（10英支） | 内衣、裤、衬衣、夏季外衣 |
| | 府绸 Poplin | 由经纱凸出布面的高经密平纹织物，经密高于纬密，比例约为2:1或5:3。品种按纱线结构分有纱、半线、全线；按纺纱工艺分有普梳、半精梳、全精梳；按原料分纯棉、涤/棉、棉/维府绸；按染整工艺分有漂白、染色、印花、防缩、防雨、树脂府绸；按织造工艺分有色织、小提花府绸等。织物质地轻薄、结构紧密、布面光洁、手感滑爽 | 衬衣、风衣、雨衣、外衣 |
| | 麻纱 Hair Cords | 布面纵向呈现宽窄不一的细直条纹轻薄棉织物。有空筘形成的柳条麻纱、不同粗细经纱排列形成的异经麻纱以及由小提花组织形成的提花麻纱等。多为纬重平组织，配以19.5~13tex（30~45英支）的低特纱和一定的捻度、紧度。织物条纹清晰、爽薄透气、穿着舒适 | 衬衣、裙子 |
| | 巴里纱 Voile | 用低特强捻纱线织制的稀薄平纹棉织物，俗称玻璃纱。原料有全棉或涤棉混纺精梳纱线，纱的线密度为14.5~10tex（40~60英支），线的线密度为7.5tex×2~5tex×2（80英支/2~120英支/2）。高级巴里纱织物的纱线还经烧毛工艺，经纬向紧度大致相同，一般为25%~40%。质地稀薄、布孔清晰、透明度强，手感轻盈挺爽，透气性佳 | 衬衣、裙子 |
| | 细纺 Cambric | 用特细的精梳棉纱或涤棉混纺纱作经纬织制的平纹织物。精梳棉纱由优质长绒棉，混纺比有65/35、50/50、40/60、30/70，线密度一般为6~10tex（100~60英支）。织物具有结构紧密、布面光洁，手感柔软、轻薄似绸的特点 | 衬衣 |
| 斜纹织物 | 卡其 Khaki Drill | 高紧度的斜纹棉织物。质地紧密、织纹清晰、手感厚实、挺括耐穿。但紧度过高的卡其，耐平磨不耐折磨。按原料不同分纯棉、涤/棉、棉/维卡其等；按后整理分单面、双面卡其；按纱线种类分普梳、半精梳、全精梳卡其；按纱线结构分纱卡其、半线卡其和全线卡其等。纱卡其的经纬线密度一般为28~58tex（21~10英支），线卡其的经纬线密度一般为14tex×2~19.5tex×2（42英支/2~30英支/2） | 制服、外衣、裤子、衬衣 |
| | 华达呢 Gabercord | 斜纹类棉织物，来源于毛织物。多为纯棉或涤黏中长等混纺纱半线织制，其余类同毛类华达呢（参见毛织物部分） | |
| | 哔叽 Serge | 斜纹类棉织物，来源于毛织物。分纱、半线、全线哔叽和棉哔叽、黏胶哔叽等，其余类同毛类华达呢（参见毛织物部分） | |

| 类别 | | 特征 | 适用范围 |
|---|---|---|---|
| 缎纹织物 | 贡缎 Twilled Satin and Sateen | 采用缎纹组织织制的棉织物。布面光洁、富有光泽、质地柔软。贡缎分经面缎纹的直贡（Twilled Satin）和纬面缎纹的横贡（Sateen）两大类。直贡又有纱直贡［纱线线密度范围为58～7.5tex（10～80英支）］和半线直贡［经纱为14tex×2（42英支/2），纬纱为28tex（21英支）］之分；横贡经纬多用14.5tex（40英支）纯棉精梳棉纱，并经耐久性电光等整理，是棉织物中的高档产品 | 妇女衣裙、儿童棉衣和羽绒被面料等 |
| 起绒织物 | 绒布 Flannelette | 由一般捻度的经纱与较低捻度的纬纱交织而成的坯布，经拉绒机拉绒后表面呈现蓬松绒毛的纯棉或棉混纺机织物。绒布手感松软、保暖性好、吸湿性强、穿着舒适，有单、双面和厚薄之分。单面绒布多为斜纹组织、正面印花、反面拉绒，经纱线密度多用28～18tex（21～32英支），纬纱用42～45tex（14～13英支）；双面绒布多为平纹组织、双面拉绒，经纱线密度一般为29～24tex（20～24英支），纬纱用58～45tex（10～13英支）；纬纱线密度在58tex以上（10英支以下）的为厚绒布，反之为薄绒布 | 秋冬季衬衣、儿童服装、衬里等 |
| | 灯芯绒 Corduroy | 布面呈现灯芯状绒条的棉型织物。绒条丰满、质地厚实、耐磨耐穿、保暖性好。灯芯绒由一组经和两组纬交织成纬起绒组织，再将坯布经割绒工艺而成。按原料分有纯棉、涤/棉和弹力灯芯绒；按纱线结构分有全纱和半线灯芯绒；按绒条形宽度分有粗条、中条、细条和特细条；按织造工艺分有原色、色织和提花灯芯绒等。地组织为平纹或斜纹，绒毛固结有V型和W型两种，绒毛以平纹组织和W型固结较为牢固。经纱线密度为56～19tex（10.5～30英支），纬纱线密度为36～14.5tex（16～40英支），弹力灯芯绒由氨纶与棉纱组成的氨纶包芯纱构成 | 男、女、儿童的外衣、衫裙、鞋、帽等 |
| | 平绒 Velvet and Velveteen | 采用起绒组织，经双层分割（剖割绒经或绒纬），织物表面形成短密、平整绒毛的棉织物。具有绒毛丰满平整、质地厚实、光泽柔和、手感柔软、保暖性好、耐磨耐穿、不易起皱等特点。经平绒（Velvet）的绒毛较长，经线常用强力较高的精梳纱线，如14tex×2（J42英支/2）、10tex×2（60英支/2）、14tex（42英支）等，地经均为股线，绒经可用股线或单纱，纬纱大多为一般的单纱，地组织为平纹，绒经主要以V型固结，后整理需经刷毛和剪毛工艺。纬平绒（Velveteen）的经线常用14tex×2（42英支/2）、10tex×2（60英支/2）等，纬线用19.5tex（30英支）、14tex（42英支）等，地组织为平纹或斜纹，绒毛一般以V型固结，后整理需经刷绒和烧毛工艺 | 妇女衣料或装饰等 |
| 起绉织物 | 绉布 Crepe | 用一般经纱与高捻纬纱交织成坯布，经染整处理使高捻纬纱收缩，布面形成绉纹效果的棉织物。通常采用平纹组织，经纱线密度为21～9tex（28～65英支），纬纱线密度为28～13tex（21～45英支）。织物质地较为轻薄，富有弹性，穿着舒适 | 衬衣、裙子、睡衣 |
| | 绉纹布 Creppella | 采用绉组织，使布面呈现凹凸不平类似胡桃外壳起皱效果的棉织物，亦称绉纹呢或胡桃呢。经纬常用28tex（21英支）棉纱，手感柔软，外观厚实似呢，经丝光整理后光泽较柔和 | 儿童、妇女衣料 |
| | 泡泡纱 Seersucker | 布面全幅或部分呈现凹凸泡泡，经纬多用中号或细号纱，组织多为平纹。由于织造时采用不同送量而形成的条形泡泡有较好的保形性，而通过后整理形成的碱缩泡泡保形性较差。经树脂整理后，可提高泡泡的耐久性。泡泡纱织物外观别致，泡泡立体感强、穿着不贴身 | 妇女、儿童夏季衫、裙 |
| | 轧纹布 Embossing Cloth | 通常指在细平布上轧有凹凸花纹图案的织物。采用一对刻有凹凸花纹的轧辊轧出各种花型，再经树脂整理，花纹立体感强，质地细薄、穿着舒适，并具有一定的保形性，但不宜用沸水泡洗或用力搓绞 | 夏季男女衬衫、裙料等 |

续表

| 类别 | | 特征 | 适用范围 |
|---|---|---|---|
| 起绉织物 | 褶皱布 Wrinkle Fabric | 采用机械加热、搓揉等不同的整理方法或使用特殊起皱设备，使坯布形成形状各异、无规律、有立体感的褶皱纹路或褶皱效果的织物。主要有纯棉布、涤棉混纺布和涤纶长丝织物等。经树脂整理的纯棉褶皱布具有耐久褶皱效果。经拒水、阻燃、光泽和涂层整理的褶皱布可获得新的外观风格和功能效果 | 时装、女衣裙等 |
| 色织布 | 牛仔布 Yarn Dyed Denim | 质地较粗厚紧密、坚牢耐穿的色织斜纹棉织物，又称靛蓝劳动布或坚固呢。经纬常用 96～36tex（6～16 英支）棉纱，经用靛蓝或硫化蓝染成的藏蓝色，纬用本白纱。织物特点是纱粗、密度高、手感厚实、织纹清晰，正面以经线色为主，反面以纬线色为主，耐穿、耐洗。除传统的靛蓝纯棉牛仔布外，现有牛仔布向着多原料和多花色的方向发展 | 牛仔服 |
| | 牛津布 Oxford | 原为色织牛津布（同种原料色织），现大多为合纤混纺纱与棉纱交织，经染色后呈现色织效果的染色牛津布。采用纬重平或方平组织，经纱一般为 29～12tex（20～50 英支），纬纱一般为 58～29tex（10～20 英支），经向紧度为 50%～60%，纬向紧度为 45%～50%。织物易洗快干、手感松软 | 衬衣 |
| 花式线织物 | 竹节布 Slubbed Fabric | 采用竹节花式纱线织制的织物。布面呈现不规则分布的"竹节"，具有类似麻织物外观的风格特征，手感较为柔软。组织多为平纹，原料主要有纯棉、涤/棉、涤/黏等，经纬线密度一般为 13～29tex（45～20 英支），有粗长竹节的粗号纱线和细长竹节的细号纱线，"竹节"的分布与纱线的节粗、节长和节距有关 | 女套装、衬衣 |
| | 结子布 Knop Fabric | 用结子纱织制的织物。布面不规则分布挺凸的结子，立体感强，并可伴有丰富的色彩效果。其余同竹节布 | 女套装、衬衣 |
| | 雪尼尔织物 Chenille Fabric | 用雪尼尔线（绳绒线）织制的织物。产品手感柔软、绒面丰满、立体感强、悬垂性好。雪尼尔机织物是以雪尼尔线作纬线织制而成，雪尼尔针织物是将雪尼尔线经针织提花机或手工编织而成 | 外衣、套装、装饰等 |
| 其他织物 | 烂花布 Etched-out Fabric | 用耐酸的合纤与不耐酸的棉或黏胶纤维的包芯纱或混纺纱织成平布，经烂花工艺处理，使布面呈现透明与不透明两部分，互相衬托出各种花型的织物 | 妇女、儿童的衬衣、裙 |
| | 防绒布 Down-proof Fabric | 多用平纹或纬重平组织，配以精梳棉纱或涤棉混纺细号纱织制。织物总紧度在 88% 以上，具有结构紧密、透气量小、防羽绒钻出性强的特点 | 滑雪衫、羽绒服 |
| | 水洗布 Washer Wrinkle Fabric | 采用染整生产技术使织物加工成类似洗涤后风格的织物。由石磨水洗牛仔服装引发而来。工艺上由早期特定的水洗加工发展到现在的加酶水洗。现品种主要有水洗纯棉织物、涤棉混纺织物以及涤纶长丝织物等。手感柔软、尺寸稳定、色泽柔和，外观有自然的皱纹和绒毛。其加工工艺和外观上物理性起毛等性状与砂洗织物相似 | 外衣、衬衣、裙子、睡衣 |
| | 帆布 Plimsoll Duck | 经纬纱都用多股线织制的粗厚织物，因最初用于船帆而得名。用于服装和旅游用品的适用细帆布（鞋用帆布 Plimsoll Duck），具有紧密结实、布身平整细洁、手感硬挺、坚牢耐磨等特点。所用原料为纯棉、棉/维等，线型大多为 28tex、18tex、14tex（21 英支、32 英支、42 英支）2～4 股并线，组织有平纹、纬重平、双层等 | 鞋用、衣料、包袋类等 |

## 附录二　麻织物的主要类别及特征

| 类　别 | 特　征 | 适用范围 |
|---|---|---|
| 爽丽纱<br>All Ramie Sheer | 纯苎麻细薄型织物。平纹组织，纱线为 16.7～10tex（60～100 公支）精梳麻纱，并经烧毛整理。织物具有丝般的光泽和挺爽感，略呈透明。属国际市场上名贵紧俏商品 | 高档衬衣、裙料、抽纱底布 |
| 夏布<br>Grass Linen | 手工织制的纯苎麻布的统称。以平纹组织为主，有纱细布精的，也有纱粗布糙的 | 衬衣、外衣、套装 |
| 涤/麻派力司<br>Polyester/Ramie Blending Palace | 按毛织物"派力司"风格设计的涤麻混纺色织物。采用苎麻精梳长纤维和 3.3 dtex（3）×（89～102）mm 的毛型纤维，平纹组织，布面具有疏密不规则的夹花条纹。有纱织物、半线织物和全线织物等 | 衬衣、外衣、裤子、套装 |
| 麻交布<br>Ramie/Cotton Interweave | 泛指麻纱线与其他纱线交织的织物。现专指苎麻精梳长纤维纺制的纱线（长麻纱线）与棉纱线交织的织物，又称棉麻交织布。迄今为止最细薄的麻交布，是用 10 tex（100 公支）纯苎麻与棉纱交织，在国际市场上作为高档装饰用巾 | 衬衣、外衣、抽纱底布 |
| 亚麻细布<br>Fine Linen | 一般泛指细号、中号亚麻纱织制的麻织物，包括棉麻交织布、麻/涤、麻/棉、麻/绢、麻/毛等混纺布，混纺比中亚麻一般占 30%～55%，织物组织以平纹为主，紧度中等 | 衬衣、外衣、抽纱底布 |
| 亚麻外衣布<br>Dress Linen | 专供制作外衣用的亚麻布。花色有原色、半白、漂白、染色、印花等，组织有平纹、人字纹、隐条、隐格等。用纱较粗，通常在 70tex 以上 | 外衣 |
| 亚麻内衣布<br>Underwear Linen | 专供内衣用的亚麻织物。一般用 40 tex 以下的细号纱，条干均匀，麻粒子少，常用平纹组织，紧度中等，也可用棉麻交织或涤麻混纺，经碱缩或丝光整理可增加织物紧度和改善尺寸稳定性 | 内衣 |

## 附录三　毛织物的主要类别及特征

| 类别 | | 特征 | 适用范围 |
|---|---|---|---|
| 精纺毛织物 | 凡立丁<br>Valitin | 采用精梳毛纱织制的轻薄平纹毛织物。原料以纯毛为主，也有涤/毛、纯化纤等，纱线线密度通常为 21tex×2～17tex×2（48 公支/2～60 公支/2），且均为股线，重量为 170～200g/m²。呢面条干均匀，织纹清晰、光洁平整，手感柔软、滑爽、活络有弹性，透气性好 | 夏季衣裤、裙料等 |
| | 派力司<br>Palace | 精纺毛纱织制，外观呈夹花细纹的平纹混色毛织物。通常经纱为 17tex×2～14tex×2（60 公支/2～70 公支/2），纬纱为 25～22tex（40～45 公支），原料有全毛、毛/涤、涤/麻、纯化纤等，织物重量为 140～160g/m²。经光洁整理，织物手感滑、挺、薄、活络、弹性好，呢面平整 | 夏季西裤、套装 |

续表

| 类别 | | 特征 | 适用范围 |
|---|---|---|---|
| 精纺毛织物 | 波拉呢<br>Poral | 采用三根单纱经复捻加工而成的强捻纱线织制的密度较稀的夏季呢料。手感干爽、硬挺、弹性良好、疏松透凉。单纱的线密度以 20tex（50 公支）为多，组织以平纹为主，呢坯经光洁整理，重量约 200～230g/m² | 春夏季套装等 |
| | 哔叽<br>Serge | 素色的斜纹精纺毛织物。常用 $\frac{2}{2}$ 斜纹组织，斜纹角度约 45°，纱线细度范围一般为 34tex×2～12.5tex×2（30 公支/2～80 公支/2），原料大多为全毛、毛/黏、毛/涤、涤/黏等，织物重量为 140～340g/m²。呢面光洁平整，斜向清晰，紧度适中，悬垂性好，但长期受摩擦部位易产生极光 | 制服、套装 |
| | 华达呢<br>Gabardine | 采用精梳纱线紧密织制的经面斜纹织物。有毛型（Gaberdine）和棉型（Gabercoord），半线和单纱，单面和双面之分。具有斜纹清晰，斜纹角度约 60°，质地厚实挺括而不硬，耐磨而不易折裂，有一定防水性能，但易产生极光。原料有纯毛、纯棉、化纤纯纺或涤/毛、黏/棉、涤/腈、涤/黏等混纺，线密度大致在 25tex×2～14.3tex×2（40 公支/2～70 公支/2），线型多为半线或单纱，织物经光洁整理 | 外衣、雨衣、风衣、制服和便装等 |
| | 啥味呢<br>Worsted Flannel | 混色精纺毛纱织制，有绒面效果的中厚型斜纹织物。常用 $\frac{2}{2}$ 或 $\frac{2}{1}$ 斜纹组织，纱线线密度常用 28tex×2～17tex×2（36 公支/2～60 公支/2），原料有全毛、毛/黏、涤/毛、丝/毛、涤/黏等，织物重量为 220～320g/m²。斜纹纹路隐约可见，斜纹角度约 45°。呢面平整，毛茸匀净、齐而短，混色均匀，光泽柔和，手感柔软、丰满，弹性良好，有身骨，不起极光 | 裤料、春秋季套装、便装 |
| | 海力蒙<br>Herring Bone | 精纺毛纱织制的人字破斜纹花式毛织物。纱线线密度常用 25tex×2～17tex×2（40 公支/2～60 公支/2），织物重量为 250～290g/m²。结构紧密，呢面有光洁的，也有轻绒面的 | 套装、西装 |
| | 马裤呢<br>Whipcord | 用精梳毛纱织制的急斜纹厚型毛织物。呢面有粗壮凸出的斜纹纹路，斜纹角度为 63°～76°，结构紧密，手感厚实而有弹性，丰满、保暖。原料有纯毛、纯棉、棉经毛纬、毛/黏、涤/毛、涤/腈、涤/黏等，纱线有全精梳或半精梳之分，线密度以 25tex×2～20tex×2（40 公支/2～50 公支/2）较多，少数细的用 16.7tex×2（60 公支/2），用单纱作纬时，线密度为 28～25tex（36～40 公支）。夹丝马裤呢常用 67dtex（60 旦）或 83dtex（75 旦）的人造丝与 40～34tex（25～30 公支）的单纱并捻。经纬密度之比通常为 2:1，重量为 340～400g/m² | 猎装、大衣、便装等 |

续表

| 类别 | | 特征 | 适用范围 |
|---|---|---|---|
| 粗纺毛织物 | 巧克丁 Tricotine | 一种紧密的经急斜纹织物。常用经纱线密度为22tex×2～12tex×2（50公支/2～60公支/2），纬纱为34～22tex（30～45公支），织物重量为270～320g/m²。呢面光洁整平，手感紧密挺括，条纹清晰而凸立，类似针织罗纹，斜纹角度多为63°，有素色、混色和夹色等。与华达呢、马裤呢为同一类型，相当于中厚型华达呢，但不如马裤呢厚重 | 便装、制服、风衣、套装、西裤 |
| | 贡呢 Venetian | 紧密细洁的中厚型缎纹毛织物。呢面呈现细斜纹，斜纹角度在63°～76°称直贡呢，斜纹角度在14°左右的称横贡呢。常用纱线线密度为20tex×2～14tex×2（50公支/2～70公支/2），织物重量为270～350g/m²。呢面光洁平整，手感挺括滑糯，光泽较好。有素色、闪色和夹色等。乌黑色的贡呢又称礼服呢，以色织为主，经光洁整理 | 礼服、套装、外衣 |
| | 花呢 Fancy Suiting | 综合运用各种花样的设计方法，使织物外观呈现点子、条子、格子及其他花色效果。织物品种繁多，按重量分为：195 g/m² 以下为薄花呢，195～315 g/m² 为中厚花呢，315 g/m² 以上为厚花呢；按表面风格分为光洁、轻缩绒和绒面；按纺纱系统分为精纺、粗纺、半精纺和精粗纺交织；按原料有纯毛（羊毛、马海毛、驼绒、羊绒、丝/毛）、毛混纺（毛/黏、涤/毛、毛/涤/黏）、纯化纤（涤/黏、涤/腈、黏/腈、纯涤纶）等。织物以毛条染色、复精梳、色经织造为主，匹染较少。光泽柔和，手感或紧密挺括、或丰满软糯、或疏松活络 | 套装、上衣、西裤、便装 |
| | 驼丝锦 Doeskin | 紧密细洁的中厚型高级素色毛织物。有精纺、粗纺和精粗纺交织三类。精纺驼丝锦所用原料的品级支数一般为70支以上，采用缎纹类组织，密度较高，经纱线密度为17tex×2～12.5tex×2（60公支/2～80公支/2），纬纱为20tex×2～14tex×2（50公支/2～72公支/2），织物重量为280～360g/m²。呢面平整，织纹细致，光泽滋润，手感柔滑，紧密，弹性好。多为色织和光洁整理 | 礼服、套装 |
| | 精纺女衣呢 Worsted Lady's Dress | 精纺毛纱织制的女装用料。重量轻、结构松、手感柔软、色彩艳丽，在原料、纱线、组织、染整工艺等方法充分运用各种技法，使织物具有装饰性。纱线细度为50～14.3 tex（20～70公支），组织多为各种联合、变化或提花组织，织物重量多为180～260g/m² | 上衣、套装、裙类 |
| | 粗服呢 Fleuret | 以棉经毛纬织制的粗纺毛织物。经纱采用28 tex×2（21英支/2）棉线，纬纱一般为200tex（5公支）再生毛，$\frac{2}{2}$斜纹组织，主要经缩绒等整理，重量为480g/m²。织物粗糙、结实、耐磨、价廉 | 工作服、学生制服 |
| | 制服呢 Uniform Cloth | 一种较低级的粗纺毛织物，又称粗制服呢。采用较低品级的羊毛，175～166.7 tex（6～8公支）粗毛纱，$\frac{2}{2}$斜纹组织或破斜纹组织，经缩绒、起毛、剪毛等整理工艺，织物重量为450～520g/m²。呢面可见不明显的底纹，色泽不够匀净，手感粗糙 | 秋冬制服、外套、夹克 |

续表

| | 类别 | 特征 | 适用范围 |
|---|---|---|---|
| 粗纺毛织物 | 海军呢 Navy Cloth | 又称细制服呢。原料等级及织物品质介于麦尔登和制服呢之间，经纬纱为100tex（10公支）的粗毛纱，$\frac{2}{2}$斜纹组织，经缩绒、起毛、剪毛等整理工艺，织物重量为 360~490g/m²。呢面基本上被绒毛覆盖，质地紧密，色泽匀净，但身骨密实程度不如麦尔登 | 军服、制服、外衣 |
| | 学生呢 Uniform Cloth | 又称大众呢，是一种低档麦尔登。以精梳短毛、再生毛为主要原料，混以25%~30%黏胶纤维，经纬纱为111.1~100tex（9~10公支）粗梳毛纱，$\frac{2}{2}$破斜纹组织，重量为 450~520 g/m²。呢面平整，手感柔软，价廉。但易起球、落毛、露底 | 学生制服 |
| | 麦尔登 Melton | 品质较高的高紧度粗纺或半精纺呢绒。织物质量为 360~480g/m²，常用83.3~62.5tex（12~16公支）全毛或毛黏混纺纱线，斜纹或平纹组织，再经重缩绒整理。织物结构紧密，表面有细密毛绒覆盖，不露底纹，手感丰厚，富有弹性，成衣挺括，不易折皱，耐磨耐穿，不起球，防风，抗水，抗寒 | 大衣、制服、外衣 |
| | 大衣呢 Overcoating | 以粗纺为主，重量为 380~840g/m²，表面有各种类型的绒毛覆盖（如平厚、顺毛、立绒、拷花等），地质丰厚、紧密，防风寒的毛类织物。原料主要有纯毛（包括羊毛和其他动物毛）和毛混纺，组织常用斜纹、纬二重和缎纹，纱线线密度为 250~62.5tex（4~16公支），织物后整理主要有起毛、缩绒、洗呢、剪呢等 | 大衣 |
| | 法兰绒 Flannel | 系粗纺呢绒，常用精梳短毛掺入 5%~15%粗绒棉或30%以下的黏纤为原料，纺制 100~62.5tex（10~16公支）粗纺毛纱作经纬，用平纹、斜纹等组织织制，主要经缩绒、拉绒等后整理加工而成。织物重量为 260~320g/m²。结构偏松，绒面细腻，质地柔软，手感丰满。用细号毛纱织制的薄型高级法兰绒，重量仅200g/m² 左右。此外，还有掺入部分氨纶包芯纱织制而成的弹力法兰绒（Stretch Flannel）和法兰绒针织物（Flannel Knitted Fabric）。后者为两根18tex 或 16tex 涤腈混纺纱（40/60 或 20/80）在机号为 14 针/2.5cm 或 16针/2.5cm 的棉毛机上编织成棉毛布，再经缩绒、起毛整理而成 | 春秋季外衣裤、衬衣、裙子等 |
| | 粗花呢 Tweed | 粗纺花呢的简称。采用单色或混色的单纱、股线或花式纱线作经纬，用平纹、斜纹、变化组织、联合组织、绉组织、网形组织等，织成条形、格形、圈圈、点子以及提花、凹凸等各种肌理效果的花式织物。重量为 250~400g/m²。按织纹的清晰度和绒毛的状态分为呢面型、绒面型和纹面型，每类又分为高、中、低三档 | 外衣、裤 |
| | 松结构织物 Loose Structure Fabric | 指成品经纬向紧度小于50%的产品。常以粗纺纱、精纺纱、花式线、化纤长丝、异形纤维等多种纱线并合后，以绉组织、变化斜纹组织、小花纹组织等织制。主要经洗、轻缩（或不缩）、匹染等后整理。故织物大多为纹面效果，手感柔软，色彩鲜艳，质感别致 | 女上装、背心、裙子 |

| 类别 | | 特征 | 适用范围 |
|---|---|---|---|
| 粗纺毛织物 | 双面女衣呢 Double Face Lady's Dress | 织物正反面具有不同肌理风格或色彩效果的女衣呢。通常多为双层接结或二重组织，重量为 350~500g/m²。织物蓬松丰厚，具有空气夹层，保暖性好，正反两面可互为表里（也有以精、粗纺作为正反效果） | 正反两面穿的冬季女装 |
| | 女式呢 Woollen Lady's Dress | 粗纺毛织物，属匹染素色产品。通常采用变化原料、纱号、组织、染色、印花手段使织物产生装饰效果。纱线常用线密度为 100~55.6 tex（10~18 公支），组织有斜纹组织、破斜纹组织、绉组织、小提花组织、大提花组织等，经起毛、缩绒、洗呢、剪呢等整理工艺，织物重量为 180~400g/m²。织物手感柔软，有弹性，色彩鲜艳 | 西装、背心、裙子、风衣、大衣 |
| | 毛毡 Felt | 利用羊毛鳞片层的毡缩性制成的片状物。服装中使用的毛毡主要用于防风御寒，服装毡作为衬里，其保暖性较棉絮好，蓬松而不脱开，可用较细短的羊毛或再生毛等做原料，不受色泽限制，工艺简单，密度在 0.9~0.06g/cm³，厚度一般为 3~10mm | 衬料 |

# 附录四 丝织物的主要类别及特征

| 类别 | 特征 | 典型品种举例 | 适用范围 |
|---|---|---|---|
| 纱 Gauze | 全部或部分采用纱组织的丝织物 | 庐山纱、莨纱绸、涤纶纱、夏夜纱、西浣纱等 | 晚礼服、衬衣 |
| 罗 Leno | 全部或部分采用罗组织的丝织物 | 杭罗等 | 晚礼服、衬衣 |
| 纺 Spinning | 采用平纹组织，经、纬一般不加捻，表面平整的丝织物 | 电力纺、绢丝纺、涤丝纺、尼龙纺、有光纺、无光纺、生纺、华春纺、富春纺、花富纺等 | 衬衣、裙子、里子、饰品 |
| 绉 Crepes | 采用绉组织、运用加捻、织造或后整理工艺，表面呈现明显绉效果并富有弹性的丝织物 | 双绉、重绉、碧绉、顺纡（绉）、乔其（绉）、冠乐绉、特纶绉等 | 衬衣、裙子、套装、饰品 |
| 绫 Twills | 以斜纹或斜纹变化组织为地组织，外观具有明显斜向纹路的丝织物 | 真丝斜纹绸、人丝羽纱、桑黏绫、美丽绸等 | 衬衣、里子、饰品 |
| 绢 Taffeta | 以平纹或平纹变化组织为地组织，平整挺括的色织或色织套染的丝织物 | 塔夫绢、天香绢、缤纷绢、和平绢、绒地绢等 | 外衣、礼服、饰品 |
| 绡 Sheer Silks | 采用平纹或假纱组织，经、纬一般加捻，轻薄透孔的丝织物 | 真丝绡、东风纱、素纱、迎春绡、条花绡、烂花绡等 | 晚礼服、裙子、饰品 |

续表

| 类别 | 特征 | 典型品种举例 | 适用范围 |
|---|---|---|---|
| 缎<br>Satin Silks | 以缎纹组织为地组织的丝织物 | 真丝缎、库缎、薄缎、软缎、修花缎、素绉缎、金玉缎等 | 薄型缎适用衬衣、裙子、饰品等；厚型缎适用外衣、旗袍 |
| 锦<br>Brocades | 外观瑰丽多彩，花纹精致高雅的色织多梭纹提花丝织物 | 宋锦、蜀锦、云锦、织锦、壮锦、傣锦、苗锦、妆花缎、彩库锦等 | 旗袍、饰品 |
| 葛<br>Poplin<br>Grosgrain | 采用平纹、经重平或急斜纹组织，经细纬粗、经密纬疏，质地厚实，有比较明显横向条纹的丝织物 | 特号葛、明华葛、文尚葛、金星葛等 | 套装等 |
| 绨<br>Bengaline | 采用平纹组织，长丝作经，棉纱线作纬，质地比较粗厚的丝织物 | 素绨、蜡线绨、新纹绨等 | 外衣等 |
| 绒<br>Velvet | 采用起绒组织，形成全部或局部明显绒毛或绒圈的丝织物 | 天鹅绒、乔其绒、立绒、金丝绒、烂花绒、提花丝绒、光明绒等 | 礼服、裙子、旗袍、饰品 |
| 呢<br>Crepons | 采用或混用基本组织及变化组织，表面少光泽，质地丰厚似呢的丝织物 | 西湖呢、博士呢、四维呢、康乐呢等 | 外衣、衬衣、裙子 |
| 绸<br>Chou Silk | 采用或混用基本组织及变化组织，质地一般较紧密或无其他特征的丝织物 | 双宫绸、和服绸、绵绸、鸭江绸、弹涤绸、人丝花绸、蓓花绸、高花绸、爱的丽斯绸等 | 薄型绸适用衬衣、裙子；中厚型适用各种高级服装，如西服、礼服 |

# 附录五　常用丝织物品种及特征

| 名称 | 特征 | 适用范围 |
|---|---|---|
| 素绉缎<br>Plain Crepe Satin | 纯桑蚕丝织物，缎纹组织，经线常用1根或2根22.22/24.42dtex（20/22旦）并合，纬线常用2~4根22.22/24.42dtex（20/22旦）并合，且加强捻2S2Z间隔排列，重量54~86g/m²，（12.5~20m/m）。织物富有光泽，有良好的弹性和吸湿透气性，手感柔软光滑 | 女式晚礼服、衬衣及裙料等 |
| 有光纺<br>Rayon Palace | 有光黏胶人造丝制的纺类丝织物。绸面光泽肥亮，织纹平整缜密。规格、品种较多，如人丝电力纺、人丝塔夫绸、里子绸等。经纬线密度为44.44~277.78tex（40~250旦），重量为63~133g/m² | 衬衣和服装里料 |
| 金银人丝织锦缎<br>Rayon/Tinsel Mixed Tapestry Satin | 有光黏胶人造丝和金银铝皮色织的提花锦类丝织物。地部缎面细洁紧密，花部光泽闪烁，富丽豪华，质地较厚实。织物由66.66dtex（60旦）有光黏胶人造丝的经线与133.2dtex（120旦）有光彩色人造丝及303.03dtex（273旦）金（银）铝皮的纬线构成纬三重组织，重量为231g/m² | 民族感较强的女式秋冬季外衣、旗袍等，也可用作装帧、装饰 |

续表

| 名称 | 特征 | 适用范围 |
|---|---|---|
| 四维呢<br>Mock Crepe | 以平纹与斜纹，或平纹与缎纹的联合组织，平经绉纬的线型，高经密的丝织物。有平素和提花、桑蚕丝和人造丝之分。织物丰实柔软，富有弹性，光泽柔和，具有明显的横棱效果。桑蚕丝四维呢经丝细度为2根22.2~24.4dtex（20~22旦），纬丝细度为4根22.2~24.4dtex（20~22旦），重量为83 g/m²。人丝提花四维呢经丝细度为83.25dtex（75旦），纬丝细度为133.2dtex（120旦），重量为133g/m² | 衬衣等 |
| 东风纱<br>Dongfeng Crepe Georgette | 白织轻薄型真丝绉类织物。质地轻薄透明，手感舒爽。如10115东风纱经纬线均为22.2~24.4dtex（20~22旦）的乔其线型、配以平纹组织及低紧度织制而成。质地薄透如蝉翼，与西汉时期的蝉衣素纱相近。重量仅15g/m² | 饰品 |
| 洋纺<br>Paj | 纯桑蚕丝纺类丝织物。平纹组织，经密较高，经纬细度为22.2~24.4dtex（20~22旦）或31.1/33.3dtex（28~30旦），织物重量主要有21g/m²和27 g/m²。质地细腻、平挺轻薄 | 饰品、衬里 |
| 乔其<br>Crepe Georgette | 以平纹为主，经纬均为2S、2Z强捻丝交替排列，并配置稀松密度而构成的白织绉类丝织物。又名乔其纱。质地轻薄透明，有明显的绉效果，手感柔爽而富有弹性，有良好的透气性和悬垂性。原料有桑蚕丝、黏胶人造丝和涤纶丝。真丝乔其主要有22.2~24.4dtex（20~22旦）、2根22.2~24.4dtex（20~22旦）、3根22.2~24.4dtex（20~22旦）等细度规格，相应的织物重量为20g/m²、35g/m²和52g/m²等；人丝乔其主要有83.25dtex（75旦）丝线细度和70 g/m²织物重量规格；涤乔的规格主要为49.95dtex（45旦）丝线细度和51 g/m²的织物重量 | 妇女衣、裙、丝巾等 |
| 塔夫<br>Taffeta | 采用平纹组织，高紧度，质地平挺紧密，并有丝鸣的熟织丝织物。桑蚕丝经纬细度为2~4根22.2~24.4dtex（20~22旦），织物重量为40~70g/m²；柞丝塔夫经丝细度为2根38.89dtex（35旦）并合，纬丝为4根38.89dtex（35旦）并合，织物重量为72g/m²；绢纬塔夫经线为2~3根22.2~24.4dtex（20~22旦）并合的桑蚕熟丝，纬线为2根47.6dtex（210公支）、2根84.7dtex（118公支）、1根100dtex（100公支），织物重量为46~116g/m²，丝毛塔夫由桑蚕丝与绢丝和毛纱交织而成，重量为80g/m²；涤丝塔夫经纬均多为75.4dtex（68旦半光涤纶丝，重量为61g/m²；人丝塔夫是以有光黏胶人造丝为原料的塔夫，其经线细度大多为133dtex（120旦），纬线细度大多为277.5dtex（250旦），织物重量为133g/m² | 真丝类塔夫适宜高档礼服、衬衣料和外衣；涤丝塔夫常作雨衣衬里；人丝塔夫常作羽绒被套、大衣里料等 |
| 生纺<br>Fecru Chiffon Habutai | 纯桑蚕丝生织，且织后不需精练、染色和其他整理的纺类丝织物。手感轻盈，硬爽挺括，具有天然生丝色光的特征。经纬细度一般为2~3根22.2~24.4dtex（20~22旦），不加捻，平纹组织，重量在48g/m²左右 | 饰品及需挺括造型的服装 |
| 绵绸<br>Noiicloth | 桑䌷丝生织绸类丝织物。绸面粗犷、丰厚少光泽，绵粒分布随机又均匀，手感柔糯。经纬采用100~33.33tex（10~30公支）单股桑䌷丝，以平纹或斜纹组织交织，重量为140~258g/m² | 衬衣、裙子 |

续表

| 名称 | 特征 | 适用范围 |
|---|---|---|
| 光明绒<br>Guangming<br>Brocaded Velvet | 以双层织绒法织制的提花、修剪丝绒。3 根 22.2 ~ 24.4dtex（20 ~ 22 旦）桑蚕丝作地经地纬平纹交织，166.5dtex（150 旦）有光黏胶人造丝和 189.8dtex（171 旦）不氧化金银皮为绒经与地组织 W 型固结，棉纱为边经的提花绒类丝织物。因不起花部分的绒经割绒后除去，故地部轻薄透明，轻柔挺爽，而由黏胶人造丝为主体，金银皮为花芯或边缘的绒花浓簇耸立、丰满闪烁且富有立体感，织物具有高贵华丽的特殊风格 | 妇女时装、夜礼服及服饰品等 |
| 乔其绒<br>Transoarent Velvet | 桑蚕丝和有光黏胶丝交织的双层经起绒的绒类丝织物。地经地纬为 2 根 22.2 ~ 24.4dtex（20 ~ 22 旦）强捻桑蚕丝，绒经为 133.2dtex（120 旦）有光黏胶人造丝 W 型固结，并上、下交织成双层丝织。经割绒、剪绒整理后形成乔其立绒，若经烂花染色或烂花印花（去除地部黏胶丝）整理则可形成烂花乔其绒。乔其立绒地组织为经重平，织物绒毛耸密挺立，手感柔软，富有弹性，光泽柔和。烂花乔其绒地组织为平纹，织物地部轻薄柔挺透明，绒毛浓艳密集，花地凹凸分明，立体感强 | 妇女衣裙、晚礼服、民族服装或服饰品等 |
| 双宫绸<br>Doupioni Pongee | 经线采用桑蚕丝，纬线采用双宫丝的绸类丝织物。有色织和生织之分。多为平纹组织，经线线密度为 2 ~ 4 根 22.22 ~ 24.42dtex（20/22 旦）、2 根 31.11/33.33dtex（28/30 旦）或单根 55.56/77.78dtex（50/70 旦），纬线线密度为 1 ~ 4 根 111.11 ~ 133.33dtex（100/120 旦）、2 ~ 3 根 33.33 ~ 44.44dtex（30/40 旦）、1 ~ 2 根 55.56/77.78dtex（50/70 旦），织物重量为 42 ~ 133g/m²（9.5 ~ 31 m/m）。绸面呈现均匀而不规则的粗节，质地紧密挺括，光泽柔和 | 衬衣、妇女套装等 |
| 电力纺<br>Habutai | 桑蚕丝生织纺类丝织物。平纹组织，经纬以 22.22/24.42tex（20/22 旦）2 ~ 4 根并合，一般不加捻。除全真丝外，还有 22.22/24.42tex × 2（2/20/22 旦）桑蚕丝与 83dtex（75 旦）或 133tex（120 旦）人造丝交织的电力纺以及经纬为 133.33dtex（120 公支）的人丝电力纺，重量为 36 ~ 83g/m² | 夏季衣着用料或里料 |
| 双绉<br>Crepe De Chine | 生织绉类桑蚕丝织物。平纹组织，经线常用 2 ~ 4 根 22.22/24.42（20/22 旦）桑蚕丝并合，无捻，纬线常用 2 ~ 5 根 22.22/24.42（20/22 旦）桑蚕丝2 ~ 5 根并合，且 2S2Z 强捻交替排列。成品幅宽 72 ~ 115cm，重量 35 ~ 78g/m²（8.1 ~ 18m/m）。也有以 66.66 ~ 133.33dtex（60 ~ 120 公支）人丝交织制的人丝双绉，重量为 62 ~ 100g/m²。双绉织物外观呈现细微的绉效应，并隐约带有横向条纹，手感柔软，富有弹性，穿着舒适，但缩水率较大 | 衬衣、裙子、头巾等 |
| 顺纡绉<br>Crepon | 桑蚕丝生织绉类丝织物。有平素和提花之分。以平纹组织为主，用平经和单向强捻丝构成。一般厚度的称顺纡绉或顺纡花绉，其丝线线密度为 2 ~ 4 根 22.22/24.42dtex（20/22 旦）合并，重量 54 ~ 84g/m²（12.5 ~ 19.5m/m）；轻薄有透明感的称顺纡绡，其线密度常为单根 22.22/24.42dtex（20/22 旦），重量为 52g/m²（5m/m）；以纯棉或涤/棉纱织制的又称柳条绉。织物表面具有凹凸起伏不规则的直绉波纹，风格别致，吸湿透气，富有弹性，穿着不贴身 | 夏季衬衣、裙料等 |
| 冠乐绉<br>Guanle Cloque | 由平经、平纬和绉经、绉纬两组丝线以及双层平纹袋组织织制的全真丝绉类提花织物。立体感强，弹性、透气性好。经纬线线密度一般为 2 ~ 3 根 22.22/24.42dtex（20/22 旦），织物重量为91 ~ 93g/m²（21 ~ 21.5m/m） | 衬衣、裙子 |

# 附录六　化纤织物的主要类别及特征

| 类别 | 特征 | 典型品种举例 | | 适用范围 |
|---|---|---|---|---|
| 黏胶织物 | 吸湿性、染色性好，手感柔软、色泽艳丽。普通黏胶织物的悬垂性很好，但刚度、回弹性、抗皱性、尺寸稳定性差，湿强低。富纤织物的干、湿强度比普通黏胶织物高，挺括抗皱性亦好，但色泽鲜艳度稍差。改性黏胶纤维（Polynosic）织物具有较好的物理机械性能和对酸的高稳定性，可进行丝光整理。高湿模量黏胶纤维（Highwet Modulus Viscose）织物湿态变形小，具有较好的耐磨性。品种有以100%的棉型或中长型普通黏胶纤维为原料，经棉纺设备纺制而成的各种人造棉平布；以纯黏胶长丝或与富纤、棉等交织的织物；以各种棉型、毛型和新型黏胶纤维与棉、毛或其他合成纤维混纺而织制的织物 | 人造棉织物 | 人造棉平布 | 夏季女式衣裙、衬衣、童装 |
| | | | 人造棉色织物 | 春秋季女式衣裙、外套、夹克衫、童装 |
| | | | 富纤布 | 夏季女式衣裙、衬衣、童装 |
| | | 人造丝织物 | 有光纺、无光纺等 | 夏季衬衫、衣裙、饰品 |
| | | | 富丝（春）纺等 | 棉衣、童装、夏季衣裙、衬衣 |
| | | | 线绨等 | 外衣 |
| | | | 美丽绸、羽纱等 | 里料 |
| | | 黏胶混纺织物 | 黏/棉混纺布（黏/棉平布、富/棉细布等） | 夏季女式衣裙、童装 |
| | | | 毛黏混纺布（华达呢、哔叽、粗花呢、制服呢、海军呢、大衣呢等） | 外衣、套装、制服、便服、大衣 |
| | | | 新型黏胶混纺织物（富纤纺棉布、高卷曲黏胶纺毛织物、中空黏胶针织物等） | 礼服、衣裙、便服、内衣、童装 |
| 涤纶织物 | 有较高的强度和弹性回复能力，坚牢耐用，挺括抗皱，易洗、快干、保形性好。但吸湿、透气性差，易产生静电，抗熔性较差。品种有以圆形或异形截面的细旦丝或普旦涤纶长丝及短纤为原料，再经碱减量整理的仿真丝织物；以涤纶加弹丝、网络丝、多种异形截面的混纤丝、涤纶中长纤维与黏胶中长纤维或腈纶中长纤维混纺纱为原料，以毛纺工艺织制的仿毛织物；以涤纶或涤黏混纺强捻纱、花式（色）纱（线），平纹或绉组织织制的仿麻织物；以涤棉、涤维混纺纱为原料，棉纺织工艺织制的涤纶仿棉织物；以细旦或超细旦涤纶纤维为原料，以非织造布、机织物、针织物为基布，经特殊整理后获得的具有天然麂皮效果的绒面织物等 | 涤纶仿真丝织物（涤丝双绉、涤丝乔其、涤丝缎等） | | 衬衣、裙子、礼服、饰品 |
| | | 涤纶仿毛织物（仿毛华达呢、仿毛哔叽、仿毛花呢等） | | 西装、套装、便服 |
| | | 涤纶仿麻织物（仿麻纱等） | | 套装、夹克、衬衣、裙子 |
| | | 涤纶仿棉织物（涤/棉平布、府绸、细布、卡其等） | | 衬衣、裙子、外衣、套装 |
| | | 涤纶仿麂皮织物（人造高级麂皮、人造优质麂皮、人造普通麂皮等） | | 上衣、夹克、礼服、风衣、饰品 |

续表

| 类别 | 特征 | 典型品种举例 | | 适用范围 |
|---|---|---|---|---|
| 锦纶织物 | 耐磨性、弹性优异，质轻、强度高、吸湿性较好，但在小外力下易变形，服装折裥定形较难，穿着易起皱，耐热性、耐光性均较差。品种主要分纯纺、混纺和交织织物 | 锦纶纯纺织物 | 锦纶塔夫绸等 | 里料 |
| | | | 锦纶绉等 | 衬衣、裙子 |
| | | 锦纶混纺织物 | 锦/黏/毛花呢等 | 西服、套装、裙子、风衣 |
| | | 锦纶交织织物 | 尼/棉绫等 | 外衣、便服 |
| 腈纶织物 | 耐光性很好，为户外服装的理想衣料。弹性、蓬松性可与天然羊毛媲美，挺括抗皱、保暖性耐热性好、色泽艳丽、易保管，但吸湿性、耐磨性，多次拉伸变形后的弹性回复能力差。主要品种分腈纶纯纺和混纺两类 | 腈纶纯纺织物 | 腈纶女衣呢、腈纶膨体大衣呢等 | 女式外衣、套裙、大衣、便服 |
| | | 腈纶混纺织物 | 腈/黏华达呢、腈/涤花呢、腈/毛条花呢等 | 外衣、西服、套裙 |
| | | | 腈纶驼绒等 | 里子、童装大衣 |
| 氨纶织物 | 通常以棉、毛、丝、麻及其混纺纱包覆氨纶丝织制而成。各类氨纶织物均具有15%～45%的舒适弹性，其吸湿、透气性及外观风格均接近该织物其他原料的同类产品。按构成织物的原料分为弹力棉织物、弹力麻织物、弹力毛织物、弹力丝织物及弹力混纺织物；按织物弹力方向分为经向弹力织物、纬向弹力织物和双向弹力织物；按织物构造形式分为弹力机织物和弹力针织物等；按织物厚薄分为厚型弹力织物（弹力灯芯绒、劳动布、牛仔布）、中厚型弹力织物（弹力卡其、华达呢、啥咪呢）和薄型弹力织物（弹力细纺、府绸、塔夫绸、纬平针织物、经编织物） | 弹力劳动布、弹力卡其、弹力华达呢等（弹性率15%） | | 西裤、短裤、牛仔裙 |
| | | 弹力劳动布、弹力灯芯绒、弹力卡其、弹力华达呢等（弹性率10%～20%） | | 夹克、工作服、牛仔服、紧式服 |
| | | 弹力细布、弹力塔夫绸、弹力府绸等（弹性率20%～35%） | | 滑雪衫、运动服 |
| | | 弹力府绸、弹力细布、弹力纬平针织物、弹力经编织物等（弹性率40%～45%） | | 内衣裤、女胸衣、紧身衣 |

# 附录七　针织物的主要类别及特征

| 类别 | | 特征 | 适用范围 |
|---|---|---|---|
| 纬编针织物 | 汗布 Single Jersey | 制作内衣的纬平针织物。棉型汗布的纱线在18tex左右；真丝汗布的纱线为2.2tex×8（或×6×4等）；涤纶汗布的纱线纤度常为3.3～11tex；苎麻汗布的纱线纤度常用18tex、10tex×2。织物布面光洁、纹路清晰、质地细密、手感滑爽，纵横向具有较好的延伸性，且横向比纵向大，吸湿透气性较好，但有脱散性、卷边性及产生线圈歪斜现象。典型品种有漂白汗布、特白汗布、精漂汗布、烧毛丝光汗布、素色汗布、印花汗布、彩横条汗布、海军条汗布、混纺汗布、真丝汗布、腈纶汗布、涤纶汗布、苎麻汗布等 | 内衣 |

| 类别 | | 特征 | 适用范围 |
|---|---|---|---|
| 纬编针织物 | 绒布 Raised Knitted Fabric | 在台车或单面舌针针织机上编织成衬垫针织物，再经煮练、漂染、烘干和起毛整理而成。织物柔软，保暖性好。按用纱粗细和织物重量分为厚绒布（地纱：1 根 18 ~ 28tex；绒纱：2 根 96tex；干燥重量 545 ~ 570 g/m²）、薄绒布（地纱：2 根 18 ~ 28tex；绒纱：1 根 96tex；干燥重量 370 ~ 390 g/m²）、细绒布（地纱：2 根 14 ~ 18tex；绒纱：1 根 58tex；干燥重量 220 ~ 270 g/m²） | 内衣、运动装、外衣裤 |
| | 法兰绒针织物 Flannel Knitted Fabric | 用 2 根 18tex 或 16tex 涤腈（40/60 或 20/80）混纺纱，在机号为 14 针/ 2.54 cm 或 16 针/ 2.54 cm 的棉毛机上编制成棉毛布，再经缩绒、起毛整理，形成手感柔软，绒面细腻丰满的针织物 | 外衣、童装 |
| | 驼绒针织物 Lambsdown | 用棉纱和毛纱交织成的起绒针织物。外观类似骆驼的绒毛，又称骆驼绒。常用中号棉纱作地纱，粗号粗纺毛纱、毛黏混纺纱或腈纶纱作起绒纱，在台车上编织成圆筒状衬垫织物，经剖幅、染色、拉毛和起绒整理而成。织物绒毛丰满，质地松软，保暖性和延伸性好 | 里料 |
| | 毛圈针织物 Terry Knitted Fabric | 采用毛圈组织，织物的一面或两面有环状纱圈覆盖的针织物，是花色针织物的一种。有经编、纬编、单面、双面之分。地纱常用涤纶长丝、涤棉混纺纱或锦纶丝，毛圈纱常用棉纱、腈纶纱、涤棉混纺纱、醋纤纱等。手感柔软，质地厚实，有良好的吸水性和保暖性。如经剪毛和其他后整理，便可获得针织绒类织物 | 睡衣、浴衣 |
| | 天鹅绒针织物 Velvet Knitted Fabric | 长毛绒针织物的一种，织物表面被一层直立的绒毛所覆盖。天鹅绒针织物可由毛圈组织经割圈而成，也可将起绒纱按衬垫纱编入地组织，再经割圈而成。常以棉纱、涤纶长丝、锦纶长丝、涤棉混纺纱作地纱，棉纱、涤纶长丝、锦纶长丝、涤纶变形丝、涤棉混纺纱、醋酯丝作起绒纱。织物手感柔软、厚实，绒毛紧密而直立，色光柔和，织物坚牢耐磨 | 外衣、衣领、帽子、饰品 |
| | 刷花绒针织物 Pile Knitted Fabric With Brushed | 将针织物的绒面经热刷形成花式效果的织物，有经编和纬编之分。质地柔软，绒面丰满，花型立体感强，具有隐光效果。其绒纱采用化纤含量高，天然纤维含量低的混纺纱，地纱采用化纤纱或天然纤维纱 | 时装、裙衫、旗袍、饰品 |
| | 人造毛皮针织物 Fake Fur Knitted Fabric | 见第六章 | |
| 纬编针织物 | 罗纹针织物 Rib Fabric | 由罗纹组织织制的针织物。织物两面均有清晰的直条纹路，横向有较大的弹性和延伸性，裁剪时不会出现卷边现象，但有逆编织方向脱散的危险性。罗纹针织物有罗纹布和罗纹弹力布两类。罗纹布指用于服装领口、袖口、下摆的罗纹针织物，采用 1 + 1 罗纹组织。有以针织机分类的圆筒罗纹、关口罗纹、横机罗纹以及由原料和纱线分类的纱夹线罗纹、线罗纹、棉纱与锦纶交织的罗纹等。其中，横机罗纹是用细针距横机编织的，具有较好的弹性，用于针织服装的领口、饰边等。罗纹弹力布的原料有纯棉、纯桑蚕丝、纯化纤和涤棉混纺纱、黏棉混纺纱、腈棉混纺纱等，纱线线密度为 14 ~ 28tex，织物用于夏季内衣。通常将 1 + 1、1 + 2 的罗纹布称为罗纹弹力布，2 + 2 的罗纹称为灯芯弹力布，2 + 3、3 + 4 等罗纹称为宽条弹力布，此外还有提花、复合等罗纹布 | 紧身衣及服装领口、袖口、下摆等 |

续表

| 类别 | | 特征 | 适用范围 |
|---|---|---|---|
| 纬编针织物 | 双反面针织物<br>Purl Fabric | 由双反面组织构成的针织物。原料常用粗或中粗毛纱、毛型混纺纱、腈纶纱和弹力锦纶丝等，组织主要有平纹双反面和花色双反面。织物的两面都类似纬平针的反面，纵向和横向的弹性、延伸性相近，较厚实，无卷边现象，但有顺、逆编织方向脱散的危险性 | 童装、服饰品、运动服、羊毛衫 |
| | 双罗纹针织物<br>Interlock Fabric | 由双罗纹组织构成的双面针织物，因主要用于棉毛衫裤，故俗称棉毛布，大多采用14～28tex棉纱（或棉型腈纶纱、或棉腈、涤棉等混纺纱），在机号为16～22.5针/2.54 cm的棉毛机上织制。该织物丰满，手感柔软，纹路清晰，保暖性好，弹性好。有本色、染色、印花、色织等品种 | 棉毛衫裤、运动服、外衣、背心 |
| | 驼绒针织物<br>Lambsdown | 棉纱和毛纱交织而成的起绒针织物。表面绒毛丰满、质地松软，类似骆驼的绒毛，故又称骆驼绒。通常用中号棉纱作地纱，粗号粗纺毛纱、毛黏混纺纱或腈纶纱作起绒纱，在台车上编织成圆筒状衬垫织物，经剖幅、染色、拉毛和起绒整理而成。织物保暖性、延伸性好 | 服装、鞋帽、手套等 |
| | 花色针织物<br>Fancy Knitted Fabric | 采用提花组织、胖花组织、集圈组织、纱罗组织、波纹组织等使织物表面形成花纹图案、凹凸、闪色、孔眼、波纹等花色效果的针织物。采用的原料有棉纱、毛纱、化纤纱（如腈纶纱、低弹涤纶丝、锦纶丝等）及各类混纺纱，织物有单、双面等。织物性能及特点与相应的原料、组织、纱支粗细等因素有关 | 内衣、外衣、饰品 |
| | 衬经衬纬针织物<br>Warp and Weft Insertion Knitted Fabric | 在单面纬编基本组织上衬入不参加成圈的经纬纱而形成的针织物，由衬经衬纬针织机编制。织物风格和性能兼有针织物和机织物的特点，纵横向延伸性很小，手感柔软，透气性好，穿着舒适 | 外衣 |
| 经编针织物 | 经编网眼针织物<br>Warp Knitted Eyelet Fabric | 在织物结构中产生有一定规律网孔的针织物。布面结构较稀松，有一定的延伸性和弹性，透气性好，孔眼大小变化范围很大，分布均匀，形状有方、圆、六角、条形、波纹形等。纱线以5.9～59tex的天然纤维和2.2～68tex的合成纤维为主，人造纤维也常有使用。工作幅宽为101.6～426.7cm（40～168英寸），常用机号为5～32针/2.54cm，坯布重量为25～250g/m² | 男女外衣、内衣、运动衣、窗帘等 |
| | 经编斜纹织物<br>Warp Knitted Twill Fabric | 表面呈现连续斜纹织纹的经编织物，可分为素色经编斜纹织物和色条经编斜纹织物。布面条纹清晰、结构稳定、手感厚实丰满，具有毛织物的风格。一般以3.3～22tex的合成纤维为主，常用机号为12～28针/2.54 cm，坯布重量为60～300g/m² | 外衣、裤、裙子 |
| | 经编两面性织物<br>Warp Knitted Double-faced | 织物的两面呈现不同组织结构、不同颜色和不同服用性能的针织物。结构紧密、布面平整、正反两面覆盖性好，不露底、透气性好。一般以6～28tex的天然纤维和3.3～22tex的合成纤维为主，常用机号为14～32针/2.54 cm，坯布重量为100～300g/m² | 内衣、外衣、运动服 |

| 类别 | | 特征 | 适用范围 |
|---|---|---|---|
| 经编针织物 | 经编毛圈织物 Warp Knitted Terry Fabric | 表面有环状纱圈覆盖的经编织物。地纱采用5.5tex的合纤纱，局部衬纬纱采用15~21tex的混纺纱、纯棉纱或合纤纱，毛圈纱的范围极广，如天然、合成、人造纤维等。毛圈织物按起圈状况分单面毛圈、双面毛圈和提花毛圈；按织物表面结构分为毛巾毛圈和绒类毛圈。后整理加工中将毛圈剪开，则可制成经编天鹅绒类织物。织物幅宽可按使用要求而定，坯布重量为100~400g/m²，常用机号为14~28针/2.5cm。毛圈织物结构稳定，外观丰满，毛圈坚牢均匀，具有良好的弹性、保暖性、吸湿性、柔软厚实、无褶皱，不会产生抽丝现象，有良好的服用性能 | 睡衣裤、休闲服、童装及巾类用品 |
| | 经编灯芯绒织物 Warp Knitted Corduroy Fabric | 表面具有灯芯条状的经编针织物。可采用各种天然纤维和化学纤维纱编织。按生产方式的不同，主要有拉绒灯芯绒和割绒灯芯绒两类。织物的弹性、绒毛稳定性较经纬交织的灯芯绒为佳 | 外衣、裤 |
| | 经编丝绒织物 Warp Knitted Velvet Fabric | 用经编双层割绒方法织制机织丝绒效果的针织物，按绒面性状可分为平绒、横条绒、直条绒和色织绒等。底部用纱为一般纤维，毛绒纱常用腈纶、涤纶、羊毛、毛/黏、黏胶纤维、醋酯纤维等 | 外衣、裙子、礼服、饰品 |
| | 经编人造毛皮 Warp Knitted Man-made Fur | 见第六章 | |
| | 经编提花织物 Warp Knitted Jacquard Fabric | 采用经编提花组织（某些织针在几个横列中不垫纱又不脱圈而形成拉长线圈）编织的织物。原料以10~60tex的天然纤维和3.3~22tex合成纤维为主，也有用各种混纺短纤编织。织物结构稳定，外观挺括，花型立体感强，悬垂性好 | 女式外衣、内衣、裙子、饰品 |
| | 经编花边织物 Warp Knitted Lace Fabric | 由衬纬纱线在地组织上形成较大衬纬花纹的针织物。有宽幅、窄幅、素色、彩色、直条布边和曲条布边等种类。原料以3.3~68tex合成纤维和人造纤维为主，也有用棉纱编织，地组织多为六角网眼结构和矩形网眼结构。织物质地轻薄，地部多呈网孔型，手感软而不疲，柔而有弹性，挺而不硬，悬垂性好，花地对比明显，立体感强 | 饰边 |
| | 经编弹力织物 Warp Knitted Stretch Fabric | 有较大伸缩性的经编针织物，质地轻薄光滑。常用44dtex氨纶纱编织游泳衣、紧身内衣料；以78dtex氨纶纱编织网眼织物；以150~450dtex氨纶纱作衬经或衬纬编织紧身衣料 | 紧身衣 |
| | 经编褶裥织物 Warp Knitted Plaited Fabric | 表面有褶裥效应的针织物，有利用褶裥结构编织而成和通过褶裥定形整理而成两类。前者的原料为3.3~17tex的合成纤维和人造纤维，常用机号为14~36针/2.54cm，坯布重量为200g/m²。织物较为厚实、手感丰满、弹性好、凹凸效果显著、立体感强 | 内衣、外衣、裙子、紧身衣裤、饰品 |
| | 经编烂花织物 Warp Knitted Etched-out Fabric | 表面具有半透明图案的轻薄型混纺（或交织）经编织物。按组织可分为全幅衬纬、局部衬纬、衬经衬纬和全幅衬经等。常用2.2~11tex的合成纤维纱（如涤纶、丙纶等）、人造纤维纱（黏胶纤维等）和14~36tex的天然纤维纱（棉纱和棉涤包芯纱、棉丙包芯纱等）。烂花原理与机织烂花布相同，由于经编组织本身的特点，织物花地透明对比度更大，立体感强 | 内衣、裙子、礼服 |

续表

| 类别 | | 特征 | 适用范围 |
|---|---|---|---|
| 经编针织物 | 仿麂皮绒针织物 Suede Knitted Fabric | 布面有密集柔软的短绒毛，外观类似于麂皮的针织物。一般采用涤纶长丝为地组织原料，细或超细涤纶低弹丝（0.1~5.5tex）为绒面原料。组织以经编居多，且一经平组织为地组织，经绒组织为绒面组织。其短绒毛由后整理磨毛形成。织物具有绒毛细密，柔软而富有弹性，尺寸稳定性好，悬垂性佳，不发霉，易洗快干，不易脱毛，抗折皱，耐磨等特点 | 外套、运动衫及其他服饰用品 |

# 附录八　不同用途的非织造布类别及特征

| 类别名称 | 主要特点 |
|---|---|
| 内、外衣 | 以黏胶纤维为原料生产的非织造布制作用即弃的内裤；适宜外衣料的仿毛缩绒产品，采用黏胶纤维、腈纶和涤纶等，重量达 $500g/m^2$ |
| 衬里 | 以非织造布为底布，涂以热熔黏合剂并与面料贴合，经熨烫后即能与面料黏合成一体，而不需再经针线缝合，起支撑骨架的作用。例如胸衬、肩衬、领衬、腰衬等 |
| 絮片 | 为了保持其蓬松结构，常用中空纤维为原料。重量较轻的用于服装填料，重量较重的用作褥垫 |
| 尿布 | 用即弃的衣奢护卫品。紧贴皮肤的一面为面料层，常用导湿性好的丙纶低旦丝，衬垫内芯常用吸湿性好的下脚棉为原料 |

# 附录九　不同织造原理和方法的非织造布类别及特征

| 类别名称 | 主要特点 |
|---|---|
| 毛毡 | 将羊毛通过梳毛机做成薄网状的毛卷，然后整理成平板状的形态，经过缩绒及湿润、紧压、搓揉，使羊毛产生缩绒变形而变成布状的毛毡 |
| 树脂黏着非织造布 | 棉、黏纤以及其他合纤短纤维，一般采用合成树脂或合成纤维黏着剂来固定纤维层 |
| 针刺毡状非织造布 | 采用数千枚特殊结构的钩针，穿过纤维网反复做上下运动，使整个纤维网中的纤维相互缠绕、纠结，从而形成彼此不能分离的致密的毡状非织造布 |
| 缝结非织造布 | 用多头缝纫机将无规律的纤维网多路缝合，使之成为结构较紧密的非织造布 |
| 纺黏非制造布 | 合纤原液从纺丝头压出制成长丝的同时，利用产生的静电和高压空气流，使纤维无规则、杂乱地落在金属帘子上，然后，经过加热滚筒进行热定形，即可制成非织造布 |

# 附录十　常用拉链的规格型号

单位：mm

| 型号（#） | | 2 | 3 | 4 | 5 | 6 | 8 | 9 | 10 |
|---|---|---|---|---|---|---|---|---|---|
| 金属拉链 | 规格 | 3.5 | 4.5 | 5.2 | 6.0 | — | 7.8*~8.0 | — | 9.0 |
| | 链牙厚 | 2.5±0.04 | 3.0±0.04 | 3.4±0.04 | 3.8±0.04 | — | 4.5±0.04 | — | 5.6±0.04 |
| | 带单宽 | 11±0.5 | 13±0.5 | 13±0.5 | 15±0.5 | — | 17±0.5 | — | 20±0.5 |
| 注塑拉链 | 规格 | — | 4.5 | 5.3* | 6.0 | 6.7* | 8.0 | — | 9.0 |
| | 链牙厚 | — | 2.4 | 2.4 | 2.6~3.0 | 2.6 | 3.0~4.0 | — | 3.0~4.0 |
| | 带单宽 | — | 13±0.5 | 13±0.5 | 15±0.5 | 15±0.5 | 17±0.5 | — | 20±0.5 |
| 螺旋拉链 | 规格 | 3.5~3.8 | 4.0~4.5 | 5.0* | 5.8~6.0 | 6.6*~6.7 | 7.2~7.3 | 8.0*~8.1 | 9.0~10.5 |
| | 链牙厚 | 1.2±0.04 | 1.5±0.04 | 1.8±0.04 | 2.25±0.05 | 2.35±0.05 | 2.45±0.05 | 2.65±0.06 | 2.9±0.06 |
| | 带单宽 | 11±0.5 | 13±0.5 | 13±0.5 | 15±0.5 | 15±0.5 | 17±0.5 | 20±0.5 | 20±0.5 |
| 强化拉链 | 规格 | — | 4.2* | — | 6.2* | — | — | — | — |
| | 链牙厚 | — | 1.5±0.04 | — | 2.8±0.04 | | | | |
| | 带单宽 | — | 13±0.5 | — | 15±0.5 | | | | |
| 隐形拉链 | 规格 | — | 4.2* | 5.0* | — | — | — | — | — |
| | 链牙厚 | — | 1.5±0.04 | 1.6±0.04 | | | | | |
| | 带单宽 | — | 13±0.5 | 13±0.5 | | | | | |
| 编织拉链 | 规格 | — | 4.0 | 4.6* | — | — | — | — | — |
| | 链牙宽 | — | 1.4±0.04 | 1.5±0.04 | | | | | |
| | 带单宽 | — | 13±0.5 | 13±0.5 | | | | | |
| 双骨拉链 | 规格 | — | 4.1* | — | — | — | — | — | — |
| | 链牙宽 | — | 2.0±0.04 | | | | | | |
| | 带单宽 | — | 13±0.5 | | | | | | |

* 系企业已生产、市场有销售的拉链，但目前尚未编入我国行业标准，仅供参考。